日本産鉱物型録
Catalogue of Japanese Minerals

国立科学博物館叢書 ⑤

日本産鉱物型録
Catalogue of Japanese Minerals

松原 聰・宮脇律郎 著
MATSUBARA, S and MIYAWAKI, R.

東海大学出版会
Tokai University Press

A Book Series from the National Science Museum No.5
Catalogue of Japanese Minerals
Satoshi Matsubara & Ritsuro Miyawaki
Tokai University Press, 2006
ISBN4-486-03157-1

まえがき

　日本産鉱物に関する一覧は,『本邦金石略誌』(和田維四郎,明治11年)に始まり,『日本鉱物誌』(初版)(和田維四郎,明治37年),『日本鉱物誌』(第2版)(神保小虎ら,大正5年),『日本鉱物誌(再訂版)』(上巻)(伊藤貞市・櫻井欽一,昭和22年),『日本産鉱物総覧』(櫻井欽一,昭和46年),『櫻井鉱物標本』(加藤　昭,昭和48年)『日本産鉱物種』(初版～第5版)(松原　聰,昭和57年～平成14年)と続いている．また,日本でおこなわれた国際鉱物学連合(IMA)と鉱床成因に関する国際組織(IAGOD)の合同総会参加者のために,英語で書かれた『Introduction to Japanese Minerals』(南部松夫ら,昭和45年)が刊行された．平成14年には,英国のエジンバラでおこなわれた国際鉱物学連合の総会のために,『日本産鉱物種』(第5版)の英語版も刊行された．

　今回,平成18年7月の第19回国際鉱物学連合総会(於：神戸)開催を機会に,国立科学博物館叢書の一つとして,『日本産鉱物型録』(2006)を刊行することになった．国立科学博物館は,すでに『日本産鉱物型録』(1989)を平成元年に出版していたが,これは非売品であったため多くの人の目に触れることはなかった．2006年版は,日英両語で表記されているので,日本産鉱物に興味をもつ多くの人々に大いに役立つと確信している．

　『本邦金石略誌』の頃には100種にも満たない鉱物種であったが,平成17年12月末までで,1139種に達している．世界の鉱物のおよそ4100種と比較し,国土が狭く近代鉱物学の歴史が浅いことを考慮すれば,種数は少なくない．このことは,複雑な地質によってもたらされた鉱物生成場の多様性のみならず,多くの日本人研究者の貢献による．

　鉱物種はアルファベット順に並べ,独立種はすべて大文字で,主な変種名や同義語は小文字で表記してある．種は,英名,理想化学式,和名(読み方をローマ字で併記),晶系の順に並んでいる．日本産新鉱物(記号「新」と付記),産地が3ヵ所以内の稀産鉱物,やや稀な鉱物(記号「例」と付記)には,産地名が示されている．これらの鉱物には,文献や分析値などの情報が加えられている．

　この本を刊行するにあたり,内容の基礎となった『日本産鉱物種』の発行に尽力をされた鉱物情報編集部の林政彦,池田重夫,山崎淳司の諸氏ならびに文献検索とデータ処理に多大な御協力をいただいた松山文彦氏に深く感謝いたします．

　　　　　　　　　　平成18年1月30日　　　　松原　聰・宮脇律郎

Preface

The first glossary of Japanese mineral species was "Summary of Japanese Minerals" (Honpo-Kinseki-Ryakushi) (Tsunashiro Wada, 1878). Afterward such glossaries as "Minerals of Japan" (Nihon-Kobutsu-shi) (the first edition) (Wada, 1904), "Minerals of Japan" (the second edition) (Kotora Jimbo et al., 1916), "Minerals of Japan" (the upper volume of the third edition) (Teiichi Ito and Kinichi Sakurai, 1947), "Glossary of Japanese Minerals" (Nihonsan-Kobutsu-Soran) (Sakurai, 1971), "Sakurai Mineral Collection" (Sakurai-Kobutsu-Hyohon) (Akira Kato, 1973) and "The Mineral Species of Japan" (Nihonsan-Kobutsushu) (the first edition - the fifth edition) (Satoshi Matsubara, 1982-2002) have been published. In 1970 "Introduction to Japanese Minerals" (Matsuo Nambu, chairman of editorial committee) written in English was published for participants of IMA-IAGOD Meetings '70 in Japan. Also, English version of the fifth edition of "The Mineral Species of Japan" was specially made for 18th General Meeting of IMA in Edinburgh.

This time we have published "Catalogue of Japanese Minerals" (2006) as one of A Book Series from the National Science Museum (Kokuritsu-Kagaku-Hakubutsukan-Sosho) on the occasion of the 19th General Meeting of IMA in KOBE, in July of 2006. The National Science Museum already published "Catalogue of Japanese Minerals" (1989), but general people had little chance to look it because of not for sale. As the 2006 edition is written in both of Japanese and English, we are assured that it is very useful for many people who are interesting in Japanese minerals.

Although only 100 or less mineral species were described at the time of "Summary of Japanese Minerals", the valid species reaches 1139, as of December 31, 2005. By comparison with about 4100 mineral species in the world, there are not few species of Japan in consideration for small country and short experience for modern mineralogy. This depends on not only various mineral-formation fields derived from complicated geological background but also contribution of many Japanese researchers.

The mineral names are arranged in alphabetically, and the valid species are indicated as all capital letters but the varieties and synonymous names are as small letters. The mineral species are entered in order of name, chemical formula, Japanese name (standard pronounce), and crystal system. In new minerals (symbol: N), rare minerals (under tree localities) and less common minerals (symbol: R) are indicated the locality names. These are added the information on references and chemical compositions.

We thank Mr. Masahiko Hayashi, Mr. Shigeo Ikeda and Prof. Junji Yamazaki, editors of Kobutsu Joho, for their effort to publish "The Mineral Species of Japan" that is the base of this "Catalogue of Japanese Minerals" (2006). We are also grateful to Mr. Fumihiko Matsuyama, who spent many hours on search and arrangement of data in computer work.

January 30, 2006   Satoshi Matsubara and Ritsuro Miyawaki

目　次
Contents

まえがき
Preface — v

文献の略号
Abbreviations of References — xi

主な産地リスト
List of main mineral localities — xv

日本産鉱物型録
Catalogue of Japanese Minerals — 1

和名索引
Japanese name index — 145

文献の略号
Abbreviations of References

鉱雑	KZ	鉱物学雑誌	Kobutsugaku Zasshi (Journal of the Mineralogical Society of Japan)
岩鉱	GK	岩石鉱物鉱床学雑誌	Ganseki-Kobutsu-Koshogaku Zasshi (Journal of the Japanese Association of Mineralogists, Petrologists and Economic Geologists)
岩鉱科学	GKK	岩石鉱物科学	Ganseki-Kobutsu Kagaku (Journal of Petrological and Mineralogical Sciences) 鉱物学雑誌と岩石鉱物鉱床学雑誌を受け継いだ和文誌で，2000年5月より発行．Successor journal to both Kobutsugaku Zasshi and Articles written in Japanese in Ganseki-Kobutsu-Koshogaku Zasshi since May, 2000.
地雑	CZ	地質学雑誌	Chishitsugaku Zasshi (Journal of the Geological Society Japan)
鉱山	KC	鉱山地質	Kozan Chishitsu (Journal of the Society of Mining Geologists of Japan)
資地	SC	資源地質	Shigen-Chishitsu (Journal of the Society of Resource Geology) 1992年より，鉱山地質を受け継いだ雑誌．Successor journal to Articles in Japanese in Kozan Chishitsu since 1992
	SCY	資源地質学会講演要旨	Shigen-Chishitsu Gakkai Koen-Yoshi (Abstract of the Meeting of the Society of Resource Geology)
鉱山特別	KT	鉱山地質特別号	Kozan Chishitsu Tokubetsugo (Special volume of Journal of the Society of Mining Geologists of Japan)
三要	SY	三鉱学会講演要旨	Sanko-Gakkai Koen-Yoshi (Abstract of the Meeting of three Mineralogical Societies of Japan)
鉱要	KY	鉱物学会講演要旨	Kobutsu-Gakkai Koen-Yoshi (Abstract of the Meeting of the Mineralogical Society of Japan)
岩鉱要	GKY	岩鉱学会講演要旨	Ganko-Gakkai Koen-Yoshi (Abstract of the Meeting of Japanese Association of Mineralogists, Petrologists and Economic Geologists)
地惑要	CGY	地球惑星合同大会講演要旨	Chikyu-Wakusei Godo-Taikai Koen-Yoshi (Abstract of the Joint Meeting of the Societies of Earth and Planetary Sciences)
地研	CK	地学研究	Chigaku Kenkyu (Geoscience Magazine)
博研	BSM	国立科学博物館研究報告	Bulletin of the National Science Museum
博専	MSM	国立科学博物館専報	Memoirs of the National Science Museum
自博	SH	自然科学と博物館	Shizenkagaku To Hakubutsukan (Natural Science and Museums)
地月	CG	地質調査所月報	Chishitsu Chosajo Geppo (Bulletin of the Geological Survey of Japan)
地報	CH	地質調査所報告	Chishitsu Chosajo Hokoku (Report of the Geological Survey of Japan)
粘科	NK	粘土科学	Nendo Kagaku (Journal of the Clay Science Society of Japan)
東大博論	TDT	東京大学博士論文	Tokyo Daigaku Hakushi-Ronbun (Dr. thesis of University of Tokyo)
選研	TSK	東北大学選鉱製錬研究所彙報	Tohoku Daigaku Senko-Seiren Kenkyuujo Iho (Bulletin of the Research Institute of Mineral Dressing and Metallurgy, Tohoku University)
鹿理	KDR	鹿児島大学理科報告	Kagoshima Daigaku Rika Hokoku (Reports of the Faculty of Science, Kagoshima University)
九理	KDK	九州大学理学部研究報告（地質学）	Kyushu Daigaku Rigakubu Kenkyu Hokoku (Chishitsu) (The Science Reports of the Faculty of Science, Kyushu University, Geology)
愛媛紀	EDK	愛媛大学紀要II部	Ehime Daigaku kiyo II (Memoirs of the Ehime University, Section II)
理化	RKH	理化学研究所報告	Rikagaku Kenkyujo Hokoku (Reports of the Scientific Research Institute)
原子	GG	日本原子力学会誌	Nihon Genshiryoku Gakkaishi (Journal of the Atomic Energy Society of Japan)
日化	NKG	日本化学会誌	Nihon Kagakukaishi (Journal of the Chemical Society of Japan)
京地	KCK	京都地学会誌	Kyoto Chigakukaishi (Journal of the Geoscience Club of Kyoto)

神自	KSS	神奈川自然誌資料	Kanagawa Shizenshi Shiryo (Natural History Report of Kanagawa)
栃木県博紀要	THK	栃木県立博物館紀要	Tochigi-kenritsu Hakubutsukan Kiyo (Memoirs of Tochigi Prefectural Museum)
日鉱 (三)	NKS	日本鉱物誌第三版	Nihon Kobutsushi Daisanpan (Wada's Minerals of Japan 3rd Edition)
希元	NKK	日本希元素鉱物	Nihon Kigenso Kobutsu (Rare Earth Minerals of Japan)
櫻標	SKH	櫻井鉱物標本	Sakurai Kobutsu Hyohon (Sakurai Mineral Collection)
鉱産 (九)	KSK	日本鉱産誌、九州地方	Nihon Kosanshi Kyushu-chiho (The Ore Deposits of Japan, the Kyushu District)
渡万	WBK	渡辺万次郎先生米寿記念論集	Watanabe Manjiro Sensei Beiju Kinen Ronshu (Professor Manjiro Watanabe Memorial Volume, in Celebration of his Eighty-eighth Birthday)
ウラン	Uran	ウラン：その資源と鉱物	Uran Sono Shigen To Koubutsu (Uranium: Its Resources and Minerals)
浦島	UTR	浦島幸世教授退官記念論集「地球のめぐみ」	Urashima Yukitoshi Kyoju Taikan Kinen Ronshu (Chikyu no Megumi) (Professor Yukitoshi Urashima Commemoration Volume on the Occasion of his Retirement)
	MTK	松尾秀邦教授退官記念論集	Matsuo Hidekuni Kyoju Taikan Kinen Ronshu (Professor Hidekuni Matsuo Commemorative Volume on the Occasion of his Retirement)
	SSK	佐藤信次教授退官記念論文集	Sato Shinji Kyoju Taikan Kinen Ronbunshu (Professor Shinji Sato Commemorative Volume on the Occasion of his Retirement)
マ研要	MSY	マンガン総研要旨	Mangan-Soken Yoshi (Abstract of the Meeting of Manganese Research Group)
地資 [M] 金銀	ZCS	全国地下資源関係学協会合同秋季大会 分科研究会資料 [M] 金銀の賦存状態	Zenkoku Chikashigen Kankei Gakukyokai Godo Shuki Taikai Bunka Kenkyuukai Shiryo[M] Kinginn no Fusonn Jotai (Abstract of the Research Group in the Autumn Meeting of Resource Geologists [M] The occurrence of Gold-Silver)
水晶	SS	水晶	Suisho (Quartz) (Journal of the Friends of Mineral, Tokyo)
	AC		Acta Crystallographica
	AM		American Mineralogist
	BC		Bulletin of the Chemical Society of Japan
	BM		Bulletin de Minéralogie
	CM		Canadian Mineralogist
	CMP		Contribution to Mineralogy and Petrology
	EG		Economic Geology
	EJ		Europian Journal of Mineralogy
	IJ		Introduction to Japanese Minerals
	IMA		Proceedings of the 13th General Meeting of IMA
	JAK		Journal of the Mining College, Akita Univesity, Ser. A
	JHI		Journal of Science of the Hiroshima University, Ser. C
	JHO		Journal of the Faculty of Science, Hokkaido University, Ser. 4
	JMPS		Journal of Mineralogical and Petrological Sciences Mineralogical Journal と岩石鉱物鉱床学雑誌を受け継いだ英文誌で, 2000年4月より発行. Successor journal to both Mineralogical Journal and Articles written in English in Ganseki-Kobutsu-Koshogaku Zasshi since April, 2000.
	JS		Journal of the Faculty of Science, Shinshu University
	MAC		Program with Abstracts. Joint Annual Meeting of Geological Association of Canada & Mineralogical Association of Canada
	MDR		Mineral Deposit Research
	MJ		Mineralogical Journal
	MK		Memoirs of the Faculty of Science, Kyushu University, Ser. D
	MKY		Memoirs of the Faculty of Science, Kyoto University, Ser. Geology and Mineralogy

MM	Mineralogical Magazine
MP	Mineralogy and Petrology
NJM	Neues Jahrbuch für Mineralogie, Monatschefte
NJMA	Neues Jahrbuch für Mineralogie, Abhandlungen
PCM	Physics and Chemistry of Minerals
PJ	Proceedings of the Japan Academy, Ser. B
RG	Resource Geology, Special Issue
SN	Science Report of Niigata University, Ser. E, Geology and Mineralogy
SRH	Science Report of Hirosaki University
ST	Scientific Papers of the College of General Education, University of Tokyo
SYU	Science Report of Yokohama National University, Ser. II
ZK	Zeitschrift für Kristallographie

主な産地リスト
List of main mineral localities

北海道　Hokkaido
1　手稲鉱山　　Teine mine
2　豊羽鉱山　　Toyoha mine
3　轟鉱山　　　Todoroki mine
4　稲倉石鉱山　Inakuraishi mine
5　館平　　　　Tatehira
6　上国鉱山　　Jokoku mine
7　洞爺鉱山　　Toya mine
8　幾春別　　　Ikushunbetsu
9　幌加内　　　Horokanai
10　幌満　　　　Horoman
11　シオワッカ　Shiowakka
12　国力鉱山　　Kokuriki mine

青森県　Aomori Prefecture
13　湯ノ沢鉱山　Yunosawa mine
14　奥戸鉱山　　Okoppe mine

岩手県　Iwate Prefecture
15　小晴鉱山　　Kohare mine
16　舟子沢鉱山　Funakozawa mine
17　野田玉川鉱山　Noda-Tamagawa mine
18　野戸畑鉱山　Tanohata mine
19　根市鉱山／上根市　Neichi mine/Kamineichi
20　赤金鉱山　　Akagane mine
21　釜石鉱山　　Kamaishi mine
22　崎浜　　　　Sakihama

宮城県　Miyagi Prefecture
23　宮崎鉱山　　Miyazaki mine

秋田県　Akita Prefecture
24　古遠部鉱山　Furutobe mine
25　小坂鉱山　　Kosaka mine
26　花輪鉱山　　Hanawa mine
27　尾去沢鉱山　Osarizawa mine
28　阿仁鉱山　　Ani mine
29　荒川鉱山　　Arakawa mine

山形県　Yamagata Prefecture
30　五十川　　　Irakawa

福島県　Fukushima Prefecture
31　水晶山　　　Suishoyama
32　多田野　　　Tadano
33　八茎鉱山　　Yaguki mine
34　石川　　　　Ishikawa
35　御斎所鉱山　Gozaisho mine

茨城県　Ibaraki Prefecture
36　妙見山　　　Myokenyama
37　山ノ尾　　　Yamanoo

栃木県　Tochigi Prefecture
38　加蘇鉱山　　Kaso mine
39　横根山　　　Yokoneyama
40　足尾鉱山　　Ashio mine

群馬県　Gunma Prefecture
41　茂倉沢鉱山　Mogurazawa mine
42　西ノ牧鉱山　Nishinomaki mine
43　藤岡　　　　Fujioka
44　奥万座　　　Okumanza

埼玉県　Saitama Prefecture
45　秩父鉱山　　Chichibu mine
46　岩井沢鉱山　Iwaizawa mine

東京都　Tokyo
47　白丸鉱山　　Shiromaru mine

神奈川県　Kanagawa prefecture
48　湯河原　　　Yugawara

新潟県　Niigata prefecture
49　糸魚川／姫川／小滝川／青海／親不知　Itoigawa/Himekawa/KotakiRiver/Ohmi/Oyashirazu
50　津川　　　　Tsugawa
51　間瀬　　　　Maze
52　佐渡鉱山　　Sado mine

山梨県　Yamanashi Prefecture
53　落合鉱山　　Ochiai mine
54　乙女鉱山　　Otome mine
55　京ノ沢　　　Kyonosawa

長野県　Nagano Prefecture
56　諏訪鉱山　　Suwa mine

岐阜県　Gifu Prefecture
57　神岡鉱山　　Kamioka mine
58　春日鉱山　　Kasuga mine
59　蛭川／田原　Hirukawa/Tahara

静岡県　Shizuoka Prefecture
60　河津鉱山　　Kawazu mine

愛知県　Aichi Prefecture
61　田口鉱山　　Taguchi mine
62　中宇利鉱山　Nakauri mine

三重県　Mie Prefecture
63　白木　　　　Shlraki

滋賀県　Shiga Prefecture
64　田上　　　　Tanakami
65　五百井鉱山　Ioi mine

京都府　Kyoto Prefecture
66　園鉱山　　　Sono mine
67　河辺／大路　Kobe / Ohro
68　広野　　　　Hirono

兵庫県　Hyogo Prefecture
69　生野鉱山　　Ikuno mine
70　明延鉱山　　Akenobe mine
71　中瀬鉱山　　Nakase mine

奈良県　Nara Prefecture
72　天川　　　　Tenkawa

島根県　Shimane Prefecture
73　都茂鉱山　　Tsumo mine
74　国賀　　　　Kuniga

岡山県　Okayama Prefecture
75　人形峠鉱山　Ningyo-toge mine
76　金生鉱山　　Konjo mine
77　高瀬鉱山　　Takase mine
78　大佐／扇平鉱山　Ohsa/Ogibira mine
79　布賀／布賀鉱山　Fuka/Fuka mine
80　山宝鉱山　　Sanpo mine
81　三原鉱山　　Mihara mine

広島県　Hiroshima Prefecture
82　久代　　　　Kushiro

山口県　Yamaguchi Prefecture
83　日の丸奈古鉱山　Hinomaru-Nako mine

愛媛県　Ehime Prefecture
84　岩城島／弓削島　Iwagi Island / Yuge Island
85　明神島　　　Myojin Island
86　市ノ川鉱山　Ichinokawa mine
87　砥部鉱山　　Tobe mine
88　野村鉱山　　Nomura mine

高知県　Kochi Prefecture
89　蓮台　　　　Rendai
90　去坂　　　　Sarusaka

福岡県　Fukuoka Prefecture
91　長垂　　　　Nagatare

佐賀県　Saga Prefecture
92　切木／新木場／満越　Kirigo/Niikoba/Mitsukoshi

長崎県　Nagasaki Prefecture
93　生月島　　　Ikitsuki Island
94　奈留島　　　Naru Island

熊本県　Kumamoto Prefecture
95　種山鉱山　　Taneyama mine
96　人吉　　　　Hitoyoshi

大分県　Oita Prefecture
97　向野鉱山　　Mukuno mine
98　木浦鉱山　　Kiura mine
99　尾平鉱山　　Obira mine

宮崎県　Miyazaki Prefecture
100　土呂久鉱山　Toroku mine

鹿児島県　Kagoshima Prefecture
101　串木野鉱山　Kushikino mine
102　咲花平　　　Sakkabira
103　大和鉱山　　Yamato mine

Catalogue of Japanese Minerals
日本産鉱物型録

A

ABSWURMBACHITE
$CuMn_6O_8(SiO_4)$
アブスヴルムバッハ鉱 (abusuburumubahha-kô) tet. 正方
愛媛県伊予三島市：榎並・坂野，岩鉱要 (Iyomishima, EhimePref.: Enami & Banno, GKY), 26 (2000).

abukumalite = BRITHOLITE-(Y)
ただし，両者の空間群は異なる (The space group of abukumalite is different with BRITHOLITE-(Y)) (阿武隈石) (abukuma-seki).

abukumalite 阿武隈石 Suisho-yama, kawamata, Fukushima Pref. 福島県川俣町水晶山 80 mm wide 左右80 mm

ACANTHITE
Ag_2S
針銀鉱 (shin-ginkô) mon. 単斜

acmite = AEGIRINE (アクマイト)

ACTINOLITE
$Ca_2(Mg,Fe)_5Si_8O_{22}(OH)_2$ (Mg/(Mg+Fe)=0.5-0.9)
緑閃石 (ryoku-senseki) mon. 単斜

ADAMITE
$Zn_2(AsO_4)(OH)$
アダム石 (adamu-seki) orth. 斜方

AEGIRINE
$NaFe^{3+}Si_2O_6$ (($NaFe^{3+}Si_2O_6)_{100-80}$)
エジリン輝石 (錐輝石) (ejirin-kiseki, kiri-kiseki) mon. 単斜

AEGIRINE-AUGITE
$(Ca,Na)(Mg,Fe,Fe^{3+},Al)Si_2O_6$
$([Na(Fe^{3+},Al)Si_2O_6]_{20-80})$
エジリン普通輝石 (ejirin-futsû-kiseki) mon. 単斜

AENIGMATITE
$Na_2Fe_5TiSi_6O_{20}$
エニグマ石 (eniguma-seki) tric. 三斜
島根県島後：加藤，櫻標 (Dogo, Shimane Pref.: Kato, SKH), 67 (1973); Shitara, Aichi Pref.: Sawai & Shimazu (愛知県設楽：沢井・島津), GK, 74, 68-78 (1979).

AESCHYNITE-(Y)
$(Y,Fe,U,Th)(Ti,Nb,Ta,W)_2(O,OH)_2$
エシキン石 (eshikin-seki) orth. 斜方

ADAMITE
湊 (1953), 鉱雑 (KZ), 1, 125-141 (Minato)
宮崎県見立鉱山
Mitate mine, Miyazaki Pref.

	Wt.%	
As_2O_5	39.43	41.5
Fe_2O_3	0.85	0.5
ZnO	56.39	47.1
CuO	0.26	7.3
$H_2O(+)$	3.52	2.8
$H_2O(-)$	non.	0.6
Total	100.45	99.8

AEGIRINE

	愛媛県岩城島 Iwagi Island, Ehime Pref.		三重県伊勢市 Ise, Mie Pref.
	1 Wt.%	2 Wt.%	3 Wt.%
SiO_2	51.08	51.83	54.2
TiO_2	0.35	0.40	0.0
Al_2O_3	0.10	1.17	2.29
Cr_2O_3			12.8
Fe_2O_3	28.50	26.24	
FeO	2.60	3.07	13.1
MnO	0.19	0.90	0.05
MgO	1.85	1.01	1.62
NiO			0.09
CaO	6.27	5.55	2.81
Na_2O	9.25	10.04	12.3
K_2O	0.06	0.08	0.03
$H_2O(+)$	nd.	0.27	
$H_2O(-)$	nd.	0.00	
Total	100.25	100.56	99.29

1: 石橋 (1964), 鉱雑 (KZ), 6, 361-367 (Ishibashi)
2: Murakami et al. (1976), MJ, 8, 110-121 (村上ら)
3: Banno (1993), MJ, 16, 306-317 (坂野)

山梨県黒平：松原・加藤,岩鉱（Kurobera, Yamanashi Pref.: Matsubara & Kato, GK）, 89, 148（1994）：寺田ら, 鉱要（Terada et al., KY）, 37（1998）；岐阜県蛭川（Hirukawa, Gifu Pref.）.

AFWILLITE
$Ca_3Si_2O_4(OH)_6$
アフウィル石 (afuwiru-seki) mon. 単斜

Mihara mine, Okayama Pref.: Miyake（岡山県三原鉱山：三宅）, JHI, 4, 395-428（1965）; Fuka, Okayama Pref.: Kusachi et al.（岡山県布賀：草地ら）, MJ, 14, 279-292（1989）.

AGARDITE-(Y)
$(Y,Ca)Cu_6(AsO_4)_3(OH)_6 \cdot 3H_2O$
イットリウムアガード石 (ittoriumu-agâdo-seki) hex. 六方

Setoda, Hiroshima Pref.: Aruga & Nakai（広島県瀬戸田：有賀・中井）, AC, C41, 161-163（1985）: Miyawaki et al.（宮脇ら）, MSM, 32, 19-38（2000）; 奈良県三盛鉱山, 同竜神鉱山：大堀・小林, 地研（Sansei mine & Ryujin mine, Nara Pref.: Ohori & Kobayashi, CK）, 44, 223-232（1996）.

AGUILARITE
Ag_4SeS
硫セレン銀鉱 (ryû-seren-ginkô) orth. 斜方 [例] [R]

AFWILLITE
Kusachi et al. (1989), MJ, 14, 279-317（草地ら）

岡山県布賀
Fuka, Okayama Pref.

	Wt.%
SiO_2	34.76
TiO_2	0.09
B_2O_3	0.41
Al_2O_3	0.01
FeO	0.00
MnO	0.00
MgO	0.04
CaO	48.35
Na_2O	0.00
K_2O	0.01
P_2O_5	0.05
$H_2O(+)$	15.40
$H_2O(-)$	0.79
F	0.19
Total	100.10
O=−F	−0.08
Total	100.02

AGARDITE-(Y) イットリウムアガード石 Hayashi, Setoda, Hiroshima Pref. 広島県瀬戸田町林 45 mm wide 左右45 mm

AGARDITE-(Y)
Miyawaki et al. (2000), MSM (博専), 32, 19-38（宮脇ら）

広島県瀬戸田
Setoda, Hiroshima Pref.

	Wt.%							
CaO	1.50	1.24	1.10	1.82	1.41	1.97	2.89	2.11
Y_2O_3	2.24	2.59	2.64	2.71	2.55	4.88	3.53	3.80
La_2O_3	1.30	1.12	1.06	1.30	1.30	0.48	0.74	0.76
Ce_2O_3	0.74	0.65	1.17	0.45	0.87	0.25	0.26	0.29
Pr_2O_3	0.10	0.34	0.18	0.09	0.46	0.00	0.00	0.00
Nd_2O_3	1.57	1.58	1.54	0.76	1.55	0.00	0.19	0.32
Sm_2O_3	0.46	0.17	0.25	0.17	0.22	0.00	0.00	0.00
Gd_2O_3	0.43	0.41	0.45	0.19	0.43	0.00	0.00	0.17
Dy_2O_3	0.47	0.36	0.64	0.43	0.54	0.13	0.27	0.36
Er_2O_3	0.24	0.24	0.38	0.36	0.20	0.18	0.25	0.22
Yb_2O_3	0.20	0.22	0.27	0.06	0.14	0.00	0.13	0.32
Al_2O_3*	0.44	0.20	0.24	0.60	0.45	0.48		
Fe_2O_3	0.85	0.72	0.94	0.41	0.77	0.00	0.00	0.00
CuO	44.18	44.70	45.37	44.92	45.08	44.57	43.31	43.61
ZnO	0.57	0.79	0.60	0.40	0.58	0.00	0.20	0.15
Al_2O_3*							2.14	1.80
As_2O_5	31.53	29.27	29.95	31.43	31.47	31.30	32.87	32.71
P_2O_5	0.10	0.16	0.22	0.23	0.14	0.53	0.50	0.28
SiO_2	0.65	1.90	2.80	0.74	0.99	0.96	0.18	0.24
H_2O**	12.52	13.43	10.27	12.97	10.93	14.27	12.54	12.87
Total	100	100	100	100	100	100	100	100

*: Assigned into two crystallographic sites.
**: Calculated.

北海道光竜鉱山：菅木ら, 岩鉱 (Koryu mine, Hokkaido: Sugaki *et al.*, GK), 79, 405-423 (1984).

AIKINITE
$CuPbBiS_3$
アイキン鉱 (aikin-kô) orth. 斜方 [R] [例]
Sazanami mine, Yamaguchi Pref.: Nakashima *et al.* (山口県佐々並鉱山：中島ら), GK, 76, 1-16 (1981).

AJOITE
$(K,Na)Cu_7AlSi_9O_{24}(OH)_6 \cdot 3H_2O$
アホー石 (ahô-seki) tric. 三斜
栃木県足尾鉱山：沼尾ら, 地研 (Ashio mine, Tochigi Pref.: Numao *et al.*, CK), 53, 213-220 (2005).

AKAGANEITE
$Fe^{3+}O(OH,Cl)$
赤金鉱 (akagane-kô) tet. 正方 [新] [N]
岩手県赤金鉱山：南部, 岩鉱 (Akagane mine, Iwate Pref.: Nambu, GK), 59, 143-151 (1968).

AKATOREITE
$Mn_9Al_2Si_8O_{24}(OH)_8$
アカトレ石 (akatore-seki) ric. 三斜
高知県加茂山鉱山：皆川, 鉱要 (Kamoyama mine, Kochi Pref.: Minakawa, KY), 107 (2000).

ÅKERMANITE
$Ca_2MgSi_2O_7$
オケルマン石 (okeruman-seki) tet. 正方
Hamada, Shimane Pref.: Fujii (島根県浜田：藤井), TDT (1974).

ALABANDITE
MnS
閃マンガン鉱 (sen-mangan-kô) cub. 等軸

ALACRANITE
AsS
アラクラン石 (arakuran-seki) mon. 単斜
Nishinomaki mine, Gunma Pref.: Matsubara & Miyawaki (群馬県西ノ牧鉱山：松原・宮脇), BSM, 31, 1-6 (2005).

ALBITE
$NaAlSi_3O_8$
曹長石 (so-chôseki) tric. 三斜
$(NaAlSi_3O_8)_{100-50}(CaAl_2Si_2O_8)_{0-50}$

ALEKSITE
$PbBi_2Te_2S_2$
アレクス鉱 (arekusu-kô) trig. 三方
福岡県門司鉱山：島田・武内, 鉱要 (Moji mine, Fukuoka Pref.: Shimada & Takeuchi, KY), A21 (1977); 島根県都茂鉱山 (Tsumo mine, Shimane Pref.).

ALLANITE-(Ce)
$CaCeAl_2Fe^{2+}(SiO_4)(Si_2O_7)(OH)$
褐簾石 (katsuren-seki) mon. 単斜

ALLANITE-(Ce) 褐簾石 Magaki, Ishikawa, Fukushima Pref. 福島県石川町曲木 160 mm wide 左右160 mm

ALLANITE-(Y)
$CaYAl_2Fe^{2+}(SiO_4)(Si_2O_7)(OH)$
イットリウム褐簾石 (ittoriumu-katsuren-seki) mon. 単斜
福島県水晶山：山田ら, 鉱要 (Suishoyama, Fukushima Pref.: yamada *et al.*, KY), 123 (2004).

ALLEGHANYITE
$Mn_5(SiO_4)_2(OH)_2$
アレガニー石 (areganî-seki) mon. 単斜

allemontite = STIBARSEN + ARSENIC
（アレモン鉱）(aremon-kô)

alloclase = ALLOCLASITE

ALLOCLASITE
$(Co,Fe)AsS$
アロクレース鉱 (arokurêsu-kô) mon. 単斜
Dôgatani mine, Nara Pref.: Kingstone (奈良県堂ケ谷鉱山：キングストン), CM, 10, 838-846 (1971); 和歌山県三陽鉱山：大西ら, 鉱要 (Sanyo mine, Wakayama Pref.: Ohnishi *et al.*, KY), 134 (2004).

ALLOPHANE
$\sim 2Al_2O_3 \cdot SiO_2 \cdot nH_2O$
アロフェン (arofen) amor. 非晶

ALLUAUDITE
$(Na,Ca)_4Fe_4(Mn,Fe,Fe^{3+},Mg)_8(PO_4)_{12}$
アルオード石 (aruôdo-seki) mon. 単斜
茨城県雪入：松原・加藤, 鉱雑 (Yukiiri, Ibaraki Pref.: Matsubara & Kato, KZ), 14, 269-286 (1980).

ALMANDINE
$Fe_3Al_2(SiO_4)_3$
鉄礬石榴石 (tetsuban-zakuro-ishi) cub. 等軸

ALMANDINE 鉄礬石榴石 Yamanoo, Sakuragawa, Ibaraki Pref. 茨城県桜川市山ノ尾 crystal 15 mm wide 結晶の幅15 mm

ALTAITE
PbTe
テルル鉛鉱 (teruru-en-kô) cub. 等軸 [例] [R]
鹿児島県串木野鉱山：志賀・浦島, 三要 (Kushikino mine, Kagoshima Pref.: Shiga & Urashima, SY), 123 (1983).

ALUMINITE
$Al_2(SO_4)(OH)_4 \cdot 7H_2O$
アルミナ石 (arumina-seki) mon. 単斜
兵庫県生野鉱山：加藤, 櫻標 (Ikuno mine, Hyogo Pref.: Kato, SKH), 44 (1973).

ALUMINOCELADONITE
$KAl(Mg,Fe)Si_4O_{10}(OH)_2$
アルミノセラドン石 (arumino-seradon-seki) mon. 単斜 [例] [R]
新潟県楢山 (Narayama, Niigata Pref.).

ALUMOHYDROCALCITE
$CaAl_2(CO_3)_2(OH)_4 \cdot 3H_2O$
アルモヒドロカルサイト (arumo-hidoro-karusaito) tric. 三斜 [R] [例]
Kishiwada, Osaka Pref.: Aikawa et al. (大阪府岸和田：相川ら), GK, 67, 370-385 (1972).

ALUNITE
$KAl_3(SO_4)_2(OH)_6$
明礬石 (myôban-seki) trig. 三方

ALUNOGEN
$Al_2(SO_4)_3 \cdot 17H_2O$
アルノーゲン (arunôgen) tric. 三斜

amazonite = アマゾナイト
天河石＝青緑色の微斜長石
(bluish-green MICROCLINE)

amber = アンバー
琥珀＝非晶質炭水化物 (amorphous carbo hydrate)

amber 琥珀 Togawa, Choshi, Chiba Pref. 千葉県銚子市外川 90 mm wide 左右90 mm

AMESITE
$(Mg,Al)_3(Si,Al)O_5(OH)_4$
アメス石 (amesu-seki) tric. 三斜
新潟県姫川：宮島ら, 岩鉱要 (Himekawa, Niigata Pref.: Miyajima et al., GKY), 194 (1999).

AMMONIOLEUCITE
$(NH_4,K)AlSi_2O_6$
アンモニウム白榴石 (anmoniumu-hakuryû-seki) tet. 正方 [N] [新]
Fujioka, Gunma Pref.: Hori et al., AM (群馬県藤岡：堀ら), 71, 1022-1027 (1986). Type specimen: NSM-M24243

AMMONIOLEUCITE アンモニウム白榴石 Shimohino, Fujioka, Gunma Pref. 群馬県藤岡市下日野 50 mm wide 左右50 mm Type specimen タイプ標本

AMMONIOLEUCITE
Hori et al. (1986), AM, 71, 1022-1027 (堀ら)
Shimohino, Fujioka, Gunma Pref.
群馬県藤岡市下日野

	Wt.%
SiO_2	61.05
Al_2O_3	21.86
K_2O	4.11
Na_2O	0.712
CaO	0.449
MgO	0.184
FeO	0.129
$(NH_4)_2O$	8.01
H_2O	2.12
CO_2	2.05
Total	100.67

ANALCIME
$NaAlSi_2O_6 \cdot H_2O$
方沸石 (hô-fusseki) cub. 等軸, tet. 正方, orth. 斜方

analcite = ANALCIME

ANATASE
TiO_2
鋭錐石 (eisui-seki) tet. 正方

ANDALUSITE
Al_2SiO_5
紅柱石 (kôchû-seki) orth. 斜方

ANDERSONITE
$Na_2Ca(UO_2)(CO_3)_3 \cdot 6H_2O$
アンダーソン石 (andâson-seki) trig. 三方
Tohno mine, Gifu Pref.: Matsubara (岐阜県東濃鉱山：松原), BSM, 2, 111-114 (1976).

andesine = (中性長石) (chûsei-chôseki)
曹長石の [$(NaAlSi_3O_8)_{70-50}(CaAl_2Si_2O_8)_{30-50}$] 組成相 ([$(NaAlSi_3O_8)_{70-50}(CaAl_2Si_2O_8)_{30-50}$] composition phase of ALBITE)

ANDORITE
$PbAgSb_3S_6$
アンドル鉱 (andoru-kô) orth. 斜方
秋田県院内鉱山：加藤, 櫻標 (Innai mine, Akita Pref.: Kato, SKH), 44 (1973).

ANDRADITE
$Ca_3Fe^{3+}_2(SiO_4)_3$
灰鉄石榴石 (kaitetsu-zakuro-ishi) cub. 等軸

ANGLESITE
$PbSO_4$
硫酸鉛鉱 (ryûsan-en-kô) orth. 斜方

ANHYDRITE
$CaSO_4$
硬石膏 (kô-sekkô) orth. 斜方

ANILITE
Cu_7S_4
阿仁鉱 (ani-kô) orth. 斜方 [N] [R] [新] [例]
Ani mine, Akita Pref.: Morimoto et al. (秋田県阿仁鉱山：森本ら), AM, 54, 1256-1268 (1969); 秋田県花岡鉱山：松枝ら, 鉱山 (Hanaoka mine, Akita Pref.: Matsueda et al., KC), 31, 53-54 (1981). Type specimen: NSM-M30445

ANILITE 阿仁鉱 Ani mine, Kitaakita, Akita Pref. 秋田県北秋田市阿仁鉱山 largest crystal 10 mm long 最大結晶の長さ10 mm Type specimen タイプ標本

ANILITE
Morimoto et al. (1969), AM, 54, 1256-1268 (森本ら)
Ani mine, Akita Pref.
秋田県阿仁鉱山

	Wt.%	
Cu	79.2	80.1
S	21.7	22.7
Total	100.9	102.8

ANKERITE
$Ca(Fe,Mg,Mn)(CO_3)_2$
アンケル石 (ankeru-seki) trig. 三方

ANNABERGITE
$Ni_3(AsO_4)_2 \cdot 8H_2O$
ニッケル華 (nikkeru-ka) mon. 単斜

ANNITE
$KFe_3AlSi_3O_{10}(OH,F)_2$
鉄雲母 (tetsu-unmo) mon. 単斜 [R] [例]

Kawai mine, Gifu Pref.: Matsubara *et al.*(岐阜県河合鉱山：松原ら), BSM, 6, 107-113 (1980).

ANORTHITE
$CaAl_2Si_2O_8$
灰長石(kai-chôseki) tric. 三斜
$(NaAlSi_3O_8)_{50-0}-(CaAl_2Si_2O_8)_{50-100}$

ANORTHOCLASE
$(Na,K)AlSi_3O_8$
アノルソクレース (anorusokurêsu)
mon. 単斜，tric. 三斜

ANTHOPHYLLITE
$(Mg,Fe)_7Si_8O_{22}(OH)_2$
直閃石 (choku-senseki) orth. 斜方

ANTIGORITE
$(Mg,Fe)_6Si_4O_{10}(OH)_8$
アンチゴライト (anchigoraito) mon. 単斜

ANTIMONPEARCEITE
$(Ag,Cu)_{16}(Sb,As)_2S_{11}$
安ピアス鉱 (an-piasu-kô) mon. 単斜

ANTIMONY
Sb
自然アンチモン (shizen-antimon) trig. 三方 [例][R]
群馬県車沢：山田，水晶(Kuruma-zawa, Gunma pref.: Yamada, SS), 17, 2-10 (2005).

ANTLERITE
$Cu_3(SO_4)(OH)_4$
アントラー石 (antorâ-seki) orth. 斜方

apatite = 燐灰石グループの一般名
ふつうは FLUORAPATITE のことが多い (general name of apatite group, FLUORAPATITE is most common.) (燐灰石) (rinkai-seki)

APHTHITALITE
$(K,Na)_3Na(SO_4)_2$
アフチタル石 (afuchitaru-seki) hex. 六方
北海道昭和新山：加藤，櫻標 (Showa-shinzan, Hokkaido: Kato, SKH), 40 (1973).

apophyllite = 魚眼石グループの一般名
(general name of apophyllite group)
(魚眼石)(gyogan-seki)

aquamarine = 青緑色透明な緑柱石
(bluish-green transparent BERYL)(アクアマリン)

ARAGONITE
$CaCO_3$
霰石 (arare-ishi) orth. 斜方

ARAGONITE あられ石 Koiji, Noto, Ishikawa Pref. 石川県能登町恋路 50 mm wide 左右50 mm

ARAGONITE あられ石 Koiji, Noto, Ishikawa Pref. 石川県能登町恋路 40 mm long 長さ40 mm

arakawaite = VESZELYITE
(荒川石)(arakawa-seki)

ARAMAYOITE
$Ag(Sb,Bi)S_2$
アラマヨ鉱 (aramayo-kô) trig. 三方
山形県吉野鉱山 (Yoshino mine, Yamagata Pref.)；宮城県細倉鉱山 (Hosokura mine, Miyagi Pref.).

ARCANITE
K_2SO_4
アーカン石 (âkan-seki) orth. 斜方
北海道昭和新山 (Showa-shinzan, Hokkaido).

ARDEALITE
$Ca_2H(SO_4)(PO_4) \cdot 4H_2O$
アーディール石 (âdîru-seki) mon. 単斜
広島県鬼の岩屋鐘乳洞：寒河江・須藤, 鉱要 (Oni-no-Iwaya, Hiroshima Pref.: Sagae & Sudo, KY), 57 (1974).

ARDENNITE
$(Mn,Ca)_4(Al,Mg,Fe)_6(As,V)Si_5O_{22}(OH)_6$
アルデンヌ石 (arudennu-seki) orth. 斜方 [R] [例]
Asemi-gawa area, Kochi Pref.: Enami (高知県汗見川流域：榎並), MJ, 13, 151-160 (1986).

ARDENNITE-(V)
$(Mn,Ca)_4(Al,Mg,Fe)_6(V,As)Si_5O_{22}(OH)_6$
バナジンアルデンヌ石 (banajin-arudennu-seki) orth. 斜方 [R] [例]
Onishi, Gunma Pref.: Matsubara & Kato (群馬県鬼石：松原・加藤), BSM, 13, 1-11 (1987).

	ARDENNITE ARDENNITE-(V)			
	Ohnara, Gunma Pref. 群馬県大奈良		Asemi-gawa area, Kochi Pref. 高知県汗見川地域	
	1	2	3	4
	Wt.%		Wt.%	
SiO_2	30.04	30.63	30.3	29.8
TiO_2			0.09	0.07
Al_2O_3	22.28	21.65	22.0	21.4
Fe_2O_3*	2.00	3.07	1.50	1.68
MnO	26.33	24.40	24.8	24.9
MgO	2.94	4.34	3.95	3.94
CaO	2.03	3.81	2.68	3.14
CuO			0.23	0.21
V_2O_5	7.30	5.42	0.75	0.77
As_2O_5	2.08	0.64	8.71	8.91
H_2O**	5.88	5.19		
Total	100.88	99.15	95.01	94.82

*: total iron　1, 2: ARDENNITE-(V), Matsubara & Kato (1987), BSM, 13, 1-11 (松原・加藤)
**: calculated　3, 4: ARDENNITE, Enami (1986), MJ, 13, 151-160 (榎並)

ARFVEDSONITE
$NaNa_2Fe_4Fe^{3+}Si_8O_{22}(OH)_2$
アルベゾン閃石 (arubezon-senseki) mon. 単斜

argentite = Ag_2S
輝銀鉱 (ki-ginkô) cub. 等軸
常温では, 針銀鉱 (単斜型) に転移 (Inverted to monoclinic acanthite under the ordinary temperature).

ARGENTOJAROSITE
$AgFe^{3+}_3(SO_4)_2(OH)_6$
銀鉄明礬石 (gin-tetsu-myôban-seki) trig. 三方
岐阜県神岡鉱山：今井ら, 三要 (Kamioka mine, Gifu Pref.: Imai et al., SY), 49 (1976).

ARGENTOPENTLANDITE
$Ag(Fe,Ni)_8S_8$
銀ペントランド鉱 (gin-pentorando-kô) cub. 等軸
岩手県釜石鉱山：鞠子ら, 鉱山 (Kamaishi mine, Iwate Pref.: Mariko et al., KC), 23, 355-358 (1973).

ARGENTOPYRITE
$AgFe_2S_3$
アージェントパイライト (âjento-pairaito) orth. 斜方 [例] [R]
兵庫県大身谷鉱山：隅田, 鉱山 (Omidani mine, Hyogo Pref.: Sumida, KC, 19, 133-146 (1969).

ARGYRODITE
Ag_8GeS_6
硫ゲルマン銀鉱 (ryû-geruman-ginkô) orth. 斜方

ARROJADITE
$(K,Na)_2(Na,Fe)_2CaNa_{2+x}Fe_{13}Al(PO_4)_{11}$
$(PO_4OH_{1-x})(OH,F)_2$
アロハド石 (arohado-seki) mon. 単斜
茨城県雪入：松原・加藤, 鉱雑 (Yukiiri, Ibaraki Pref.: Matsubara & Kato, KZ), 14, 269-286 (1980).

ARSENDESCLOIZITE
$Pb(Zn,Cu)(AsO_4)(OH)$
砒デクロワゾー石 (hi-dekurowazô-seki) orth. 斜方 [例] [R]
宮崎県土呂久鉱山：加藤・松原, 岩鉱 (Toroku mine, Oita Pref.: Kato & Matsubara, GK), 88, 181 (1993).

ARSENIC
As
自然砒 (shizen-hi) trig. 三方

ARSENIC 自然砒 Akatani mine, Miyama, Fukui Pref. 福井県美山町赤谷鉱山 35 mm wide 左右35 mm

ARSENIOPLEITE
NaCaMn^{2+}(Mn^{2+},Mg)$_2$(AsO$_4$)$_3$
アーセニオプレイ石 (âseniopurei-seki) mon. 単斜

Gozaisho mine, Fukushima Pref.: Matsubara et al. (福島県御斎所鉱山：松原ら), BSM, 27, 51-62 (2001).

ARSENIOPLEITE
Matsubara et al. (2001), BSM (Ser.C), 27, 51-62 (松原ら)

Gozaisho Mine, Fukushima Pref.
福島県御斎所鉱山

	Wt.%			"caryinite"
Na$_2$O	6.41	6.20	5.85	4.25
CaO	5.66	5.45	5.73	18.43
PbO	0.87	0.84	1.00	1.50
MgO	3.41	3.41	3.22	2.01
MnO	24.80	26.00	26.40	17.13
Fe$_2$O$_3$	3.60	3.59	2.82	2.45
As$_2$O$_5$	55.16	54.66	54.51	54.03
Total	99.91	100.15	99.53	99.80

ARSENIOSIDERITE
Ca$_2$Fe^{3+}$_3$(AsO$_4$)$_3$O$_2$·3H$_2$O
アーセニオシデライト (âsenioshideraito) mon. 単斜 [例][R]

大分県木浦鉱山 (Kiura mine, Oita Pref.); 奈良県竜神鉱山; 大堀・小林, 地研 (Ryujin mine, Nara Pref.; Ohori & Kobayashi, CK), 40, 81-83 (1991); 鹿児島県日ノ本鉱山：小林・久野, 地研 (Hinomoto mine, Kagoshima Pref.: Kobayashi & Hisano, CK), 40, 201-203 (1991).

ARSENIOSIDERITE アーセニオシデライト Kiura mine, Saiki, Oita Pref. 大分県佐伯市木浦鉱山 70 mm wide 左右70 mm

ARSENOHAUCHECORNITE
Ni$_9$BiAsS$_8$
砒ハウチェコルン鉱 (hi-hauchekorun-kô) tet. 正方 [R][例]

Tsumo mine, Shimane Pref.: Soeda & Hirowatari (島根県都茂鉱山：添田・広渡), MJ, 9, 199-209 (1978): 菅木ら, 鉱山特別 (Tsumo mine, Shimane Pref.: Sugaki et al., KT), 9, 89-144 (1981).

ARSENOLITE
As$_2$O$_3$
方砒素華 (hô-hiso-ka) cub. 等軸

ARSENOPALLADINITE
Pd$_8$(As,Sb)$_3$
砒パラジウム鉱 (hi-parajiumu-kô) tric. 三斜

北海道天塩：浦島・根建, 渡万 (Teshio, Hokkaido: Urashima & Nedachi, WBK), 115-121 (1978).

ARSENOPOLYBASITE
(Ag,Cu)$_{16}$(As,Sb)$_2$S$_{11}$
砒雑銀鉱 (hi-zatsu-ginkô) mon. 単斜 [例][R]

北海道光竜鉱山：菅木ら, 岩鉱 (Koryu mine, Hokkaido: Sugaki et al., GK), 79, 405-423 (1984); 新潟県佐渡鉱山 (Sado mine, Niigata Pref.).

ARSENOPYRITE
FeAsS
硫砒鉄鉱 (ryû-hi-tekkô) mon. 単斜

ARSENOPYRITE 硫砒鉄鉱 Obira mine, Bungoohno, Oita Pref. 大分県豊後大野市尾平鉱山 65 mm wide 左右65 mm

ARSENOPYRITE 硫砒鉄鉱 Obira mine, Bungoohno, Oita Pref. 大分県豊後大野市尾平鉱山 125 mm long 長さ125 mm

ARSENOSULVANITE

$Cu_3(As,V)S_4$

砒サルバン鉱（hi-saruban-kô）cub. 等軸

秋田県尾去沢鉱山：田口・木沢, 鉱雑 (Osarizawa mine, Akita Pref.: Taguchi & Kizawa, KZ), 11, 205-218 (1973).

ARSENOSULVANITE
田口・木沢 (1973), 鉱雑 (KZ), 11, 205-218 (Taguchi & Kizawa)

秋田県尾去沢鉱山
Osarizawa mine, Akita Pref.

	Wt.%			Average
Cu	50.5	50.3	47.3	49.4
As	11.7	12.9	12.4	12.3
V	3.2	3.1	3.4	3.2
S	33.3	32.8	32.6	32.9
Total	98.7	99.1	95.7	97.8

ARTINITE

$Mg_2(CO_3)(OH)_2 \cdot 3H_2O$

アルチニ石（aruchini-seki）mon. 単斜

ARUPITE

$Ni_3(PO_4)_2 \cdot 8H_2O$

アループ石（arûpu-seki）mon. 単斜

三重県菅島：皆川・稲葉, 鉱要 (Sugashima, Mie Pref.: Minakawa & Inaba, KY), 183 (1994).

ASPIDOLITE

$NaMg_3(AlSi_3)O_{10}(OH)_2$

ソーダ金雲母（sôda-kin-unmo）mon. 単斜, tric. 三斜 [N] [新]

Kasuga, Gifu Pref.: Banno et al.（岐阜県春日：坂野ら）, MM, 69, 1049-1059 (2005). Type specimen: NSM-M28719

ASPIDOLITE
Banno et al. (2005), MM, 69, 1049-1059 (坂野ら)

Kasuga, Gifu Pref.
岐阜県春日

	Wt.%
SiO_2	37.1
TiO_2	0.93
Al_2O_3	22.7
Cr_2O_3	0.01
FeO^*	4.05
MnO	0.06
MgO	22.0
CaO	0.03
Na_2O	6.70
K_2O	1.19
F	0.15
Cl	0.00
Total	94.92
$O=-(F+Cl)$	−0.06
H_2O^{**}	4.27
Total	99.13

*: Total Fe
**: H_2O calculation based on an assumption of $OH+F+Cl=2.0$ apfu.

ATACAMITE

$Cu_2(OH)_3Cl$

アタカマ石（atakama-seki）orth. 斜方

AUGELITE

$Al_2(PO_4)(OH)_3$

燐礬土石（rin-bando-seki）mon. 単斜

Hinomaru-Nako mine, Yamaguchi Pref.: Kamitani（山口県日の丸奈古鉱山：上谷）, CG, 28, 201-271 (1977): Matsubara & Kato（松原・加藤）, MSM, 30, 167-183 (1998).

AUGITE

$(Ca,Mg,Fe)_2Si_2O_6$

$((Ca_2Si_2O_6)_{45-20}[(Mg,Fe)_2Si_2O_6]_{55-80})$

普通輝石（futsû-kiseki）mon. 単斜

AURICHALCITE

$(Zn,Cu)_5(CO_3)_2(OH)_6$

水亜鉛銅鉱（sui-aen-dôkô）mon. 単斜

AURORITE

$(Mn,Zn,Ag)Mn^{4+}_3O_7 \cdot 3H_2O$

オーロラ鉱（ôrora-kô）trig. 三方

Kawazu mine, Shizuoka Pref.: Matsubara & Kato（静岡県河津鉱山：松原・加藤）, MSM, 14, 5-18 (1981).

AUTUNITE

$Ca(UO_2)_2(PO_4)_2 \cdot 10\text{-}12H_2O$

燐灰ウラン石（rinkai-uran-seki）tet. 正方

AUTUNITE
櫻井・長島 (1954), 鉱雑 (KZ), 1, 356-358 (Sakurai & Nagashima)

福島県南山形
Minamiyamagata, Fukushima Pref.

	Wt.%
UO_3	59.92
P_2O_5	15.95
CaO	6.40
$H_2O(+)$	8.67
$H_2O(-)$	7.65
SiO_2	0.09
Al_2O_3	0.13
Fe_2O_3	0.17
Pb,Sn,Cu	0.32
MgO	0.14
Mn,Th,REE	0.00
Total	99.44

AWARUITE
Ni$_3$Fe
アワルワ鉱（awaruwa-kô）cub. 等軸

axinite = 斧石グループの一般名
（general name of axinite group）（斧石）(ono-ishi)

AZURITE
Cu$_3$(CO$_3$)$_2$(OH)$_2$
藍銅鉱(ran-dôkô) mon. 単斜

B

BABINGTONITE
$Ca_2FeFe^{3+}Si_5O_{14}(OH)$

バビントン石 (babinton-seki) tric. 三斜 [例] [R]

福島県八茎鉱山：南部ら，選研 (Yaguki mine, Fukushima Pref.: Nambu *et al.*, TSK), 25, 117-128 (1969).

BABINGTONITE		
	Yaguki Mine, Fukushima Pref. 福島県八茎鉱山	島根県古浦ヶ鼻 Kouragahana, Shimane Pref.
	Wt.% 1	Wt.% 2
SiO_2	53.32	52.22
Al_2O_3	0.65	1.03
Fe_2O_3		**14.16
FeO	*21.82	**8.42
MnO	2.20	1.37
MgO	0.27	1.33
CaO	19.59	20.16
Na_2O	0.07	0
K_2O	0.02	0
Cr_2O_3	0.07	0
P_2O_5	0.24	0
Total	98.25	98.69

*: total Fe
**: calculated on the basis of total cations = 9 in anhydrous part (水を除く全カチオン数が9になるように計算)
1: Tagai *et al.* (1990), MJ, 15, 8-18 (田賀井ら)
2: 野村ら (1984), 地研 (CK), 35, 153-156 (Nomura *et al.*)

BADDELEYITE
ZrO_2

バッデレイ石 (badderei-seki) mon. 単斜 [例] [R]

Kamineichi, Iwate Pref.: Kato & Matsubara (岩手県上根市：加藤・松原), BSM, 17, 11-20 (1991); Fuka, Okayama Pref.: Henmi *et al.* (岡山県布賀：逸見ら), MJ, 18, 54-59 (1996).

BADDELEYITE	
Henmi *et al.* (1996), MJ, 18, 54-59 (逸見ら)	
	Fuka, Okayama Pref. 岡山県布賀
	Wt.%
SiO_2	0.54
TiO_2	0.44
ZrO_2	94.88
HfO_2	2.16
Al_2O_3	0.07
FeO	0.64
MnO	0.18
MgO	0.07
CaO	0.35
Total	99.33

BAGHDADITE
$Ca_3ZrSi_2O_9$

バグダッド石 (bagudaddo-seki) mon. 単斜

Akagane mine, Iwate Pref.: Matsubara & Miyawaki (岩手県赤金鉱山：松原・宮脇), BSM, 25, 65-72 (1999); Fuka, Okayama Pref.: Shiraga *et al.* (岡山県布賀：白神ら), JMPS, 96, 43-47 (2001).

BAGHDADITE		
	Akagane mine, Iwate Pref. 岩手県赤金鉱山	Fuka, Okayama Pref. 岡山県布賀
	Wt.% 1	Wt.% 2
SiO_2	28.82	29.31
ZrO_2	27.80	24.95
TiO_2	0.98	2.87
Fe_2O_3*	n.d.	0.14
Al_2O_3	n.d.	0.12
MgO	n.d.	0.04
CaO	41.71	41.6
Na_2O	n.d.	0.06
Total	99.31	99.09

*: Total Fe
n.d.: not detected
1: Matsubara & Miyawaki (1999), BNS (Ser.C), 25, 65-72 (松原・宮脇)
2: Shiraga *et al.* (2001), JMPS, 96, 43-47 (白神ら)

BAKERITE
$Ca_8B_{10}Si_6O_{30}(OH)_{10}$

ベーカー石 (bêkâ-seki) mon. 単斜

Fuka, Okayama Pref.: Kusachi *et al.* (岡山県布賀：草地ら), MJ, 17, 111-117 (1994).

BAKERITE	
Kusachi *et al.* (1994), MJ, 17, 111-117 (草地ら)	
	Fuka, Okayama Pref. 岡山県布賀
	Wt.%
SiO_2	28.91
B_2O_3	27.66
CaO	35.94
$H_2O(+)$	7.12
$H_2O(-)$	0.08
Total	99.71

BANALSITE
$BaNa_2Al_4Si_4O_{16}$

バナルシ石 (banarushi-seki) orth. 斜方

Shiromaru mine, Tokyo: Kato *et al.* (東京都白丸鉱山：加藤ら), BSM, 13, 107-114 (1987).

BANALSITE
Kato et al. (1987), BSM, 13, 107-114 (加藤ら)

Shiromaru mine, Tokyo
東京都白丸鉱山

	Wt.%
SiO_2	37.04
Al_2O_3	31.27
BaO	19.19
SrO	4.03
Na_2O	9.46
Total	100.99

BANNISTERITE
$KCa(Mn,Fe)_{21}(Si,Al)_{32}O_{76}(OH)_{16} \cdot 12H_2O$
バニスター石 (banisutâ-seki) mon. 単斜

BARATOVITE = katayamalite (片山石)
$KCa_7(Ti,Zr)_2Li_3Si_{12}O_{36}(OH,F)_2$
バラトフ石 (baratofu-seki) mon. 単斜

Iwagi Island, Ehime Pref.: Murakami et al. (愛媛県岩城島：村上ら), MJ, 11, 261-268 (1983).

BARATOVITE
Murakami et al. (1983), MJ, 11, 261-268 (村上ら)

Iwagi Island, Ehime Pref.
愛媛県岩城島

	Wt.%
SiO_2	52.31
TiO_2	10.99
Fe_2O_3	0.29
MnO	0.22
CaO	28.25
Na_2O	0.22
K_2O	2.89
Li_2O	3.25
H_2O	1.21
F	0.34
Total	99.97
O=−F	−0.14
Total	99.83

BARITE
$BaSO_4$
重晶石 (jûshô-seki) orth. 斜方

BARRERITE
$(Na,Ca_{0.5})_8(Al_8Si_{28}O_{72}) \cdot 26H_2O$
バレル沸石 (bareru-fusseki) orth. 斜方

長崎県平戸島：西戸ら，鉱要 (Hirado Island, Nagasaki Pref.: Nishido et al., KY), 143 (2005).

BARROISITE
$CaNaMg_3AlFe^{3+}Si_7AlO_{22}(OH)_2$
バロア閃石 (baroa-senseki) mon. 単斜

BASALUMINITE
$Al_4(SO_4)(OH)_{10} \cdot 5H_2O$
塩基アルミナ石 (enki-arumina-seki) hex. 六方 [例] [R]

岩手県松尾鉱山：南部ら，岩鉱 (Matsuo mine, Iwate Pref.: Nambu et al., GK), 81, 152-153 (1986); 福島県叶神：松原ら，地研 (Kanokami, Fukushima Pref.: Matsubara et al., CK), 39, 163-169 (1990).

BASTNÄSITE-(Ce)
$(Ce,La)(CO_3)F$
バストネス石 (basutonesu-seki) hex. 六方 [例] [R]

京都府大路：山田ら，地研 (Ohro, Kyoto Pref.: Yamada et al., CK), 31, 205-222 (1980).

BAVENITE
$Ca_4(Be,Al)_4Si_9O_{26}(OH)_2$
バベノ石 (babeno-seki) orth. 斜方

京都府広野：鶴田ら，地研 (Hirono, Kyouto Pref.: Tsuruta et al., CK), 54, 89-93 (2005).

BAYLDONITE
$PbCu_3(AsO_4)_2(OH)_2 \cdot H_2O$
ベイルドン石 (beirudon-seki) mon. 単斜 [例] [R]

大分県木浦藤川内観音滝旧坑：足立・皆川，地研 (Kannondaki adit, Kiura, Oita Pref.: Adachi & Minakawa, CK), 43, 165-168 (1994).

BEAVERITE
$PbCuFe_2(SO_4)_2(OH)_6$
ビーバー石 (bîbâ-seki) trig. 三方 [例] [R]

秋田県尾去沢鉱山：田口ら，鉱雑 (Osarizawa mine, Akita Pref.: Taguchi et al., KZ), 10, 313-325 (1972).

BEIDELLITE
$(Na,Ca_{0.5})_{0.33}Al_2(Si,Al)_4O_{10}(OH)_2 \cdot nH_2O$
バイデル石 (baideru-seki) mon. 単斜 [R] [例]

Seikoshi mine, Shizuoka Pref.: Nagasawa et al. (静岡県清越鉱山：長沢ら), MJ, 10, 233-240 (1981).

BEMENTITE
$Mn_7Si_6O_{15}(OH)_8$
ベメント石 (bemento-seki) mon. 単斜

BENAVIDESITE
$Pb_4MnSb_6S_{14}$
ベナビデス鉱 (benabidesu-kô) mon. 単斜

島根県豊稼鉱山：本村，三要 (Hohka mine, Shimane Pref.: Motomura, SY), 43 (1990); 北海道洞爺鉱山 (Toya mine, Hokkaido).

BENITOITE
BaTiSi$_3$O$_9$
ベニト石 (benito-seki) hex. 六方
新潟県青海：茅原ら，三要 (Ohmi, Niigata Pref.: Chihara et al., SY), 39 (1972).

BENITOITE ベニト石 Ohmi, Itoigawa, Niigata Pref. 新潟県糸魚川市青海 crystal 3 mm tall 結晶の高さ 3 mm F. Matsuyama collection, H. Miyajima photo. 松山文彦・標本，宮島宏・撮影

BENJAMINITE
Ag$_3$Bi$_7$S$_{12}$
ベンジャミン鉱 (benjamin-kô) mon. 単斜
Ikuno mine, Hyogo Pref.: Shimizu et al. (兵庫県生野鉱山：清水ら), SCY, O-18 (1997).

bentonite = 主にモンモリロン石からなる鉱石
(ore composed of mainly MONTMORILLONITE)
（ベントナイト）(bentonaito)

BERAUNITE
FeFe$^{3+}_5$(OH)$_5$(PO$_4$)$_4$·4H$_2$O
ベラウン鉱 (beraun-kô) mon. 単斜
茨城県雪入：松原・加藤，鉱雑 (Yukiiri, Ibaraki Pref.: Matsubara & Kato, KZ), 14, 269-286 (1980); 兵庫県押部谷町：加藤ら，鉱要 (Oshibedani, Hyogo Pref.: Kato et al., KY), 38 (1988).

BERNDTITE
SnS$_2$
ベルント鉱 (berunto-kô) trig. 三方
Toyoha mine, Hokkaido: Ohta (北海道豊羽鉱山：大田), KC, 39, 355-372 (1989).

BERTHIERINE
(Fe,Fe^{3+},Mg)$_{4-6}$(Si,Al)$_4$O$_{10}$(OH)$_8$
ベルチェリン (berucherin) mon. 単斜 [例] [R]
埼玉県秩父鉱山：加藤，櫻標 (Chichibu mine, Saitama Pref.: Kato, SKH), 44 (1973).

BERTHIERITE
FeSb$_2$S$_4$
ベルチェ鉱 (beruche-kô) orth. 斜方

BERTRANDITE
Be$_4$Si$_2$O$_7$(OH)$_2$
ベルトランド石 (berutorando-kô) orth. 斜方 [例] [R]
京都府行者山：宮本ら，地研 (Gyojayama, Kyoto Pref.: Miyamoto et al., CK), 26, 229-234 (1975).

BERYL
Be$_3$Al$_2$Si$_6$O$_{18}$
緑柱石 (ryokuchû-seki) hex. 六方

BERYL 緑柱石 Tanakami, Otsu, Shiga Pref. 滋賀県大津市田上 37 mm long 長さ37 mm

BETA-FERGUSONITE-(Y)
YNbO$_4$
ベータ・フェルグソン石 (bêta-feruguson-seki) mon. 単斜
秋田県大平，福島県烏川：加藤，櫻標 (Ohira, Akita Pref. & Karasugawa, Fukushima Pref.: Kato, SKH), 31 (1973).

BETA-URANOPHANE
Ca(UO$_2$)$_2$(SiO$_3$OH)$_2$·5H$_2$O
ベータ・ウラノフェン (bêta-uranofen) mon. 単斜

BETEKHTINITE
Pb$_2$(Cu,Fe)$_{21}$S$_{15}$
ベテフチン鉱 (betefuchin-kô) orth. 斜方

BETPAKDALITE
{Mg(H$_2$O)$_6$}Ca$_2$(H$_2$O)$_{13}$
[Mo$^{6+}_8$Fe$^{3+}_3$As$^{5+}_2$O$_{36}$(OH)](H$_2$O)$_4$
ベトパクダル石 (betopakudaru-seki) mon. 単斜
広島県南生口鉱山：皆川・野戸，松尾秀邦教授退官記念論集 (Minamiikuchi mine, Hiroshima Pref.: Minakawa & Noto, MTK), 141-145 (1989).

BEUDANTITE
PbFe$^{3+}_3$(AsO$_4$)(SO$_4$)(OH)$_6$
ビューダン石 (byûdan-seki) trig. 三方

BEYERITE
CaBi$_2$(CO$_3$)$_2$O$_2$
灰泡蒼鉛土 (kai-hôsouen-do) tet. 正方 [例][R]
大分県夏木谷：上原，三要 (Natsukidani, Oita Pref.: Uehara, SY), 135 (1982); 福島県石川 (Ishikawa, Fukushima Pref.).

BIANCHITE
ZnSO$_4$·6H$_2$O
ビアンキ石 (bianki-seki) mon. 単斜

BICCHULITE
Ca$_2$Al$_2$SiO$_6$(OH)$_2$
備中石 (bicchu-seki) cub. 等軸 [N][R][新][例]
Fuka, Okayama Pref.: Henmi et al. (岡山県布賀：逸見ら), MJ, 7, 243-251 (1973).

BICCHULITE 備中石 Fuka, Takahashi (former Bicchu), Okayama Pref. 岡山県高梁市（旧備中町）布賀 55 mm wide 左右 55 mm

BICCHULITE
Henmi et al. (1973), MJ, 7, 243-251 (逸見ら)
Fuka, Okayama Pref.
岡山県布賀

	1	2	3
	Wt.%		
SiO$_2$	28.51	23.77	20.55
TiO$_2$	0.09	0.92	
Al$_2$O$_3$	21.79	23.59	34.90
Fe$_2$O$_3$	2.66	6.72	
FeO	0.25	0.20	
MnO	0.03	0.02	
MgO	2.72	2.00	
CaO	35.26	36.89	38.40
Na$_2$O	0.25	0.14	
K$_2$O	0.18	0.11	
P$_2$O$_5$	0.02	0.02	
H$_2$O(+)	8.03	4.79	6.16
H$_2$O(−)	0.43	0.40	
Total	100.22	99.57	100.01

1: BICCHULITE mixed with vesuvianite (ベスブ石が混入)
2: BICCHULITE contaminated by small amounts of gehlenite, vesuvianite and hydrogrossular (少量のゲーレン石、ベスブ石、加水石榴石が混入)
3: Theoretical 2CaO·Al$_2$O$_3$·SiO$_2$·H$_2$O (理論値)

BIEBERITE
CoSO$_4$·7H$_2$O
赤礬 (sekiban) mon. 単斜
山梨県鳳来鉱山・奈良県堂ケ谷鉱山：伊藤・櫻井，日鉱（三）(Hohrai mine, Yamanashi Pref. & Dohgatani mine, Nara Pref.: Ito & Sakurai, NKS), 348 (1947).

BINDHEIMITE
Pb$_2$Sb$_2$O$_6$(O,OH)
ビンドハイム石 (bindohaimu-seki) cub. 等軸
埼玉県秩父鉱山：坂巻，鉱雑 (Chichibu mine, Saitama Pref.: Sakamaki, KZ), 4, 310-312 (1959).

biotite = 主に金雲母と鉄雲母の中間
(mainly intermediate member between phlogopite and annite)
K(Mg,Fe)$_3$(Al,Fe^{3+})Si$_3$O$_{10}$(OH,F)$_2$
（黒雲母）(kuro-unmo)

BIRNESSITE
(Na,Ca)$_{0.5}$(Mn^{4+},Mn^{3+})$_2$O$_4$·1.5H$_2$O
バーネス鉱 (bânesu-kô) mon. 単斜

BISMITE
Bi$_2$O$_3$
蒼鉛土 (sôen-do) mon. 単斜

BISMOCLITE
BiOCl
塩化蒼鉛土 (enka-sôen-do) tet. 正方
栃木県足尾鉱山：井伊・堀，鉱要 (Ashio mine, Tochigi Pref.: Ii & Hori, KY), 159 (1992).

BISMUTH
Bi
自然蒼鉛 (shizen-sôen) trig. 三方

BISMUTHINITE
Bi_2S_3
輝蒼鉛鉱 (ki-sôen-kô) orth. 斜方

BISMUTITE
$(BiO)_2(CO_3)$
泡蒼鉛土 (hô-sôen-do) tet. 正方

BISMUTOFERRITE
$BiFe^{3+}_2(SiO_4)_2(OH)$
鉄珪蒼鉛石 (tetsu-kei-sôen-seki) mon. 単斜
福島県高ノ倉鉱山 (Takanokura mine, Fukushima Pref.).

BISMUTOHAUCHECORNITE
$Ni_9Bi_2S_8$
蒼鉛ハウチェコルン鉱 (sôen-hauchekorun-kô) tet. 正方
岡山県三原鉱山：添田ら，三要 (Mihara mine, Okayama Pref.: Soeda et al., SY), 126 (1985).

BISMUTOTANTALITE
$Bi(Ta,Nb)O_4$
蒼鉛タンタル石 (sôen-tantaru-seki) orth. 斜方
Nagatare, Fukuoka Pref.: Banno et al. (福岡県長垂：坂野ら)，JMPS, 96, 205-209 (2001).

BIXBYITE
$(Mn^{3+},Fe^{3+})_2O_3$
ビクスビ鉱 (bikusubi-kô) cub. 等軸
長崎県大串：宮久，愛媛紀 (Ohgushi, Nagasaki Pref.: Miyahisa, EDK), 4, 91-105 (1957).

BOHDANOWICZITE
$AgBiSe_2$
ボーダノビッチ鉱 (bôdanobicchi-kô) hex. 六方
静岡県河津鉱山：清水ら，三要 (Kawazu mine, Shizuoka Pref.: Shimizu et al., SY), 92 (1985).

BOHDANOWICZITE ボーダノビッチ鉱 Kawazu mine, Shimoda, Shizuoka Pref. 静岡県下田市河津鉱山 60 mm wide 左右60 mm

BÖHMITE
AlOOH
ベーム石 (bêmu-seki) orth. 斜方

BOLIVARITE
$Al_2(PO_4)(OH)_3 \cdot 4\text{-}5H_2O$
ボリバー石 (boribâ-seki) amor. 非晶
Ashio mine, Tochigi Pref.: Matsubara et al. (栃木県足尾鉱山：松原ら)，BSM, 12, 35-39 (1986).

BOLTWOODITE
$KH(UO_2)(SiO_4) \cdot 2H_2O$
ボルトウッド石 (borutouddo-seki) mon. 単斜
鳥取県東郷鉱山：渡辺 (Togo mine, Tottori Pref.: Watanabe), JS, 11, 53-106 (1976).

BORCARITE
$Ca_4MgB_4O_6(OH)_6(CO_3)_2$
硼灰石 (hôkai-seki) mon. 単斜
Fuka mine, Okayama Pref.: Kusachi et al. (岡山県布賀鉱山：草地ら), MJ, 19, 115-122 (1997).

BORNITE
Cu_5FeS_4
斑銅鉱 (han-dôkô) orth. 斜方

BOTALLACKITE
$Cu_2(OH)_3Cl$
ボタラック石 (botarakku-seki) mon. 単斜
福井県内外海鉱山：岡本ら，地研 (Uchitomi mine, Fukui Pref.: Okamoto et al., CK), 42, 130-134 (1993).

BOTRYOGEN
$MgFe(SO_4)_2(OH) \cdot 7H_2O$
ボトリオーゲン石 (botoriôgen-seki) mon. 単斜
愛媛県大久喜鉱山：皆川・野戸, 地研 (Ohkuki mine, Ehime Pref.: Minakawa & Noto, CK), 43, 175-179 (1994).

BOULANGERITE
$Pb_5Sb_4S_{11}$
ブーランジェ鉱 (bûranje-kô) mon. 単斜

BOURNONITE
$CuPbSbS_3$
車骨鉱 (shakotsu-kô) orth. 斜方

BOURNONITE 車骨鉱 Chichibu mine, Chichibu, Saitama Pref. 埼玉県秩父市秩父鉱山 115 mm wide 左右115 mm

BOURNONITE
Harada et al. (1970), MJ, 6, 186-188 (原田ら)
Chichibu mine, Saitama Pref.
埼玉県秩父鉱山

	Wt.%
Zn	0.46
Cu	13.15
Pb	40.18
Fe	1.44
As	1.13
Sb	23.73
S	19.68
Insol.	0.41
Total	100.18

BOYLEITE
$(Zn,Mg)SO_4 \cdot 4H_2O$
ボイル石 (boiru-seki) mon. 単斜
長崎県対州鉱山：島田, 三要 (Taishu mine, Nagasaki Pref.: Shimada, SY), 15 (1982); 北海道上国鉱山 (Jokoku mine, Hokkaido).

BRANDTITE
$(Ca,Pb)_2Mn(AsO_4)_2 \cdot 2H_2O$
ブランド石 (burando-seki) mon. 単斜

Gozaisho mine, Fukushima Pref.: Matsubara et al. (福島県御斎所鉱山：松原ら), BSM, 27, 51-62 (2001).

BRANDTITE
Gozaisho Mine, Fukushima Pref.
福島県御斎所鉱山

	1	2	3
	Wt.%		Wt.%
MnO	14.74	15.55	15.43
FeO	n.d.	n.d.	n.d.
ZnO	n.d.	n.d.	n.d.
MgO	0.95	n.d.	n.d.
CaO	25.29	25.03	23.31
PbO	n.d.	0.79	4.14
As_2O_5	52.75	52.01	48.48
P_2O_5	n.d.	n.d.	n.d.
H_2O*			8.64
Total	93.73	93.38	100

*: difference
n.d.: not detected
1, 2: Matsubara et al. (2001), BSM (Ser.C), 27, 51-62 (松原ら)
3: Matsubara et al. (2000), BSM (Ser.C), 26, 1-7 (松原ら)

BRANNERITE
$(U,Ca,Ce)(Ti,Fe)_2O_6$
ブランネル石 (buranneru-seki) mon. 単斜
鹿児島県双子島：石原・河内, 鉱山 (Futagojima, Kagoshima Pref.: Ishihara & Kawachi, KC), 9, 202 (1959).

brass = ~ZHANGHENGITE
$(CuZn)?$ ~ $(Cu_{60}Zn_{40})$
（自然しんちゅう）(shizen-shinchû) cub.? 等軸？
Miyake Island, Tokyo: Nishida et al. (東京都三宅島：西田ら), Naturwissenschaften, 81, 498-502 (1994).

BRAUNITE
$MnMn^{3+}_6(SiO_4)O_8$
ブラウン鉱 (buraun-kô) tet. 正方

bravoite = 含ニッケル黄鉄鉱
(Ni-bearing PYRITE)（ブラボ鉱）(burabo-kô)

BREITHAUPTITE
NiSb
紅安ニッケル鉱 (kô-an-nikkeru-kô) hex. 六方 [例] [R]
京都府舞鶴市：懸, 三要 (Maizuru, Kyoto Pref.: Agata, SY), B30 (1973).

breunnerite = 含鉄菱苦土石
(Fe-bearing MAGNESITE)（ブランネル石）(buranneru-seki)

BRIANYOUNGITE
$Zn_5(CO_3,SO_4)_4(OH)_4$
ブライアンヤング石 (buraianyangu-seki) mon. or orth. 単斜または斜方
新潟県白板鉱山：山田ら, 鉱要 (Shiraita mine, Niigata Pref.: Yamada et al., KY), 69 (2001); 大阪府平尾旧坑：大西ら, 地研 (Hirao mine, Osaka Pref.: Ohnishi et al., CK), 50, 137-159 (2001).

BRITHOLITE-(Y)
$(Y,Ca)_5(SiO_4,PO_4)_3(OH,F)$
イットリウムブリソ石（阿武隈石）(ittoriumu-buriso-seki)(abukuma-seki) hex. 六方 [R][例]
Suishoyama, Fukushima Pref.: Hata (福島県水晶山：畑), RKH, 34, 1018-1023 (1938).

BRITHOLITE-(Y)		
	Suishoyama, Fukushima Pref. 福島県水晶山	
	1 Wt.%	2 Wt.%
SiO_2	20.84	22.70
TiO_2	0.00	0.00
Al_2O_3	1.05	0.75
Fe_2O_3	*2.10	0.79
FeO		1.44
MnO	1.13	3.67
BeO	0.00	
MgO	0.22	0.10
CaO	13.53	9.58
Ce_2O_3		4.47
ΣCe_2O_3	6.45	5.76
ΣY_2O_3	45.98	46.91
ThO_2	0.90	0.51
ZrO_2	0.00	0.00
UO_2	0.00	0.00
P_2O_5	5.84	1.73
CO_2	0.05	0.10
F	0.45	0.50
$H_2O(+)$	0.58	0.68
$H_2O(-)$	0.16	0.15
Total	97.18	99.84
O=-F	0.19	-0.21
Total	96.99	99.63

*: Fe_2O_3+FeO
1: 畑 (1938), 理化 (RKH), 34, 1018-1023 (Hata)
2: 大森・長谷川 (1953), 岩鉱 (GK), 37, 21-29 (Oomori & Hasegawa)

BROCHANTITE
$Cu_4(SO_4)(OH)_6$
ブロシャン銅鉱 (buroshan-dôkô) mon. 単斜

BROCKITE
$(Ca,Th)(PO_4)\cdot H_2O$
ブロック石 (burokku-seki) mon. 単斜
Ishikawa, Fukushima Pref.: Shoji & Akai (福島県石川：庄司・赤井), SN, 9, 89-96 (1994).

bröggerite = 含トリウム閃ウラン鉱
(Th-bearing URANINITE)（ブレッガー石）(bureggâ-seki)

bronzite = 含鉄頑火輝石
(Fe-bearing ENSTATITE)（古銅輝石）(kodô-kiseki)
$[(Mg_2Si_2O_6)_{88-70}(Fe_2Si_2O_6)_{12-30}]$

BROOKITE
TiO_2
板チタン石 (ita-chitan-seki) orth. 斜方

BRUCITE
$Mg(OH)_2$
水滑石 (sui-kasseki) trig. 三方

BRUGNATELLITE
$Mg_6Fe^{3+}(CO_3)(OH)_{13}\cdot 4H_2O$
ブルニャテリ石 (burunyateri-seki) hex. 六方

BRUSHITE
$CaHPO_4\cdot 2H_2O$
ブラッシュ石 (burasshu-seki) mon. 単斜 [例][R]
神奈川県座間：松原・千葉, 自博 (Zama, Kanagawa Pref.: Matsubara & Tiba, SH), 49, 151-153 (1982).

BRUSHITE ブラッシュ石 Zama, Kanagawa Pref. 神奈川県座間市 35 mm wide 左右35 mm

BUDDINGTONITE
$(NH_4)AlSi_3O_8$
アンモニウム長石 (anmoniumu-chôseki) mon. 単斜
岩手県藤七温泉付近：金原・西村, 鉱雑 (Toshichi Spa, Iwate Pref.: Kinbara & Nishimura, KZ), 15, 207-216 (1982); 佐賀県泉山陶石：中川ら, 粘科 (Izumiyama-clay, Saga Pref.: Nakagawa et al., NK), 35, 1-14 (1995).

BULTFONTEINITE
$Ca_2(SiO_3OH)F \cdot H_2O$
バルトフォンティン石 (barutofontin-seki)
tric. 三斜 [R] [例]

Fuka, Okayama Pref.: Kusachi *et al.* (岡山県布賀：草地ら), GK, 79, 267-275 (1984).

BURKEITE
$Na_6(CO_3)(SO_4)_2$
バーク石 (bâku-seki) orth. 斜方

大分県観海寺温泉：友永ら, 鉱要 (Kankaiji Spa, Oita Pref.: Tomonaga *et al.*, KY), 58 (1989).

BUSTAMITE
$(Mn,Ca)_3Si_3O_9$
バスタム石 (basutamu-seki) tric. 三斜

bytownite = (亜灰長石) (akai-chôseki)
灰長石の [$(NaAlSi_3O_8)_{30-10}$ $(CaAl_2Si_2O_8)_{70-90}$] 組成相 ([$(NaAlSi_3O_8)_{30-10}$ $(CaAl_2Si_2O_8)_{70-90}$] composition phase of ANORTHITE)

BULTFONTEINITE
Kusachi *et al.* (1984), GK, 79, 267-275 (草地ら)
Fuka, Okayama Pref.
岡山県布賀

	Wt.%
SiO_2	24.06
TiO_2	0.00
B_2O_3	0.02
Al_2O_3	1.37
Fe_2O_3	0.00
MnO	0.00
MgO	0.00
CaO	53.59
Na_2O	0.04
K_2O	0.00
$H_2O(+)$	10.78
$H_2O(-)$	0.75
P_2O_5	0.02
F	7.90
CO_2	4.65
O= –F	-3.33
Total	99.85

C

CACOXENITE
AlFe$^{3+}_{24}$O$_6$(OH)$_{12}$(PO$_4$)$_{17}$·~75H$_2$O
カコクセン石 (kakokusen-seki) hex. 六方 [R] [例]

Toyoda, Kochi Pref.: Matsubara et al. (高知県豊田：松原ら), GK, 83, 141-149 (1988).

CAHNITE
Ca$_2$B(AsO$_4$)(OH)$_4$
カーン石 (kân-seki) tet. 正方

岡山県布賀鉱山：白神ら，鉱要 (Fuka mine, Okayama Pref.: Shiraga et al., KY), 115 (2001).

CAHNITE
白神ら (2001), 鉱要 (KY), 115 (Shiraga et al.)
岡山県布賀鉱山
Fuka mine, Okayama Pref.

	Wt.%
B$_2$O$_3$	10.92
CaO	38.63
As$_2$O$_5$	35.43
SiO$_2$	1.15
H$_2$O	12.15
Total	98.28

CALAVERITE
AuTe$_2$
カラベラス鉱 (karaberasu-kô) mon. 単斜 [例] [R]

北海道伊達鉱山：本間ら，鉱雑 (Date mine, Hokkaido: Honma et al., KZ), 15, 63-72 (1981).

CALAVERITE
Honma et al. (1989), MJ, 14, 299-302 (本間ら)
Date Mine, Hokkaido
北海道伊達鉱山

	Wt.%			
Hg	0.00	0.00	0.00	0.00
Sb	0.00	0.00	0.00	0.00
Te	56.32	56.23	56.81	56.45
Au	43.33	43.58	43.37	43.44
Ag	0.00	0.00	0.00	0.00
Cu	0.01	0.01	0.00	0.04
Bi	0.00	0.00	0.00	0.00
Mn	0.00	0.00	0.00	0.00
Fe	0.00	0.01	0.01	0.00
S	0.00	0.00	0.00	0.00
Total	99.66	99.83	100.19	99.93

CALCIOGADOLINITE
(Ca,Ce,Y)$_2$(Fe,Fe^{3+})Be$_2$Si$_2$(O,OH)$_{10}$
カルシオガドリン石 (karushio-gadorin-seki) mon. 単斜

長野県田立：長島・長島，希元 (Tadachi, Nagano Pref.: Nagashima & Nagashima, NKK), 184-189 (1960).

CALCIOGADLINITE
中井 (1938), 日化 (NKG), 59, 1296 (Nakai)
長野県南木曽町田立
Tadachi, Nagiso, Nagano Pref.

	Wt.%
SiO$_2$	23.89
BeO	10.73
Al$_2$O$_3$	1.68
Fe$_2$O$_3$	7.65
FeO	11.24
MnO	0.84
MgO	0.14
CaO	11.91
Ce$_2$O$_3$	4.69
REE$_2$O$_3$	24.47
ThO$_2$	0.81
U$_3$O$_8$	0.10
H$_2$O(+)	2.05
H$_2$O(−)	0.14
Total	100.34

CALCITE
CaCO$_3$
方解石 (hôkai-seki) trig. 三方

CALCITE 方解石 Furokura mine, Kazuno, Akita Pref. 秋田県鹿角市不老倉鉱山 crystal 50 mm wide 結晶の幅50 mm

CALEDONITE
Pb$_5$Cu$_2$(CO$_3$)(SO$_4$)$_3$(OH)$_6$
カレドニア石 (karedonia-seki) orth. 斜方

宮崎県土呂久鉱山：吉村，岩鉱 (Toroku mine, Miyazaki

Pref.: Yoshimura, GK), 17, 124-136 (1937); 宮崎県黒葛原鉱山：小川ら，地研 (Tsuzura mine, Miyazaki Pref.: Ogawa et al., CK), 44, 241-245 (1996).

CALDERONITE
$Pb_2Fe^{3+}(VO_4)_2(OH)$
カルデロン石 (karuderon-seki) mon. 単斜

静岡県延明鉱山：山田ら，鉱要 (Nobuake mine, Shizuoka Pref.: Yamada et al., KY), 33 (2002).

CALKINSITE-(Ce)
$(Ce,La)_2(CO_3)_3 \cdot 4H_2O$
カルキンス石 (karukinsu-seki) orth. 斜方

香川県金山：皆川，地研 (Kanayama, Kagawa Pref.: Minakawa, CK), 36, 61-64 (1985).

CALZIRTITE
$CaZr_3TiO_9$
カルジルチ石 (karujiruchi-seki) tet. 正方

Fuka, Okayama Pref.: Henmi et al.（岡山県布賀：逸見ら), MJ, 18, 54-59 (1996); 愛媛県小大下島：西尾・皆川，鉱要 (Kooge Island, Ehime Pref.: Nishio & Minakawa, KY), 201 (2003).

CALZIRTITE
Henmi et al. (1996), MJ, 18, 54-59 (逸見ら)

Fuka, Okayama Pref.
岡山県布賀

	Wt.%
SiO_2	0.24
TiO_2	17.46
ZrO_2	66.92
HfO_2	1.33
Al_2O_3	0.18
FeO	0.69
MnO	0.12
MgO	0.08
CaO	12.56
Total	99.58

CANCRINITE
$Na_6Ca_2Al_6Si_6O_{24}(CO_3)_2$
灰霞石 (kai-kasumi-ishi) hex. 六方

広島県久代：草地・逸見，鉱要 (Kushiro, Hiroshima Pref.: Kusachi & Henmi, KY), 97 (1990).

CANFIELDITE
Ag_8SnS_6
カンフィールド鉱 (kanfîrudo-kô) orth. 斜方 [例] [R]

兵庫県生野鉱山：田口・木沢，鉱雑 (Ikuno mine, Hyogo Pref.: Taguchi & Kizawa, KZ), 11, 192-204 (1973); 栃木県西沢鉱山 (Nishizawa mine, Tochigi Pref.).

CANFIELDITE
田口・木沢 (1973), 鉱雑 (KZ), 11, 192-204 (Taguchi & Kizawa).

兵庫県生野鉱山
Ikuno mine, Hyogo Pref.

	Wt.%	Recalc. Wt.%
Ag	77.5	72.70
Sn	11.7	10.98
Ge	0	
Cu	tr.	
Fe	tr.	
S	17.4	16.32
Total	106.6	100

CANNIZZARITE
$Pb_{5-4}Bi_6S_{14-13}$
カニツァロ鉱 (kanitsaro-kô) mon. 単斜 [R] [例]

Sazanami mine, Yamaguchi Pref.: Nakashima et al. (山口県佐々並鉱山：中島ら), GK, 76, 1-16 (1981).

CANNONITE
$Bi_2O(OH)_2(SO_4)$
キャノン石 (kyanon-seki) mon. 単斜

静岡県河津鉱山：松原ら，鉱要 (Kawazu mine, Shizuoka Pref.: Matsubara et al., KY), 93 (2000); 栃木県足尾鉱山：山田・寺島，水晶 (Ashio mine, Tochigi Pref.: Yamada & Terashima, SS), 16, 31-36 (2003).

CANNONITE キャノン石 Ashio mine, Ashio, Tochigi Pref. 栃木県足尾町足尾鉱山 crystal 0.5 mm long 結晶の長さ0.5 mm T. Yamada collection, T. Yamada photo 山田隆・標本，山田隆・撮影

CARBONATE-CYANOTRICHITE
$Cu_4Al_2(CO_3,SO_4)(OH)_{12} \cdot 2H_2O$
炭酸青針銅鉱 (tansan-seishin-dôkô) orth. 斜方 [例] [R]

静岡県河津鉱山：櫻井・加藤，地研 (Kawazu mine, Shizuoka Pref.: Sakurai & Kato, CK), 21, 255-256 (1970); 岩手県鷲ノ巣鉱山：村上ら，地研 (Washinosu mine, Iwate Pref.: Murakami et al., CK), 49, 3-6 (2000).

CARBONATE-HYDROXYLAPATITE
$Ca_5(PO_4,CO_3)_3(OH)$
炭酸水酸燐灰石 (tansan-suisan-rinkai-seki) hex. 六方

CARMINITE
$PbFe^{3+}_2(AsO_4)_2(OH)_2$
洋紅石 (yôkô-seki) orth. 斜方 [例][R]
宮崎県黒葛原・大分県木浦鉱山：桑野ら, 地研 (Tsuzura mine, Miyazaki Pref. & Kiura mine, Oita Pref.: Kuwano et al., CK), 41, 140-143 (1992); 山口県岩国市：柴田ら, 鉱要 (Iwakuni, Yamaguchi Pref.: Shibata et al., KY), 47 (1998).

CARNOTITE
$K_2(UO_2)_2V_2O_8 \cdot 3H_2O$
カルノー石 (karunô-seki) mon. 単斜
鳥取県東郷鉱山：渡辺 (Togo mine, Tottori Pref.: Watanabe), JS, 11, 53-106 (1976).

CAROBBIITE
KF
弗化カリウム石 (fukka-kariumu-seki) cub. 等軸
北海道昭和新山：櫻井, 地研 (Showa-shinzan, Hokkaido: Sakurai, CK), 13, 250 (1963).

CARPHOLITE
$MnAl_2Si_2O_6(OH)_4$
カーフォル石 (kâforu-seki) orth. 斜方
兵庫県福住鉱山：吉村・青木, 鉱雑 (Fukuzumi mine, Hyogo Pref.: Yoshimura & Aoki, KZ), 8, 43-48 (1966).

CARPHOLITE
吉村・青木 (1966), 鉱雑 (KZ), 8, 43-48 (Yoshimura & Aoki)
兵庫県福住鉱山
Fukuzumi mine, Hyogo Pref.

	Wt.%
SiO_2	36.61
TiO_2	tr.
Al_2O_3	29.36
Fe_2O_3	1.53
FeO	3.05
CaO	tr.
MnO	18.08
MgO	0.00
Na_2O	0.00
K_2O	0.00
$H_2O(+)$	11.03
$H_2O(-)$	0.32
Total	99.98

CARROLLITE
$Cu(Co,Ni)_2S_4$
カーロール鉱 (kâroru-kô) cub. 等軸 [例][R]
秋田県花岡鉱山：山岡ら, 岩鉱 (Hanaoka mine, Akita Pref.: Yamaoka et al., GK), 78, 441-448 (1983).

CARROLITE

	Shirataki mine, Kochi Pref. 高知県白滝鉱山 1	Sazare mine, Ehime Pref. 愛媛県佐々連鉱山 2	3
	Wt.%	Wt.%	
Co	39.9	38.1	38.1
Cu	15.8	20.2	20.1
Ni	1.4	0.8	0.8
Fe	1.1	0.2	0.2
S	42.7	42.0	41.7
Total	100.9	101.3	100.9

1: Itoh et al. (1973), MJ, 7, 282-288 (伊藤ら)
2, 3: Tatsumi et al. (1975), MJ, 7, 552-561 (立見ら)

CARYOPILITE
$Mn_6Si_4O_{10}(OH)_8$
カリオピライト (kariopiraito) mon. 単斜

CASSITERITE
SnO_2
錫石 (suzu-ishi) tet. 正方

CAYSICHITE-(Y)
$Y_4(Ca,REE)_4Si_8O_{20}(CO_3)_6(OH) \cdot 7H_2O$
カイシク石 (kaishiku-seki) orth. 斜方
福島県水晶山：山田ら, 鉱要 (Suishouyama, Fukushima Pref.: Yamada et al., KY), 123 (2004).

CELADONITE
$KFe^{3+}(Mg,Fe)Si_4O_{10}(OH)_2$
セラドン石 (seradon-seki) mon. 単斜

CELESTINE
$SrSO_4$
天青石 (tensei-seki) orth. 斜方
島根県鵜峠鉱山：迎, 鉱雑 (Udo mine, Shimane Pref.: Mukai, KZ), 3, 165-166 (1957); 小林・河合, 地研 (Kobayashi & Kawai, CK), 27, 229-231 (1976); Asaka gypsum mine, Fukushima Pref.: Matsubara et al. (福島県安積石膏鉱山：松原ら), MJ, 16, 16-20 (1992).

CELSIAN
$BaAl_2Si_2O_8$
重土長石 (jûdo-chôseki) mon. 単斜

cerargyrite = CHLORARGYRITE

CERUSSITE
$PbCO_3$
白鉛鉱 (haku-en-kô) orth. 斜方

CERUSSITE 白鉛鉱 Hosokura mine, Kurihara, Miyagi Pref. 宮城県栗原市細倉鉱山 45 mm wide 左右 45 mm

CERVELLEITE
Ag_4TeS
セルベル鉱 (seruberu-kô) cub. 等軸

静岡県河津鉱山: 清水ら, 三要 (Kawazu mine, Shizuoka Pref.: Shimizu et al., SY), 30 (1994).

ceylonite =
含鉄スピネル(尖晶石)(Fe-bearing SPINEL) (セイロナイト)(seironaito)

chabazite = CHABAZITE-Ca, CHABAZITE-Na, CHABAZITE-K
(菱沸石)(ryô-fusseki)

CHABAZITE-Ca
$(Ca,Na_2,K_2)_2Al_4Si_8O_{24} \cdot 12H_2O$
灰菱沸石 (kai-ryô-fusseki) tric. (psd. trig.) 三斜 (擬三方) [R] [例]

Kuniga, Oki, Shimane Pref.: Tiba & Matsubara (島根県隠岐: 千葉・松原), CM, 15, 536-539 (1977).

CHABAZITE-Na
$(Na_2,Ca,K_2)_2Al_4Si_8O_{24} \cdot 12H_2O$
ソーダ菱沸石 (sôda-ryô-fusseki) tric.(psd. trig.) 三斜 (擬三方) [R] [例]

Ogi, Sado, Niigata Pref.: Tiba et al. (新潟県佐渡小木: 千葉ら), BSM, 21, 61-69 (1995).

CHABOURNEITE
$Tl_2Pb(Sb,As)_{10}S_{17}$
シャブルヌ鉱 (shaburunu-kô) tric. 三斜

Toya mine, Hokkaido: Johan et al. (北海道洞爺鉱山: ヨハンら), BM, 104, 10-15 (1981); Shimizu et al. (清水ら), RG, 20, 31-37 (1999).

CHABOURNEITE
Toya mine, Hokkaido
北海道洞爺鉱山

	1	2	3	4
		Wt.%		
Tl	18.55	18.49	19.79	12.81
Ag	0.11	0.08	0	0
Pb	9.80	9.18	8.47	18.72
Sb	32.19	31.54	31.84	25.88
As	14.68	14.92	15.64	17.03
S	25.13	24.92	25.62	24.71
Total	100.46	99.13	101.36	99.15

1, 2: Shimizu et al. (1999), RG, 20, 31-37 (清水ら)
3, 4: Johan et al. (1981), BM, 104, 10-15

CHALCANTHITE
$CuSO_4 \cdot 5H_2O$
胆礬 (tanban) tric. 三斜

chalcedony = 微粒石英の集合体 (aggregate composed of minute QUARTZ)(玉髄)(gyokuzui)

CHALCOALUMITE
$CuAl_4(SO_4)(OH)_{12} \cdot 3H_2O$
銅アルミナ石 (dô-arumina-seki) mon. 単斜

岐阜県黒川鉱山 (Kurokawa mine, Gifu Pref.; 兵庫県樺坂鉱山 (Kabasaka mine, Hyogo Pref.).

CHALCOCITE
Cu_2S
輝銅鉱 (ki-dôkô) mon. 単斜

CHALCOPHANITE
$(Zn,Fe,Mn)Mn^{4+}_3O_7 \cdot 3H_2O$
カルコファン鉱 (karukofan-kô) tric. 三斜 [例] [R]

宮城県池月鉱山: 南部・北村, 地研 (Ikezuki mine, Miyagi Pref.: Nambu & Kitamura, CK), 20, 131-137 (1969).

CHALCOPHYLLITE
$Cu_{18}Al_2(AsO_4)_3(SO_4)_3(OH)_{27} \cdot 33H_2O$
葉銅鉱 (yô-dôkô) trig. 三方 [例] [R]

山口県長登鉱山: 加藤, 櫻標 (Naganobori mine, Yamaguchi Pref.: Kato, SKH), 49 (1973); 栃木県日光鉱山: 鈴木ら, 地研 (Nikko mine, Tochigi Pref.: Suzuki et al., CK), 52, 215-219 (2004).

CHALCOPYRITE
$CuFeS_2$
黄銅鉱 (ô-dôkô) tet. 正方

CHALCOPYRITE 黄銅鉱 Arakawa mine, Daisen, Akita Pref. 秋田県大仙市荒川鉱山 50 mm wide 左右 50 mm

CHALCOSTIBITE
$CuSbS_2$
輝安銅鉱 (ki-an-dôkô) orth. 斜方

愛媛県優量鉱山：木下ら，鉱山 (Yuryo mine, Ehime Pref.: Kinoshita et al, KC), 4, 45 (1954); 愛知県津具鉱山：加藤，櫻標 (Tsugu mine, Aichi Pref.: Kato, SKH), 44 (1973).

CHAMOSITE
$(Fe,Mg,Fe^{3+})_5Al(Si_3Al)O_{10}(OH,O)_8$
シャモス石 (shamosu-seki) mon. 単斜

CHAPMANITE
$Sb^{3+}Fe^{3+}_2(SiO_4)_2(OH)$
チャップマン石 (chappuman-seki) mon. 単斜 [例] [R]

鹿児島県錫山：加藤・野岸，博研 (Suzuyama mine, Kagoshima Pref.: Kato & Nogishi, BSM), 12, 773-778 (1969).

CHARLESITE
$Ca_6(Al,Si)_2(SO_4)_2B(OH)_4(OH,O)_{12} \cdot 26H_2O$
チャールズ石 (châruzu-seki) hex. 六方

岡山県布賀鉱山：谷本ら，鉱要 (Fuka mine, Okayama Pref.: Tanimoto et al., KY), 113 (2001).

CHENEVIXITE
$Cu_2Fe^{3+}_2(AsO_4)_2(OH)_4 \cdot H_2O$
シェネビ石 (shenebi-seki) mon. 単斜

山口県喜多平鉱山 (Kitabira mine, Yamaguchi Pref.)

CHESTERITE
$(Mg,Fe)_{17}Si_{20}O_{54}(OH)_6$
チェスター石 (chesutâ-seki) orth. 斜方

岩手県早池峰：小西ら，鉱要 (Hayachine, Iwate Pref.: Konishi et al., KY), 101 (1991).

CHEVKINITE-(Ce)
$(Ce,La,Ca)_4(Ti,Fe,Nb)_5Si_4O_{22}$
チェフキン石 (chefukin-seki) mon. 単斜

Cape Ashizuri, Kochi Pref.: Imaoka & Nakashima (高知県足摺岬：今岡・中島), NJM, H8, 358-366 (1994).

CHEVKINITE-(Ce) Imaoka & Nakashima (1994), NJM, H8, 358-366 (今岡・中島) Cape Ashizuri, Kochi Pref. 高知県足摺岬	
	Wt.%
SiO_2	19.54
TiO_2	15.33
Nb_2O_5	3.56
Al_2O_3	0.17
FeO	11.87
MnO	0.23
MgO	0.29
CaO	3.40
K_2O	0.06
Y_2O_3	0.55
La_2O_3	13.08
Ce_2O_3	22.09
Nd_2O_3	4.01
Eu_2O_3	0.22
Dy_2O_3	0.17
ThO_2	4.84
Total	99.41

chiastolite = ANDALUSITE
(空晶石) (kûshô-seki)

CHILDRENITE
$(Fe,Mn)Al(PO_4)(OH)_2 \cdot H_2O$
チルドレン石 (chirudoren-seki) mon 単斜

茨城県雪入：松原・加藤，鉱雑 (Yukiiri, Ibaraki Pref.: Matsubara & Kato, KZ), 14, 269-286 (1980).

chloanthite = NICKEL-SKUTTERUDITE
(クロアント鉱) (kuroanto-kô)

CHLORAPATITE
$Ca_5(PO_4)_3Cl$
塩素燐灰石 (enso-rinkai-seki) mon. 単斜, hex. 六方

神奈川県玄倉：瀬戸，岩鉱 (Kurokura, Kanagawa Pref.: Seto, GK), 7, 180-181 (1932); Chichibu mine, Saitama Pref.: Harada et al.(埼玉県秩父鉱山：原田ら), AM, 56, 1507-1518 (1971).

CHLORAPATITE 塩素燐灰石 Kurokura, Yamakita, Kanagawa Pref. 神奈川県山北町玄倉 45 mm long 長さ 45 mm

CHLORARGYRITE
AgCl
角銀鉱 (kaku-ginkô) cub. 等軸

chlorite = 緑泥石の一般名(general name of chlorite)
$(Mg,Fe,Mn,Ni)_{6-x-y}(Al,Fe^{3+},Cr,Ti)_y \square_x (Si_{4-x}Al_x) O_{10}(OH)_8$
（緑泥石）(ryokudei-seki)

CHLORITOID
$(Fe,Mg,Mn)_2Al_4Si_2O_{10}(OH)_4$
硬緑泥石 (kô-ryokudei-seki) mon. 単斜, tric. 三斜

CHONDRODITE
$Mg_5(SiO_4)_2(OH,F)_2$
コンドロ石 (kondoro-seki) mon. 単斜

CHROMITE
$FeCr_2O_4$
クロム鉄鉱 (kuromu-tekkô) cub. 等軸

CHRYSOBERYL
$BeAl_2O_4$
金緑石 (kinryoku-seki) orth. 斜方 [例] [R]
福島県石川和久：竹下・橋本, 地研 (Ishikawa, Fukushima Pref.: Takeshita & Hashimoto, CK), 34, 83-88 (1983).

CHRYSOCOLLA
$(Cu,Al)_2H_2Si_2O_5(OH,O)_4 \cdot nH_2O$
珪孔雀石 (kei-kujaku-seki) mon. 単斜

CHURCHITE-(Y)
$YPO_4 \cdot 2H_2O$
チャーチ石 (châchi-seki) mon. 単斜

CINNABAR
HgS
辰砂 (shinsha) trig. 三方

CINNABAR 辰砂 Beninosawa, Oketo, Hokkaido 北海道置戸町紅ノ沢 crystals 6 mm wide 結晶の幅 6 mm

CLAUDETITE
As_2O_3
クロード石 (kurôdo-seki) mon. 単斜

Mukuno mine, Oita Pref.: Matsubara *et al.* (大分県向野鉱山：松原ら), MM, 65, 807-812 (2001).

CLAUSTHALITE
PbSe
方セレン鉛鉱 (hô-seren-en-kô) cub. 等軸 [例] [R]
鹿児島県串木野鉱山：志賀・浦島, 三要 (Kushikino mine, Kagoshima Pref.: Shiga & Urashima, SY), 123 (1983).

CLERITE
$MnSb_2S_4$
クレル鉱 (kureru-kô) orth. 斜方
島根県豊稼鉱山：本村, 三要 (Hohka mine, Shimane Pref.: Motomura, SY), 43 (1990).

CLERITE 本村 (1990), 三要 (SY), 43 (Motomura) 島根県豊稼鉱山 Hohka mine, Shimane Pref.	
	Wt.%
Cu	0.05
Fe	1.58
Mn	10.78
Sb	56.76
As	0.60
S	30.2
Total	99.93

CLINOBISVANITE
BiVO$_4$
単斜ビスバナ石 (tansha-bisubana-seki) mon. 単斜
福岡県長垂 (Nagatare, Fukuoka Pref.).

clinochesterite =
(Mg,Fe)$_{17}$Si$_{20}$O$_{54}$(OH)$_6$
単斜チェスター石 (tansha-chesutâ-seki) mon. 単斜
岩手県早地峰：小西ら，鉱要 (Hayachine, Iwate Pref.: Konishi et al., KY), 166 (1992). IMA では未承認 (This mineral has not been approved in IMA).

CLINOCHLORE
(Mg,Fe)$_5$Al(Si$_3$Al)O$_{10}$(OH)$_8$
クリノクロア石 (kurinokuroa-seki) mon. 単斜

CLINOCHRYSOTILE
Mg$_6$Si$_4$O$_{10}$(OH)$_8$
単斜クリソタイル石 (tansha-kurisotairu-seki) mon. 単斜

CLINOCLASE
Cu$_3$(AsO$_4$)(OH)$_3$
斜開銅鉱 (shakai-dôkô) mon. 単斜 [R] [例]
Kitabira mine, Yamaguchi Pref.: Minato (山口県喜多平鉱山：湊), MJ, 1, 89-96 (1954).

CLINOCLASE 斜開銅鉱 Kitabira mine, Mitou, Yamaguchi Pref. 山口県美東町喜多平鉱山 50 mm wide 左右 50 mm

CLINOENSTATITE
Mg$_2$Si$_2$O$_6$
単斜頑火輝石 (tansha-ganka-kiseki) mon. 単斜
Horoman, Hokkaido: Yamaguchi & Tomita (北海道幌満：山口・富田), MKY, 37, 173-180 (1970); 東京都小笠原：白木ら，地雑 (Ogasawara, Tokyo: Shiraki et al., CZ), 85, 591-594 (1979).

CLINOENSTATITE 単斜頑火輝石 Muko Island, Ogasawara, Tokyo 東京都小笠原村婿島 70 mm wide 左右 70 mm

CLINOENSTATITE
白木ら (1970), 地雑 (CZ), 85, 591-594 (Shiraki et al.)
東京都小笠原村婿島
Muko Island, Ogasawara, Tokyo

	Wt.%
SiO$_2$	58.24
TiO$_2$	0.01
Cr$_2$O$_3$	0.22
Al$_2$O$_3$	0.19
FeO	5.54
MnO	0.14
MgO	35.49
CaO	0.22
NiO	0.04
Na$_2$O	0.02
Total	100.11

CLINOHUMITE
Mg$_9$(SiO$_4$)$_4$(OH,F)$_2$
単斜ヒューム石 (tansha-hyûmu-seki) mon. 単斜

CLINOJIMTHOMPSONITE
(Mg,Fe)$_5$Si$_6$O$_{16}$(OH)$_2$
単斜ジムトンプソン石 (tansha-jimutonpuson-seki) mon. 単斜 [例] [R]
群馬県宝川温泉：佐藤・赤井，三要 (Takaragawa Spa, Gunma Pref.: Sato & Akai, SY), 174 (1981).

clinoptilolite = CLINOPTILOLITE-Ca, CLINOPTILOLITE-Na, CLINOPTILOLITE-K
(斜プチロル沸石)(sha-puchiroru-fusseki)

CLINOPTILOLITE-Ca
(Ca$_{0.5}$,Na,K,Sr$_{0.5}$,Ba$_{0.5}$,Mg$_{0.5}$)$_6$Al$_6$Si$_{30}$O$_{72}$·~20H$_2$O
灰斜プチロル沸石 (kai-sha-puchiroru-fusseki) mon. 単斜 [例] [R]
島根県岩見鉱山：湊・青木，鉱要 (Iwami mine, Shimane Pref.: Minato & Aoki, KY), 158 (1976).

CLINOPTILOLITE-K
$(K,Na,Ca_{0.5},Sr_{0.5},Ba_{0.5},Mg_{0.5})_6Al_6Si_{30}O_{72} \cdot \sim 20H_2O$
カリ斜プチロル沸石 (kari-sha-puchiroru-fusseki) mon. 単斜

山形県板谷：湊・高野, 粘科 (Itaya, Yamagata Pref.: Minato & Takano, NK), 4, 12-22 (1964).

clinostrengite = PHOSPHOSIDERITE
(単斜燐鉄鉱)(tansha-rin-tekkô)

CLINOTOBERMORITE
$Ca_5Si_6(O,OH)_{18} \cdot 5H_2O$
単斜トベルモリー石 (tansha-toberumorî-seki) mon. 単斜 [新][N]

岡山県布賀：逸見・草地, 岩鉱 (Fuka, Okayama Pref.: Henmi & Kusachi, GK), 84, 374-379 (1989); Henmi & Kusachi, MM, 56, 353-358 (1992). Type specimen: NSM-M25902

CLINOTOBERMORITE 単斜トベルモリー石 Fuka, Niimi, Okayama Pref. 岡山県新見市布賀 30 mm wide 左右 30 mm Type specimen タイプ標本

CLINOTOBERMORITE	
Henmi & Kusachi (1992), MM, 56, 353-358 (逸見・草地)	
Fuka, Okayama Pref. 岡山県布賀	
	Wt.%
SiO_2	46.55
TiO_2	0.01
B_2O_3	0.23
Al_2O_3	0.36
Fe_2O_3	0.01
MnO	0.06
MgO	0.11
CaO	39.04
Na_2O	0.02
K_2O	0.10
$H_2O(+)$	13.75
F	0.18
Total	100.42
O=–F	–0.08
Total	100.34

CLINOZOISITE
$Ca_2AlAl_2(Si_2O_7)(SiO_4)O(OH)$
単斜灰簾石 (tansha-kairen-seki) mon. 単斜

CLINTONITE
$CaMg_2Al(Al_3Si)O_{10}(OH)_2$
クリントン石 (kurinton-seki) mon. 単斜

COALINGITE
$Mg_{10}Fe^{3+}_2(CO_3)(OH)_{24} \cdot 2H_2O$
コーリング石 (kôringu-seki) trig. 三方

cobaltcalcite = SPHAEROCOBALTITE
(コバルトカルサイト)(kobaruto-karusaito)

COBALTITE
CoAsS
輝コバルト鉱 (ki-kobaruto-kô) orth. (psd. cub.) 斜方 (擬等軸)

COBALTKORITNIGITE
$(Co,Zn)(As^{5+}O_3)(OH) \cdot H_2O$
コバルトコリットニッヒ石 (kobaruto-korittonicchi-seki) tric. 三斜

Ashio mine, Tochigi Pref.: Okada et al. (栃木県足尾鉱山：岡田ら), Abstr. IMA 16th General Meeting, 307-308 (1994).

COBALTPENTLANDITE
Co_9S_8
コバルトペントランド鉱 (kobaruto-pentorando-kô) cub. 等軸 [例][R]

北海道下川鉱山：加藤・佐藤, 鉱山 (Shimokawa mine, Hokkaido: Kato & Sato, KC), 13, 30 (1963); Nakauri mine, Aichi Pref.: Matsubara et al. (愛知県中宇利鉱山：松原ら), MSM, 12, 3-11 (1979).

COFFINITE
$U(SiO_4)_{1-x}(OH)_{4x}$
コフィン石 (kofin-seki) tet. 正方

COLORADOITE
HgTe
コロラド鉱 (kororado-kô) cub. 等軸

島根県阿川鉱山：添田ら, 鉱山 (Agawa mine, Shimane Pref.: Soeda et al., KC), 27, 49 (1977); 青森県恐山：青木, 三要 (Osorezan, Aomori Pref.: Aoki, SY), 60 (1988).

COLUSITE
$Cu_{26}V_2(As,Sn,Ge)_6S_{32}$
コルーサ鉱 (korûsa-kô) cub. 等軸
秋田県釈迦内鉱山 (Shakanai mine, Akita Pref.); 北海道倶登山鉱山 (Kutosan mine, Hokkaido).

CONICHALCITE
$CaCu(AsO_4)(OH)$
コニカルコ石 (konikaruko-seki) orth. 斜方

CONNELLITE
$Cu_{19}Cl_4(SO_4)(OH)_{32} \cdot 3H_2O$
コンネル石 (konneru-seki) hex. 六方
鹿児島県双子島: 加藤ら, 地研 (Futagojima, Kagoshima Pref.: Kato et al., CK), 31, 455-459 (1980); 長崎県対馬: 藤本, 地研 (Tsushima, Nagasaki Pref.: Fujimoto, CK), 49, 151-156 (2000).

COOKEITE
$LiAl_4(Si_3Al)O_{10}(OH)_8$
クーク石 (kûku-seki) mon. 単斜
Nagatare, Fukuoka Pref.: Sakurai et al. (福岡県長垂: 櫻井ら), BC, 46, 3893 (1973).

COOPERITE
$(Pt,Pd,Ni)S$
硫白金鉱 (ryû-hakkin-kô) tet. 正方
Sorachigawa, Hokkaido: Stum & Tarkin (北海道空知川: スタム・ターキン), EG, 71, 1451-1460 (1976).

COPIAPITE
$FeFe^{3+}_4(SO_4)_6(OH)_2 \cdot 20H_2O$
コピアポ石 (kopiapo-seki) tric. 三斜

COPPER
Cu
自然銅 (shizen-dô) cub. 等軸

COPPER 自然銅 Arakawa mine, Daisen, Akita Pref. 秋田県大仙市荒川鉱山 125 mm wide 左右 125 mm

COQUIMBITE
$Fe^{3+}_2(SO_4)_3 \cdot 9H_2O$
コキンボ石 (kokinbo-seki) trig. 三方
北海道鴻ノ舞鉱山: 櫻井ら, 鉱雑 (Kohnomai mine, Hokkaido: Sakurai et al., KZ), 3, 772-777 (1958).

CORDIERITE
$Mg_2Al_4Si_5O_{18} \cdot nH_2O$
菫青石 (kinsei-seki) orth. 斜方

CORKITE
$PbFe^{3+}_3(PO_4)(SO_4)(OH)_6$
コーク石 (kôku-seki) trig. 三方

CORNUBITE
$Cu_5(AsO_4)_2(OH)_4$
コルヌビア石 (korunubia-seki) tric. 三斜 [例] [R]
山梨県増富鉱山: 櫻井, 地研 (Masutomi mine, Yamanashi Pref.: Sakurai, CK), 21, 393-396 (1970); 奈良県竜神鉱山: 大堀・小林, 地研 (Ryujin mine, Nara Pref.: Ohori & Kobayashi, CK), 44, 223-232 (1996).

CORNWALLITE
$Cu_5(AsO_4)_2(OH)_4$
コーンワル石 (kônwaru-seki) mon. 単斜 [例] [R]
奈良県三盛鉱山, 同竜神鉱山: 大堀・小林, 地研 (Sansei mine & Ryujin mine, Nara Pref.: Ohori & Kobayashi, CK), 44, 223-232 (1996).

CORONADITE
$Pb(Mn^{4+},Mn)_8O_{16} \cdot nH_2O$
コロナド鉱 (koronado-kô) tet. 正方 [例] [R]
北海道上国鉱山: 南部ら, 岩鉱 (Jokoku mine, Hokkaido: Nambu et al., GK), 76, 132 (1981); 北海道円山鉱山: 谷田ら, 鉱要 (Maruyama mine, Hokkaido: Tanida et al., KY), 1 (1983).

CORRENSITE
緑泥石 - 苦土蛭石規則混合層鉱物
(1:1 regular interstratification of chlorite with VERMICULITE or smectite)
コレンス石 (korensu-seki) mon. 単斜

CORUNDUM
Al_2O_3
鋼玉, コランダム (kôgyoku, korandamu) trig. 三方

COSALITE
$(Cu,Ag)Pb_7Bi_8S_{20}$
コサラ鉱 (kosara-kô) orth. 斜方

COSTIBITE
CoSbS
硫安コバルト鉱 (ryû-an-kobaruto-kô) orth. 斜方

岩手県釜石鉱山：市川・松枝, 鉱山 (Kamaishi mine, Iwate Pref.: Ichikawa & Matsueda, KC), 30, 37 (1980). X線データがないので，ここのものは PARACOSTIBITE の可能性もある (It has still possibility of PARACOSTIBITE because of no X-ray data).

covelline = COVELLITE

COVELLITE
CuS
銅藍，コベリン (dôran, koberin) hex. 六方

COWLESITE
$CaAl_2Si_3O_{10} \cdot 6H_2O$
コウルス沸石 (kourusu-fusseki) orth. 斜方 [R][例]

Kuniga, Oki, Shimane Pref.: Matsubara et al.（島根県隠岐国賀：松原ら）, BSM, 4, 33-36 (1978); 長崎県生月島：藤本ら，地研 (Ikitsukijima, Nagasaki Pref.: Fujimoto et al., CK), 39, 219-224 (1990).

CRANDALLITE
$CaAl_3(PO_4)_2(OH)_5 \cdot H_2O$
クランダル石 (kurandaru-seki) trig. 三方 [例][R]

群馬県奥万座：青木，三要 (Okumanza, Gunma Pref.: Aoki, SY), 16 (1985): Matsubara et al.（松原ら）, MJ, 20, 1-8 (1998); 高知県高知市：高知県勝賀瀬：皆川・田村，地研 (Kochi City & Katsugase, Kochi Pref.: Minakawa & Tamura, CK), 44, 95-98 (1995).

CREDNERITE
$CuMnO_2$
クレドネル鉱 (kuredoneru-kô) mon. 単斜

Gozaisho mine, Fukushima Pref.: Matsubara et al.（福島県御斎所鉱山：松原ら）, MJ, 17, 21-27 (1994).

CREDNERITE
Matsubara et al. (1994), MJ, 17, 21-27（松原ら）
Gozaisho Mine, Iwaki, Fukushima Pref.
福島県いわき市御斎所鉱山

	Wt.%
Cu_2O	47.25
Mn_2O_3	41.78
Fe_2O_3	10.34
Total	99.37

CRISTOBALITE
SiO_2
クリストバル石（方珪石）(kurisutobaru-seki, hôkei-seki) tet. 正方

crocidolite =
石綿状のリーベック閃石 (asbestos of RIEBECKITE)（クロシドライト）(kuroshidoraito)

crossite = FERROGLAUCOPHANE, GLAUCOPHANE, RIEBECKITE, or MAGNESHIORIEBECKITE（クロス閃石）
(kurosu-senseki)

CRYPTOMELANE
$K(Mn^{4+},Mn)_8O_{16} \cdot nH_2O$
クリプトメレン鉱 (kuriputomeren-kô) mon. 単斜

CUBANITE
$CuFe_2S_3$
キューバ鉱 (kyûba-kô) orth. 斜方

CUMMINGTONITE
$(Mg,Fe)_7Si_8O_{22}(OH)_2$
カミントン閃石 (kaminton-senseki) mon. 単斜

CUPRITE
Cu_2O
赤銅鉱 (seki-dôkô) cub. 等軸

CUPRITE 赤銅鉱 Arakawa mine, Daisen, Akita Pref. 秋田県大仙市荒川鉱山 50 mm wide 左右 50 mm

CUPROSKLODOWSKITE
$Cu(UO_2)_2Si_2O_6(OH)_2 \cdot 5H_2O$
銅スクロドウスカ石 (dô-sukurodousuka-seki) tric. 三斜

岡山県剣山：加藤，櫻標 (Kenzan, Okayama Pref.: Kato, SKH), 44 (1973).

CUPROTUNGSTITE
$Cu_3(WO_4)_2(OH)_2$
銅重石華 (dô-jûseki-ka) tet.? 正方？

山口県山上鉱山：山田，水晶 (Sanjo mine, Yamaguchi Pref.: Yamada, SS), 14, 7-11 (2001).

CUSPIDINE
$Ca_4Si_2O_7(F,OH)_2$
クスピディン (kusupidin) mon. 単斜 [例] [R]
岡山県布賀：草地ら，鉱雑 (Fuka, Okayama Pref.: Kusachi et al., KZ), 13, 165-170 (1979).

cyanite = KYANITE

CYANOTRICHITE
$Cu^{2+}_4Al_2(SO_4)(OH)_{12} \cdot 2H_2O$
青針銅鉱 (seishin-dôkô) orth. 斜方 [例] [R]
新潟県三川鉱山：掬川ら，地研 (Mikawa mine, Niigata Pref.: Kikukawa et al., CK), 47, 241-244 (1999).

CYMRITE
$BaAl_2Si_2O_8 \cdot H_2O$
キュムリ石 (kyumuri-seki) mon. 単斜 [R] [例]
Shiromaru mine, Tokyo: Matsubara (東京都白丸鉱山：松原), BSM, 11, 37-95 (1985).

D

dachiardite = DACHIARDITE-Ca, DACHIARDITE-Na
（ダキアルディ沸石）(dakiarudi-fusseki)

DACHIARDITE-Ca
$(Ca_{0.5},Na,K)_{4-5}Al_{4-5}Si_{20-19}O_{48}\cdot\sim13H_2O$
灰ダキアルディ沸石 (kai-dakiarudi-fusseki) mon. 単斜 [例] [R]
東京都小笠原父島：西戸・大塚, 鉱要 (Chichijima, Ogasawara, Tokyo: Nishido & Otsuka, KY), 128 (1980).

DACHIARDITE-Na
$(Na,Ca_{0.5},K)_{4-5}Al_{4-5}Si_{20-19}O_{48}\cdot\sim13H_2O$
ソーダダキアルディ沸石 (sôda-dakiarudi-fusseki) mon. 単斜
Tsugawa, Niigata Pref.: Yoshimura & Wakabayashi（新潟県津川町：吉村・若林), SN, 4, 49-65 (1977).

danaite = 含コバルト硫砒鉄鉱（Co-bearing ARSENOPYRITE）（デーナ鉱）(dêna-kô)

DANALITE
$Fe_4Be_3(SiO_4)_3S$
デーナ石 (dêna-seki) cub. 等軸 [例] [R]
広島県三原鉱山：青木ら, 鉱雑 (Mihara mine, Hiroshima Pref.: Aoki et al., KZ), 12, 34-44 (1974); 京都府広野：鶴田ら, 地研 (Hirono, Kyoto Pref.: Tsuruta et al., CK), 54, 89-93 (2005).

DANBURITE
$CaB_2(SiO_4)_2$
ダンブリ石 (danburi-seki) orth. 斜方 [例] [R]
大分県尾平鉱山 (Obira mine, Oita pref.); 宮崎県土呂久鉱山 (Toroku mine, Miyazaki Pref.).

dannemorite = MANGANOGRUNERITE
（ダンネモラ閃石）(dannemora-senseki)

daphnite = 含アルミニウムシャモス石
(Al-bearing CHAMOSITE)（ダフネ石）(dafune-seki)

DATOLITE
$Ca_2B_2Si_2O_8(OH)_2$
ダトー石 (datô-seki) mon. 単斜

DAWSONITE
$NaAl(CO_3)(OH)_2$
ドーソン石 (dôson-seki) orth. 斜方 [R] [例]
Kishiwada, Osaka Pref.: Aikawa et al.（大阪府岸和田市：相川ら), GK, 67, 370-385 (1972).

dachiardite	Onoyama mine, Kagoshima Pref. 鹿児島県王ノ山鉱山 1 Wt.%	Hatsuneura, Ogasawara, Tokyo 東京都小笠原村初寝浦 2 Wt.%	Yanagi-shinden, Tsugawa, Niigata Pref. 新潟県津川町柳新田 3 Wt.%
SiO₂	63.63	64.53	67.38
Al₂O₃	14.62	13.77	12.65
Fe₂O₃	0.17	0.01	0.27
MnO	tr.		
MgO	0.06	0.00	0.03
CaO	5.76	5.60	0.51
SrO			tr.
BaO			0.13
Na₂O	0.60	2.16	5.15
K₂O	2.25	1.31	0.97
H₂O(+)	10.53	11.23	11.33
H₂O(-)	3.11	1.04	1.58
Total	100.73	99.65	100.00

1, 2: DACHIARDITE-Ca, Nishido & Otsuka (1981), MJ, 10, 371-384（西戸・大塚）
3: DACHIARDITE-Na, Yoshimura & Wakabayashi (1977), SN, 4, 49-65（吉村・若林）

DELAFOSSITE
$Cu^{1+}Fe^{3+}O_2$
デラフォス石（derafossu-seki）trig. 三方 [例] [R]
愛媛県別子鉱山：皆川・出原，鉱要（Besshi mine, Ehime Pref.: Minakawa & Dehara, KY), 150 (2005).

delessite = 含マグネシウムシャモス石
（Mg-bearing CHAMOSITE）（デレス石）（deresu-seki）

DELLAITE
$Ca_6Si_3O_{11}(OH,Cl)_2$
デラ石（dera-seki）tric. 三斜
岩手県赤金鉱山：島崎ら，鉱要（Akagane mine, Iwate Pref. KY), 147 (2005).

DESAUTELSITE
$Mg_6Mn^{3+}_2(CO_3)(OH)_{16}\cdot 4H_2O$
デソーテルス石（desôterusu-seki）trig. 三方 [R] [例]
Kohnomori, Kochi Pref.: Matsubara et al.（高知県鴻ノ森：松原ら），BSM, 10, 81-86 (1984).

DESCLOIZITE
$Pb(Zn,Cu)(VO_4)(OH)$
デクロワゾー石（dekurowazô-seki）orth. 斜方 [例] [R]
山口県八坂鉱山・福岡県三吉野鉱山：岡本ら，鉱雑（Yasaka mine, Yamaguchi Pref. & Miyoshino mine, Fukuoka Pref.: Okamoto et al., KZ), 4, 192-197 (1959).

desmine = STILBITE（デスミン）(desumin)

DESTINEZITE
$Fe^{3+}_2(PO_4)(SO_4)(OH)\cdot 5H_2O$
デスティネツ石（desutinetsu-seki）tric. 三斜
Hinomaru-Nako mine, Yamaguchi Pref.: Matsubara et al.（山口県日の丸奈古鉱山：松原ら），BSM, 25, 51-57 (1999).

DESTINEZITE
Matsubara et al. (1999), BSM, 25, 51-57（松原ら）
Hinomaru-Nako mine, Yamaguchi Pref.
山口県日の丸奈古鉱山

	Wt.%	
Al_2O_3	0.33	n.d.
Fe_2O_3	38.46	39.16
P_2O_5	17.06	16.76
SO_3	19.78	19.41
H_2O^*	24.37	24.67
Total	100.00	100.00

*: difference（差）

DEVILLINE
$CaCu_4(SO_4)_2(OH)_6\cdot 3H_2O$
デビル石（debiru-seki）mon. 単斜

devillite = DEVILLINE

deweyite = 非晶質〜低結晶度の蛇紋石鉱物＋滑石様鉱物（amorphous to low crystalline serpentine- and talc-like mineral）（デュウェイ石）（djuei-seki）

diallage = DIOPSIDE（異剝輝石）(ihaku-kiseki)

DIAPHORITE
$Pb_2Ag_3Sb_3S_8$
ダイアホル鉱（daiahoru-kô）mon. 単斜

DIASPORE
$AlOOH$
ダイアスポア（daiasupoa）orth. 斜方

DICKITE
$Al_2Si_2O_5(OH)_4$
ディク石（dikku-seki）mon. 単斜

DIGENITE
Cu_9S_5
方輝銅鉱（hô-ki-dôkô）trig. 三方

DIOPSIDE
$CaMgSi_2O_6$
透輝石（tô-kiseki）mon. 単斜

DIOPSIDE 透輝石 Horado mine, Seki, Gifu Pref. 岐阜県関市洞戸鉱山 60 mm wide 左右 60 mm

dipyre = カルシウムと炭酸に富む灰曹柱石（Ca- and CO_3-rich MARIALITE）（ダイパイアー）(daipaiâ)

DJERFISHERITE
$K_6(Fe,Cu,Ni)_{25}S_{26}Cl$
ダジェルフィシャー鉱（dajerufishâ-kô）cub. 等軸
広島県久代：武智ら，鉱要（Kushiro, Hiroshima Pref.: Takechi et al., KY), 97 (1999).

DJERFISHERITE
武智ら (1999), 鉱要 (KY), 97 (Takechi et al.)
広島県東城町久代
Kushiro, Tojo, Hiroshima Pref.

	Wt.%
Na	0.85
K	9.23
Fe	43.81
Co	0.00
Ni	9.79
Cu	1.54
S	34.04
Cl	1.40
Total	100.66

DJURLEITE
$Cu_{31}S_{16}$
デュルレ鉱 (dyurure-kô) orth. 斜方

DOLOMITE
$CaMg(CO_3)_2$
苦灰石 (kukai-seki) trig. 三方

DONPEACORITE
$(Mg,Mn)_2Si_2O_6$
ドンピーコー輝石 (donpîkô-kiseki) orth. 斜方
北海道館平：山口ら，三要 (Tatehira, Hokkaido: Yamaguchi et al., SY), 70 (1986).

doverite = SYNCHYSITE-(Y)
(ドーバー石)(dôbâ-seki)

DRAVITE
$NaMg_3Al_6(BO_3)_3Si_6O_{18}(OH)_4$
苦土電気石 (kudo-denki-seki) trig. 三方

DUFRENITE
$FeFe^{3+}_4(PO_4)_3(OH)_5 \cdot 2H_2O$
デュフレン石 (dyufuren-seki) mon. 単斜
茨城県雪入：松原・加藤，鉱雑 (Yukiiri, Ibaraki Pref.: Matsubara & Kato, KZ), 14, 269-286 (1980).

DUFRENOYSITE
$Pb_2As_2S_5$
デュフレノイ鉱 (dyufurenoi-kô) mon. 単斜
Okoppe mine, Aomori Pref.: Shimizu et al. (青森県奥戸鉱山：清水ら), MDR, 695-697 (2005).

DUFTITE
$PbCu(AsO_4)(OH)$
ダフト石 (dafuto-seki) orth. 斜方 [例] [R]
宮崎県土呂久鉱山：櫻井・加藤，地研 (Toroku mine,

DUFRENOYSITE
Shimizu et al. (2005), MDR, 1, 695-697 (清水ら)
Okoppe mine, Aomori Pref.
青森県奥戸鉱山

	Wt.%
Pb	55.08
Ag	0.12
Tl	0.17
As	20.99
Sb	0.14
S	23.12
Total	99.62

Miyazaki Pref.: Sakurai & Kato, CK), 22, 17-19 (1971); 大分県木浦観音滝旧坑：桑野・浜崎, 地研 (Kannondaki old adit, Kiura, Oita Pref.: Kuwano & Hamasaki, CK), 44, 247-249 (1996).

DUGGANITE
$Pb_3Zn_3(Te,Sb)(As,Si,P)_2(O,OH)_{14}$
ダッガン石 (daggan-seki) trig. 三方
静岡県河津鉱山：松原ら，鉱要 (Kawazu mine, Shizuoka Pref.: Matsubara et al., KY), 124 (2004).

DUGGANITE
松原ら (2004), 三要 (SY), 124 (Matsubara et al.)
静岡県河津鉱山
Kawazu mine, Shizuoka Pref.

	Wt.%
CaO	0.00
PbO	50.09
CuO	1.12
ZnO	17.46
Al_2O_3	0.00
SiO_2	1.07
P_2O_5	0.78
V_2O_5	0.00
As_2O_5	13.17
Sb_2O_5	5.04
TeO_3	9.55
H_2O^*	1.72
Total	100.00

*: difference (差)

DUGGANITE ダッガン石 Kawazu mine, Shimoda, Shizuoka Pref. 静岡県下田市河津鉱山 crystal 0.5 mm long 結晶の長さ 0.5 mm

DUMORTIERITE
$Al_7(BO_3)(SiO_4)_3O_3$
デュモルチ石 (dyumoruchi-seki) orth. 斜方

DYPINGITE
$Mg_5(CO_3)_4(OH)_2 \cdot 5H_2O$
ダイピング石 (daipingu-seki) orth. 斜方 [例][R]
岐阜県楢谷：伊藤，地研 (Naradani, Gifu Pref.: Ito, CK), 28, 249-254 (1977).

DYSCRASITE
Ag_3Sb
安銀鉱 (an-ginkô) orth. 斜方
北海道小別沢鉱山：石橋，鉱雑 (Obetsuzawa mine, Hokkaido: Ishibashi, KZ), 2, 447-457 (1956); 北海道大金鉱山：斉藤，地月 (Ohgane mine, Hokkaido: Saito, CG), 4, 435-446 (1953); 北海道豊羽鉱山 (Toyoha mine, Hokkaido).

DZHALINDITE
$In(OH)_3$
ジャーリンダ石 (jârinda-seki) cub. 等軸
静岡県河津鉱山：山田・原田，水晶 (Kawazu mine, Shizuoka Pref.: Yamada & Harada, SS), 13, 2-9 (2000).

DZHALINGITE ジャーリンダ石 Kawazu mine, Shimoda, Shizuoka Pref. 静岡県下田市河津鉱山 crystal aggregate 2 mm wide 結晶集合の幅 2 mm T. Yamada collection, T. Yamada photo 山田隆・標本, 山田隆・撮影

E

ECKERMANNITE
$NaNa_2Mg_4AlSi_8O_{22}(OH)_2$
エッケルマン閃石 (ekkeruman-senseki) mon. 単斜
Itoigawa, Niigata Pref.: Miyajima et al. (新潟県糸魚川：宮島ら), GK (岩鉱), 93, 427-436 (1998).

ECKERMANNITE Miyajima et al. (1998), GK, 93, 427-436 (宮島ら)		
	Itoigawa, Niigata Pref. 新潟県糸魚川	
	Wt.%	
SiO_2	55.34	56.35
TiO_2	0.00	0.00
Al_2O_3	2.30	4.96
Cr_2O_3	8.01	1.14
FeO^*	3.72	3.84
CaO	2.93	1.51
MnO	0.00	0.00
MgO	14.91	16.64
Na_2O	8.07	9.48
K_2O	0.61	0.31
Total	95.89	94.23
*: total Fe		

EDENITE
$NaCa_2(Mg,Fe)_5Si_7AlO_{22}(OH)_2$
エデン閃石 (eden-senseki) mon. 単斜 [R] [例]
Horokanai, Hokkaido: Ishizuka (北海道幌加内：石塚), GK, 75, 372-377 (1980).

EDINGTONITE
$BaAl_2Si_3O_{10} \cdot 4H_2O$
エディントン沸石 (edinton-fusseki) orth. 斜方
Shiromaru mine, Tokyo: Matsubara & Kato (東京都白丸鉱山：松原・加藤), GK, 86, 273-277 (1991).

EDINGTONITE Matsubara & Kato (1991), GK, 86, 273-277 (松原・加藤)	
	Shiromaru mine, Tokyo 東京都白丸鉱山
	Wt.%
SiO_2	35.82
Al_2O_3	20.26
BaO	30.36
K_2O	0.00
H_2O^*	14.35
Total	100.79
*: calculated	

EGGLETONITE
$(Na,K,Ca)_6Mn_{24}(Si,Al)_{40}(O,OH)_{112} \cdot 21H_2O$
エグレトン石 (egureton-seki) mon. 単斜
Shiromaru mine, Tokyo: Matsubara et al. (東京都白丸鉱山：松原ら), JMPS, 95, 79-83 (2000).

ekmanite = マンガンに富むスティルプノメレン (Mn-rich STILPNOMELANE)
(エクマン石) (ekuman-seki)

ELBAITE
$Na(Li,Al)_3Al_6(BO_3)_3Si_6O_{18}(OH)_4$
リシア電気石 (rishia-denki-seki) trig. 三方

electrum = 自然金と自然銀の中間物 (intermediate member between GOLD and SILVER)
(エレクトラム) (erekutoramu)

ELYITE
$Pb_4Cu(SO_4)(OH)_8$
エリー石 (erî-seki) mon. 単斜
Mizuhiki mine, Fukushima Pref.: Miyawaki et al. (福島県水引鉱山：宮脇ら), BSM, 23, 27-33 (1997).

ELYITE Miyawaki et al. (1997), BSM, 23, 27-33 (宮脇ら)	
	Mizuhiki mine, Fukushima Pref. 福島県水引鉱山
	Wt.%
PbO	80.36
CuO	6.71
SO_3	7.70
H_2O^*	5.23
Total	100.00
*: difference	

EMMONSITE
$Fe^{3+}_2Te^{4+}_3O_9 \cdot 2H_2O$
エモンス石 (emonsu-seki) tric. 三斜
静岡県河津鉱山 (Kawazu mine, Shizuoka Pref.); 北海道手稲鉱山 (Teine mine, Hokkaido).

EMPLECTITE
$CuBiS_2$
エムプレクト鉱 (emupurekuto-kô) orth. 斜方

EMPRESSITE
AgTe
エムプレス鉱（emupuresu-kô）orth. 斜方
静岡県河津鉱山：高須，鉱雑（Kawazu mine, Shizuoka Pref.: Takasu, KZ), 7, 350-355（1965）.

ENARGITE
Cu_3AsS_4
硫砒銅鉱（ryûhi-dôkô）orth. 斜方

ENARGITE 硫砒銅鉱 Teine mine, Sapporo, Hokkaido 北海道札幌市手稲鉱山 45 mm wide 左右45 mm

ENSTATITE
$(Mg,Fe)_2Si_2O_6$
頑火輝石（ganka-kiseki）orth. 斜方

EOSPHORITE
$MnAl(PO_4)(OH)_2 \cdot H_2O$
エオスフォル石（eosuforu-seki）orth. 斜方
茨城県雪入：松原・加藤，鉱雑（Yukiiri, Ibaraki Pref.: Matsubara & Kato, KZ), 14, 269-286（1980）.

EPIDOTE
$Ca_2Fe^{3+}Al_2(Si_2O_7)(SiO_4)O(OH)$
緑簾石（ryokuren-seki）mon. 単斜

EPIDOTE 緑簾石 Nakatsugawa, Koriyama, Fukushima Pref. 福島県郡山市中津川 50 mm long 長さ 50 mm

EPISTILBITE
$(Ca,Na_2)_3Al_6Si_{18}O_{48} \cdot 16H_2O$
剥沸石（haku-fusseki）mon. 単斜

EPSOMITE
$MgSO_4 \cdot 7H_2O$
舎利塩（エプソマイト）(shari-en, epusomaito) orth. 斜方

erionite = ERIONITE-Ca, ERIONITE-K, ERIONITE-Na
（エリオン沸石）(erion-fusseki)

ERIONITE-Ca
$(Ca_{0.5},Na,K,Mg_{0.5})_9Al_9Si_{27}O_{72} \cdot 28H_2O$
灰エリオン沸石（kai-erion-fusseki）hex. 六方
Maze, Niigata Pref.: Harada et al.（新潟県間瀬：原田ら）, AM, 52, 1785-1794（1967）.

ERIONITE-Na
$(Na,K,Ca_{0.5},Mg_{0.5})_9Al_9Si_{27}O_{72} \cdot 28H_2O$
ソーダエリオン沸石（sôda-erion-fusseki）hex. 六方
Iki, Nagasaki Pref.: Shimazu & Mizota（長崎県壱岐：島津・溝田）, GK, 67, 418-424（1972）.

ERYTHRITE
$Co_3(AsO_4)_2 \cdot 8H_2O$
コバルト華（kobaruto-ka）mon. 単斜

ETTRINGITE
$Ca_6Al_2(SO_4)_3(OH)_{12} \cdot 26H_2O$
エットリンゲン石（ettoringen-seki）hex. 六方
福島県多田野：松山・橋本，地研（Tadano, Fukushima Pref.: Matsuyama & Hashimoto, CK), 50, 67-76（2001）.

EUGESTERITE
$Na_4Ca(SO_4)_3 \cdot 2H_2O$
ユーグスター石（yûgusutâ-seki）mon. 単斜
鹿児島県硫黄谷温泉：小林ら，鉱要（Iodani Hot spring, Kagoshima Pref.: Kobayashi et al., KY), 153（2005）.

EULYTITE
$Bi_4(SiO_4)_3$
珪蒼鉛石（kei-sôen-seki）cub. 等軸 [例] [R]
大分県夏木谷：上原，三要（Natsukidani, Oita Pref.: Uehara, SY), 135（1982）; 鹿児島県屋久島：浦島ら，三要（Yakushima, kagoshima Pref.: Urashima et al., SY), 12（1985）; 埼玉県秩父鉱山中津：清田・松山，地研（Chichibu mine Nakatsu, Saitama Pref.: Kiyota & Matsuyama, CK), 49, 195-200（2001）.

EUXENITE-(Y)
$(Y,Ca,Ce,U,Th)(Nb,Ta,Ti)_2O_6$
ユークセン石 (yûkusen-seki) orth. 斜方

EVANSITE
$Al_3(PO_4)(OH)_6 \cdot 6H_2O(?)$
エバンス石 (ebansu-seki) amor. 非晶
宮崎県嘉納鉱山：加藤，櫻標 (Kano mine, Miyazaki Pref.: Kato, SKH), 49 (1973).

F

FAMATINITE
Cu_3SbS_4
ファマチナ鉱 (famachina-kô) tet. 正方 [R] [例]
Iriki mine, Kagoshima Pref.: Uetani *et al.*（鹿児島県入来鉱山：上谷ら), BSM, 9, 609-613 (1966).

fassaite = 第二鉄およびアルミニウムに富む透輝石または普通輝石
(Fe^{3+}- and Al-rich DIOPSIDE or AUGITE)
(ファッサ輝石)(fassa-kiseki)

FAUSTITE
$ZnAl_6(PO_4)_4(OH)_8 \cdot 4H_2O$
ファウスト石 (fausuto-seki) tric. 三斜
静岡県河津鉱山：松山ら，地研 (Kawazu mine, Shizuoka Pref.: Matsuyama *et al.*, CK), 44, 183-186 (1996).

FAUSTITE	
松山ら (1996), 地研 (CK), 44, 183-186 (Matsuyama *et al.*)	
静岡県河津鉱山 Kawazu mine, Shizuoka Pref.	
	Wt.%
Al_2O_3	33.77
Fe_2O_3	6.17
ZnO	4.54
CuO	2.93
P_2O_5	33.96
Total	81.37

FAYALITE
Fe_2SiO_4
鉄橄欖石 (tetsu-kanran-seki) orth. 斜方

FEITKNECHTITE
MnOOH
ファイトクネヒト鉱 (faitokunechito-kô) orth. 斜方

FERBERITE
$FeWO_4$
鉄重石 (tetsu-jûseki) mon. 単斜

FERBERITE (reinite) 鉄重石 (ライン鉱) Otome mine, Yamanashi, Yamanashi Pref. 山梨県山梨市乙女鉱山 130 mm wide 左右130 mm Ferberite pseudomorph after scheelite 灰重石の仮晶

FERBERITE 鉄重石 Takatori mine, Shirosato, Ibaraki Pref. 茨城県城里町高取鉱山 70 mm long 長さ 70 mm

FERGUSONITE-(Y)
$YNbO_4$
フェルグソン石 (feruguson-seki) tet. 正方

FERGUSONITE-(Y) フェルグソン石 Fusamata, Kawamata, Fukushima Pref. 福島県川俣町房又 crystal 28 mm long 結晶の長さ 28 mm

ferrierite

	Itomuka mine, Hokkaido 北海道イトムカ鉱山		Monbetsu, Hokkaido 北海道紋別市		Narayama, Niigata Pref. 新潟県楢山
	1		2	3	4
	Wt.%		Wt.%		Wt.%
SiO_2	71.21		65.78	66.87	68.01
Al_2O_3	9.84		12.89	12.86	10.23
Fe_2O_3	0.05		0	0.16	0
CaO	0		1.35	1.26	0
MgO	1.70		3.32	3.30	1.24
BaO	0		0.78	0.78	0.94
Na_2O	1.59		0	0.47	1.11
K_2O	2.85		0.86	0.86	4.27
$H_2O(+)$	4.25		14.29	14.29	
$H_2O(-)$	8.63				
Total	100.12		99.27	100.85	85.80

1: FERRIERITE-Mg, Yajima et al. (1971), MJ, 6, 343-364 (矢島ら)
2, 3: FERRIERITE-Mg, Matsubara et al. (1996), MJ, 18, 147-153 (松原ら)
4: FERRIERITE-K, Matsubara & Miyawaki (unpublished data)(松原・宮脇, 未公表データ)

FEROXYHYTE
$Fe^{3+}O(OH)$
フェロキシハイト石 (ferokishihaito-seki) hex. 六方

岩手県滝鉱山: 南部・吉田, 岩鉱要 (Taki mine, Iwate Pref.: Nambu & Yoshida, GKY), 161 (1997).

FERRICOPIAPITE
$Fe^{3+}_{2/3}Fe^{3+}_4(SO_4)_6(OH)_2 \cdot 20H_2O$
フェリコピアポ石 (feri-kopiapo-seki) tric. 三斜

秋田県尾去沢鉱山: 南部ら, 鉱要 (Osarizawa mine, Akita Pref.: Nambu et al., KY), 57 (1974); 大分県別府 (Beppu, Oita Pref.).

ferrierite = FERRIERITE-K, FERRIERITE-Mg, FERRIERITE-Na
(フェリエ沸石, 苦土沸石)(ferie-fusseki, kudo-fusseki)

FERRIERITE-K
$(K,Na,Mg_{0.5},Ca_{0.5})_6Al_6Si_{30}O_{72} \cdot 18H_2O$
カリフェリエ沸石 (kari-ferie-fusseki) orth. 斜方

新潟県楢山 (Narayama, Niigata Pref.).

FERRIERITE-Mg
$(Mg_{0.5},K,Na,Ca_{0.5})_6Al_6Si_{30}O_{72} \cdot 18H_2O$
苦土フェリエ沸石 (kudo-ferie-fusseki) orth. 斜方 [R] [例]

Itomuka mine, Hokkaido: Yajima et al.(北海道イトムカ鉱山: 矢島ら), MJ, 6, 343-364 (1971).

FERRIHYDRITE
$5Fe_2O_3 \cdot 9H_2O$?
フェリハイドロ石 (feri-haidoro-seki) trig. 三方

Aso, Kumamoto Pref.: Childs et al.(熊本県阿蘇: チャイルズら), Clay Science, 8, 9-15 (1990).

FERRIMOLYBDITE
$Fe^{3+}_2(MoO_4)_3 \cdot 7\text{-}8H_2O$
水鉛華 (suien-ka) orth. 斜方

FERRITSCHERMAKITE
$Ca_2Mg_3Fe^{3+}_2Si_6Al_2O_{22}(OH)_2$
フェリチェルマク閃石 (feri-cherumaku-senseki) mon. 単斜

FERRITUNGSTITE
$(K,Na,Ca)_x(W,Fe^{3+})_2(O,OH)_6 \cdot nH_2O$
鉄重石華 (tetsu-juuseki-ka) cub. 等軸

Nita mine, Kagoshima Pref.: Matsubara et al.(鹿児島県仁田鉱山: 松原ら), BSM, 20, 45-51 (1994); 山梨県乙女鉱山: 角田・清水, 資地 (Otome mine, Yamanashi Pref.: Tsunoda & Shimizu, SC), 45, 111-120 (1995).

FERRO-ACTINOLITE
$Ca_2Fe_5Si_8O_{22}(OH)_2$
鉄緑閃石 (tetsu-ryoku-senseki) mon. 単斜

FERRO-AXINITE
$Ca_2(Fe,Mn)Al_2BSi_4O_{15}(OH)$
鉄斧石 (tetsu-ono-ishi) tric. 三斜

FERRO-EDENITE
$NaCa_2Fe_5Si_7AlO_{22}(OH)_2$
鉄エデン閃石 (tetsu-eden-senseki) mon. 単斜

FERROBUSTAMITE
$Ca_5Fe(Si_3O_9)_2$
鉄バスタム石 (tetsu-basutamu-seki) tric. 三斜

FERROCOLUMBITE
FeNb$_2$O$_6$
鉄コルンブ石（tetsu-korunbu-seki）orth. 斜方

FERROCOLUMBITE 鉄コルンブ石 Mujinamori, Sukagawa, Fukushima Pref. 福島県須賀川市狸森 36 mm long 長さ 36 mm

FERROGEDRITE
Fe$_5$Al$_2$Si$_6$Al$_2$O$_{22}$(OH)$_2$
鉄礬土直閃石（tetsu-bando-choku-senseki）orth. 斜方 [R] [例]
Yakushisan, Iwate Pref.: Seki & Yamasaki（岩手県薬師山：関・山崎），AM, 42, 506-520（1957）; Kawai mine, Gifu Pref.: Matsubara et al.（岐阜県河合鉱山：松原ら），BSM, 6, 107-113（1980）.

FERROGLAUCOPHANE
Na$_2$Fe$_3$Al$_2$Si$_8$O$_{22}$(OH)$_2$
鉄藍閃石（tetsu-ran-senseki）mon. 単斜

ferrohastingsite = HASTINGSITE
（鉄ヘスティング閃石）（tetsu-hesutingu-senseki）

FERROHEXAHYDRITE
FeSO$_4$·6H$_2$O
鉄六水石（tetsu-rokusui-seki）mon. 単斜

FERROHORNBLENDE
Ca$_2$Fe$_4$(Al,Fe^{3+})Si$_7$AlO$_{22}$(OH)$_2$
鉄普通角閃石（tetsu-futsû-kakusenseki）mon. 単斜

FERROPARGASITE
NaCa$_2$Fe$_4$AlSi$_6$Al$_2$O$_{22}$(OH)$_2$
鉄パーガス閃石（tetsu-pâgasu-senseki）mon. 単斜
Nogohakusan, Gifu Pref.: Sawaki（岐阜県能郷白山：沢木），MM, 53, 99-106（1986）.

ferrosalite = マグネシウムに富む灰鉄輝石
(Mg-rich HEDENBERGITE)
（鉄サーラ輝石）（tetsu-sâra-kiseki）
(CaMgSi$_2$O$_6$)$_{50-10}$ (CaFeSi$_2$O$_6$)$_{50-90}$

FERROSILITE
(Fe,Mg)$_2$Si$_2$O$_6$
鉄珪輝石（tetsu-kei-kiseki）orth. 斜方

FERROTANTALITE
(Fe,Mn)(Ta,Nb)$_2$O$_6$
鉄タンタル石（tetsu-tantaru-seki）orth. 斜方
福岡県長垂：長島・長島，希元（Nagatare, Fukuoka Pref.: Nagashima & Nagashima, NKK），218-222（1960）; 茨城県妙見山（Myokensan, Ibaraki Pref.）

FERROTSCHERMAKITE
Ca$_2$Fe$_3$Fe^{3+}AlSi$_6$Al$_2$O$_{22}$(OH)$_2$
鉄チェルマク閃石（tetsu-cherumaku-senseki）mon. 単斜

FERUVITE
CaFe$_3$(Al$_5$Mg)(BO$_3$)$_3$Si$_6$O$_{18}$(OH,F)$_4$
鉄灰電気石（tetsu-kai-denki-seki）trig. 三方
大分県木浦エメリー鉱床：皆川・足立，地研（Kiura emery deposit, Oita Pref.: Minakawa & Adachi, CK），44, 233-240（1996）.

FERUVITE
皆川・足立（1996），地研（CK），44, 233-240
(Minakawa & Adachi)

大分県木浦エメリー鉱床
Kiura emery ore deposit, Oita Pref.

	Wt.%
SiO$_2$	30.00
TiO$_2$	0.58
Al$_2$O$_3$	36.96
FeO	10.46
CaO	3.51
MnO	0.01
MgO	3.15
Na$_2$O	0.76
K$_2$O	0.02
B$_2$O$_3$*	10.01
H$_2$O*	2.60
Total	98.06

*: calculated

FIANELITE
MnV$_2$O$_7$·2H$_2$O
フィアネル石（fianeru-seki）mon. 単斜
埼玉県小松鉱山：山田ら，鉱要（Komatsu mine, Saitama Pref.: Yamada et al., KY），88（2000）.

FIANELITE
山田ら (2000), 鉱要 (KY), 88 (Yamada *et al.*)

	埼玉県小松鉱山 Komatsu mine, Saitama Pref.	
	Wt.%	
MnO	38.23	34.78
CoO	1.78	3.91
SiO_2	0.22	0.00
V_2O_5	50.59	48.00
Cr_2O_3	0.00	0.90
H_2O*	10.08	9.73
Total	100.90	97.32

*: calculated

FIBROFERRITE
$Fe^{3+}(SO_4)(OH) \cdot 5H_2O$
毛鉄鉱 (mô-tekkô) trig. 三方

鳥取県山根：櫻井・芦沢, 鉱雑 (Yamane, Tottori Pref.: Sakurai & Ashizawa, KZ), 1, 437-440 (1954).

FLORENCITE-(Ce)
$CeAl_3(PO_4)_2(OH)_6$
セリウムフローレンス石 (seriumu-furôrensu-seki) trig. 三方

長野県余地：松原・加藤, 鉱要 (Yochi, Nagano Pref.: Matsubara & Kato, KY), 120 (1991); Hinomaru-Nako mine, Yamaguchi Pref.: Matsubara & Kato (山口県日の丸奈古鉱山：松原・加藤), MSM, 30, 167-183 (1998).

FLUOCERITE-(Ce)
$(Ce,La)F_3$
弗素セル石 (fusso-seru-seki) hex. 六方

京都府大路：山田ら, 地研 (Ohro, Kyoto Pref.: Yamada *et al.*, CK), 31, 205-222 (1980).

FLUORAPATITE
$Ca_5(PO_4)_3F$
弗素燐灰石 (fusso-rinkai-seki) hex. 六方

FLUORAPATITE フッ素燐灰石 Inokura, Imaichi, Tochigi Pref. 栃木県今市市猪倉 30 mm wide 左右 30 mm

FLUORAPOPHYLLITE
$KCa_4Si_8O_{20}F \cdot 8H_2O$
弗素魚眼石 (fusso-gyogan-seki) tet. 正方

FLUORITE
CaF_2
蛍石 (hotaru-ishi) cub. 等軸

FLUORO-EDENITE
$NaCa_2Mg_5Si_7AlO_{22}F_2$
弗素エデン閃石 (fusso-eden-senseki) mon. 単斜

熊本県石神山：牧野ら, 岩鉱 (Ishigamiyama, Kumamoto Pref.: Makino *et al.*, GK), 91, 419-423 (1996).

FLUORO-EDENITE
牧野ら (1996), 岩鉱 (GK), 91, 419-423 (Makino *et al.*)

	熊本県石神山 Ishigamiyama, Kumamoto Pref.
	Wt.%
SiO_2	48.92
TiO_2	1.32
Al_2O_3	5.43
FeO*	7.17
MnO	0.18
MgO	19.14
CaO	11.01
Na_2O	2.77
K_2O	1.03
H_2O*	0.14
F	3.19
Cl	0.12
total	100.42
F+Cl = −O	1.37
Total	99.05

*: calculated

FOITITE
$\square Fe_2AlAl_6(BO_3)_3Si_6O_{18}(OH,F)_4$
フォイト電気石 (foito-denki-seki) trig. 三方 [例] [R]

FOITITE

	福島県月形鉱山 Tsukigata mine, Fukushima Pref.		宮崎県松尾鉱山 Matsuo mine, Miyazaki Pref.
	1	2	3
	Wt.%		
SiO_2	33.31	34.13	36.75
TiO_2	0.27	0	0
Al_2O_3	35.09	35.33	33.82
FeO	13.69	14.43	13.53
CaO	0.83	0.74	0.01
MnO	0.39	0	0.03
MgO	0.32	0	1.43
Na_2O	0.95	0.96	0.98
K_2O	0.00	0	0.02
Total	84.85	85.59	86.57

1, 2: 加藤ら (1994), 鉱要 (KY), 177 (Kato *et al.*)
3: 皆川・足立 (1995), 地研 (CK), 44, 99-103 (Minakawa & Adachi)

福島県月形鉱山：加藤ら，鉱要 (Tsukigata mine, Fukushima Pref.: Kato et al., KY), 177 (1994)；高知県頭集，宮崎県松尾鉱山：皆川・足立，地研 (Kashiratsudoi, Kochi Pref. & Matsuo mine, Miyazaki Pref.: Minakawa & Adachi, CK), 44, 99-103 (1995).

FORMANITE-(Y)
YTaO$_4$
イットリウムフォーマン石 (ittoriumu-fôman-seki) tet. 正方
愛媛県高縄山：皆川・西尾，岩鉱要 (Takanawa-yama, Ehime Pref.: Minakawa & Nishio, GKY), 287 (2002).

FORSTERITE
Mg$_2$SiO$_4$
苦土橄欖石 (kudo-kanran-seki) orth. 斜方

FOSHAGITE
Ca$_4$Si$_3$O$_9$(OH)$_2$
フォシャグ石 (foshagu-seki) tric. 三斜 [例] [R]
広島県久代：草地ら，鉱雑 (Kushiro, Hiroshima Pref.: Kusachi et al., KZ), 10, 296-304 (1971).

FREIBERGITE
(Ag,Cu,Fe)$_{12}$(Sb,As)$_4$S$_{13}$
銀四面銅鉱 (gin-shimen-dôkô) cub. 等軸 [例] [R]
北海道今井石崎鉱山：本村，鉱山 (Imai-Ishizaki mine, Hokkaido: Motomura, KC), 28, 43 (1978).

FREIESLEBENITE
PbAgSbS$_3$
フライエスレーベン鉱 (furaiesurêben-kô) mon. 単斜
秋田県院内鉱山：加藤，櫻標 (Innai mine, Akita Pref.: Kato, SKH), 19 (1973)；北海道珊瑠鉱山 (Sanru mine, Hokkaido).

FROHBERGITE
FeTe$_2$
フローベルグ鉱 (furôberugu-kô) orth. 斜方
Obetsuzawa mine, Hokkaido: Nakata et al. (北海道小別沢鉱山：中田ら), MM, 53, 387-388 (1989).

FROLOVITE
Ca[B(OH)$_4$]$_2$
フロロフ石 (furorofu-seki) tric. 三斜
Fuka mine, Okayama Pref.: Kusachi et al. (岡山県布賀鉱山：草地ら), MJ, 17, 330-337 (1995).

FROLOVITE	
Kusachi et al. (1995), MJ, 17, 333-337 (草地ら)	
Fuka mine, Okayama Pref.	
岡山県布賀鉱山	
	Wt.%
B$_2$O$_3$	34.57
CaO	27.67
H$_2$O(+)	35.57
H$_2$O(−)	2.06
Total	99.87

fuchsite = 含クロム白雲母 (Cr-bearing MUSCOVITE) (クロム白雲母)(kuromu-shiro-unmo)

FUKALITE
Ca$_4$Si$_2$O$_6$(CO$_3$)(OH,F)$_2$
布賀石 (fuka-seki) orth. 斜方 [N] [R] [新] [例]
Fuka, Okayama Pref.: Henmi et al. (岡山県布賀：逸見ら), MJ, 8, 374-381 (1977). Type specimen: NSM-M21167

FUKALITE 布賀石 Fuka, Takahashi, Okayama Pref. 岡山県高梁市布賀 45 mm wide 左右 45 mm Type specimen タイプ標本

FUKALITE		
Henmi et al. (1977), MJ, 8, 374-381 (逸見ら)		
	Fuka, Okayama Pref.	Mihara mine, Okayama Pref.
	岡山県布賀	岡山県三原鉱山
	Wt.%	Wt.%
SiO$_2$	29.09	28.98
TiO$_2$	0.00	0
Al$_2$O$_3$	0.55	0.27
Fe$_2$O$_3$	0.10	0.14
MnO	0.00	0
MgO	0.14	0.02
CaO	54.40	54.81
Na$_2$O	0.17	0.05
K$_2$O	0.01	0.02
H$_2$O(+)	4.45	4.26
H$_2$O(−)	0.23	0.39
P$_2$O$_5$	0.01	0.07
F	0.32	0.43
CO$_2$	10.32	10.22
total	99.79	99.66
O = −F	0.13	0.18
Total	99.66	99.48

FUKUCHILITE
Cu_3FeS_8

福地鉱 (fukuchi-kô) cub. 等軸 [N] [R] [新] [例]

Hanawa mine, Akita Pref.: Kajiwara (秋田県花輪鉱山：梶原), MJ, 5, 399-416 (1969). Type specimen: NSM-M15937

FURUTOBEITE
$(Cu,Ag)_6PbS_4$

古遠部鉱 (furotôbe-kô) mon. 単斜 [N] [新]

Furutobe mine, Akita Pref.: Sugaki *et al.* (秋田県古遠部鉱山：菅木ら), BM, 104, 737-741 (1981).

FUKUCHILITE
Kajiwara (1969), MJ, 6, 399-416 (梶原)

Hanawa mine, Akita Pref.
秋田県花輪鉱山

	Wt.%
Cu	19.52
Fe	29.16
S	45.61
$BaSO_4$*	3.73
$CaSO_4$*	0.12
$H_2O(-)$	1.37
Total	99.51

*: admixed barite and gypsum (and/or anhydrite) (混在する重晶石と石膏およびあるいは硬石膏)

FURUTOBEITE
Sugaki *et al.* (1981), BM, 104, 737-741 (菅木ら)

Furutobe mine, Akita Pref.
秋田県古遠部鉱山

	Wt.%
Cu	40.4
Ag	15.7
Pb	26.6
S	16.8
Total	99.5

G

GADOLINITE-(Y)
$Y_2FeBe_2Si_2O_{10}$
ガドリン石 (gadorin-seki) mon. 単斜

GAGEITE
$Mn_{42}O_6(OH)_4(Si_4O_{12})_4$
ゲージ石 (gêji-seki) orth. 斜方 [例] [R]
埼玉県日野沢鉱山：松原・加藤, マ研要 (Hinosawa mine, Saitama Pref.: Matsubara & Kato, MSY), 2, 6-9 (1979)；徳島県土須鉱山：福岡・広渡, 鉱山 (Dosu mine, Tokushima Pref.: Fukuoka & Hirowatari, KC), 38, 441-447 (1988).

GAHNITE
$ZnAl_2O_4$
亜鉛スピネル (aen-supineru) cub. 等軸 [例] [R]
福島県石川：大森・長谷川, 鉱雑 (Ishikawa, Fukushima Pref.: Omori & Hasegawa, KZ), 1, 113-116 (1953).

GALAXITE
$MnAl_2O_4$
マンガンスピネル (mangan-supineru) cub. 等軸

GALENA
PbS
方鉛鉱 (hô-en-kô) cub. 等軸

GALENOBISMUTITE
$PbBi_2S_4$
ガレノビスマス鉱 (gareno-bisumasu-kô) orth. 斜方

GAMAGARITE
$Ba_2Fe^{3+}(VO_4)_2(OH)$
ガマガラ石 (gamagara-seki) mon. 単斜
Shiromaru mine, Tokyo: Matsubara et al. (東京都白丸鉱山：松原ら), JMPS, 99, 363-367 (2004).

GANOPHYLLITE
$(K,Na,Ca)_6Mn_{24}(Si,Al)_{40}O_{96}(OH)_{16}\cdot 21H_2O$
ガノフィル石 (ganofiru-seki) mon. 単斜

garnierite = 含水珪酸塩鉱物混合物からなるニッケル鉱石 (Ni ore consisting in mainly hydrous sheet silicates) (珪ニッケル鉱) (kei-nikkeru-kô)

GARRONITE
$NaCa_{2.5}Al_6Si_{10}O_{32}\cdot 14H_2O$
ガロン沸石 (garon-fusseki) tet. 正方 [例] [R]
島根県隠岐国賀：松山ら, 岩鉱要 (Kuniga, Oki, Shimane Pref.: Matsuyama et al., GKY), 252 (2005).

GARRONITE
松山ら (2005), 岩鉱要 (GKY), 252 (Matsuyama et al.)
島根県隠岐国賀
Kuniga, Oki, Shimane Pref.

	Wt.%		
SiO_2	46.79	46.50	46.07
Al_2O_3	23.19	22.67	23.06
Fe_2O_3	0.00	0.00	0.00
CaO	10.24	10.06	9.67
BaO	0.00	0.00	0.00
Na_2O	2.27	2.70	2.86
K_2O	0.48	0.54	0.70
H_2O*	17.03	17.53	17.63
Total	100.00	100.00	100.00

*: difference

GASPEITE
$NiCO_3$
菱ニッケル鉱 (ryô-nikkeru-kô) trig. 三方
Nakauri mine, Aichi Pref.: Matsubara & Kato (愛知県中宇利鉱山：松原・加藤), GK, 88, 517-524 (1993).

GEDRITE
$Mg_5Al_2Si_6Al_2O_{22}(OH)_2$
礬土直閃石 (bando-choku-senseki) orth. 斜方

GEERITE
Cu_8S_5
ヂール鉱 (jîru-kô) orth. (ps. cub.) 斜方 (擬等軸)
静岡県河津鉱山 (Kawazu mine, Shizuoka Pref.).

GEHLENITE
$Ca_2Al(AlSi)O_7$
ゲーレン石 (gêren-seki) tet. 正方 [例] [R]
広島県久代：逸見ら, 鉱雑 (Kushiro, Hiroshima Pref.: Henmi et al., KZ), 10, 160-169 (1971).

GEIGERITE	
加藤ら (1990), 岩鉱 (GK), 184 (Kato et al.)	
Gozaisho mine, Fukushima Pref.	
	Wt.%
MnO	35.05
CaO	0.07
As$_2$O$_5$	45.33
V$_2$O$_5$	0
SiO$_2$	0
H$_2$O*	19.55
Total	100.00
*: difference	

GEIGERITE
Mn$_5$(H$_2$O)$_8$(AsO$_3$OH)$_2$(AsO$_4$)$_2$·2H$_2$O
ガイガー石 (gaigâ-seki) tric. 三斜
福島県御斎所鉱山：加藤ら, 岩鉱 (Gozaisho mine, Fukushima Pref.: Kato et al., GK), 85, 184 (1990).

GEIKIELITE
MgTiO$_3$
ゲイキ石 (geiki-seki) trig. 三方 [例] [R]
福島県中根：根建ら, 岩鉱 (Nakane, Fukushima Pref.: Nedachi et al., GK), 79, 200-213 (1984).

GENTHELVITE
Zn$_8$(Be$_6$Si$_6$O$_{24}$)S$_2$
亜鉛ヘルバイト (aen-herubaito) cub. 等軸
京都府広野：鶴田ら, 鉱要 (Hirono, Kyoto Pref.: Tsuruta et al., KY), 146 (2005).

GEOCRONITE
Pb$_{14}$(Sb,As)$_6$S$_{23}$
ジオクロン鉱 (jiokuron-kô) mon. 単斜 [例] [R]
北海道上国鉱山：松隈ら, 地資 [M] 金銀 (Jokoku mine, Hokkaido: Matsukuma et al., ZCS), 20-23 (1981).

GERMANITE
Cu$_{13}$Fe$_2$Ge$_2$S$_{16}$
ゲルマン鉱 (geruman-kô) cub. 等軸

GERSDORFFITE
NiAsS
ゲルスドルフ鉱 (gerusudorufu-kô) cub. 等軸

GETCHELLITE
AsSbS$_3$
ゲチェル鉱 (gecheru-kô) mon. 単斜
北海道洞爺鉱山：加藤, 鉱要 (Toya mine, Hokkaido: Kato, KY), 25 (1970).

GIBBSITE
Al(OH)$_3$
ギブス石 (gibusu-seki) mon. 単斜

GISMONDINE
CaAl$_2$Si$_2$O$_8$·4.5H$_2$O
ギスモンド沸石 (gisumondo-fusseki) mon. 単斜

GLAUCOCHROITE
CaMnSiO$_4$
灰マンガン橄欖石 (kai-mangan-kanran-seki) orth. 斜方
Kanoiri mine, Tochigi Pref.: Kato (栃木県鹿入鉱山：加藤), BSM, 17, 119-128 (1991).

GLAUCODOT
(Co,Fe)AsS
グローコドート鉱 (gurôkodôto-kô) orth. 斜方

GLAUCONITE
(K,Na,Ca)(Fe^{3+},Al,Mg,Fe)$_2$(Si,Al)$_4$O$_{10}$(OH)$_2$
海緑石 (kairyoku-seki) mon. 単斜

GLAUCOPHANE
Na$_2$Mg$_3$Al$_2$Si$_8$O$_{22}$(OH)$_2$
藍閃石 (ran-senseki) mon. 単斜

GLAUKOSPHAERITE
(Cu,Ni)$_2$(CO$_3$)(OH)$_2$
ニッケル孔雀石 (nikkeru-kujaku-seki) mon. 単斜
Nakauri mine, Aichi Pref.: Matsubara & Kato (愛知県中宇利鉱山：松原・加藤), GK, 88, 517-524 (1993).

gmelinite =GMELINITE-Ca, GMELINITE-Na, GMELINITE-K
(グメリン沸石)(gumerin-fusseki)

GMELINITE-Na
(Na,Ca$_{0.5}$,K)$_4$Al$_8$Si$_{16}$O$_{48}$·22H$_2$O
ソーダグメリン沸石 (sôda- gumerin-fusseki) hex. 六方
福岡県毘沙門岳：桑野・松枝, 地研 (Bishamondake, Fukuoka Pref.: Kuwano & Matsueda, CK), 33, 79-84 (1982); Ogi, Sado, Niigata Pref.: Tiba et al. (新潟県佐渡小木：千葉ら), BSM, 21, 61-69 (1995).

GOBBINSITE
Na$_5$Al$_5$Si$_{11}$O$_{32}$·12H$_2$O
ゴビンス沸石 (gobinsu-fusseki) orth. 斜方
長崎県壱岐長者原：桑野・徳丸, 地研 (Chojabaru,

GOBBINSITE

	Kuniga, Oki, Shimane Pref. 島根県隠岐国賀 1 Wt.%	Chojabaru, Iki, Nagasaki Pref. 長崎県壱岐長者原 2 Wt.%
SiO_2	46.43	47.76
Al_2O_3	23.11	22.51
FeO	0	0.04
MnO	0	0.04
MgO	0	0.32
CaO	3.30	0.72
Na_2O	9.94	13.63
K_2O	0.63	0.54
H_2O*	16.59	14.44
Total	100.00	100.00

*: difference
1: 松山・松原 (2000), 岩鉱科学 (GKK), 29, 129-135 (Matsuyama & Matsubara)
2: 桑野・徳丸 (1993), 地研 (CK), 42, 159-167 (Kuwano & Tokumaru)

Iki, Nagasaki Pref.: Kuwano & Tokumaru, CK), 42, 159-167 (1993); 島根県隠岐国賀：松山・松原, 岩鉱科学 (Kuniga, Oki, Shimane Pref.: Matsuyama & Matsubara, GKK), 29, 129-135 (2000).

GODLEVSKITE
$(Ni,Fe)_7S_6$
ゴドレフスキー鉱 (godorefusukî-kô) orth. 斜方 [例] [R]

山口県福巻鉱山：福岡・広渡, 九理 (Fukumaki mine, Yamaguchi Pref.: Fukuoka & Hirowatari, KDK), 13, 239-249 (1980).

GOETHITE
FeOOH
針鉄鉱 (shin-tekkô) orth. 斜方

GOLD
Au
自然金 (shizen-kin) cub. 等軸

GOLD 自然金 Asahi mine, Asago, Hyogo Pref. 兵庫県朝来市朝日鉱山 crystal aggregate 3 mm long 結晶集合の長さ 3 mm

GOLD 自然金 Chichibu mine, Chichibu, Saitama Pref. 埼玉県秩父市秩父鉱山 35 mm wide 左右 35 mm

GOLDFIELDITE
$Cu_{12}(Te,As,Sb)_4S_{13}$
ゴールドフィールド鉱 (gôrudofîrudo-kô) cub. 等軸

静岡県河津鉱山：櫻井・加藤, 鉱要 (Kawazu mine, Shizuoka Pref.: Sakurai & Kato, KY), 26 (1970); 北海道手稲鉱山 (Teine mine, Hokkaido); Iriki mine,

GOLDFIELDITE
Shimizu & Staaley (1991), MM, 55, 515-519 (清水・スタンレー)

	Iriki mine, Kagoshima Pref. 鹿児島県入来鉱山 Wt.%	Kawazu mine, Shizuoka Pref. 静岡県河津鉱山 Wt.%
Cu	44.04	44.63
Ag	0.09	0.15
Fe	0.28	0.05
Zn	0	0.02
Te	18.47	21.60
As	1.67	2.90
Sb	9.54	4.53
Bi	0.32	0.43
S	24.85	24.18
Se	0.43	1.07
Total	99.69	99.56

GOLD 自然金 Odaira mine, Takayama, Gifu Pref. 岐阜県高山市大平鉱山 40 mm wide 左右 40 mm

Kagoshima Pref.: Shimizu & Stanley (鹿児島県入来鉱山：清水・スタンレー), MM, 55, 515-519 (1991).

GOLDMANITE
$(Ca,Mn)_3V^{3+}_2(SiO_4)_3$

灰バナジン石榴石 (kai-banajin-zakuro-ishi) cub. 等軸

Yamato mine, Kagoshima Pref.: Momoi (鹿児島県大和鉱山：桃井), MK, 15, 73-78 (1964); 愛媛県鞍瀬鉱山：皆川ら, 三要 (Kurase mine, Ehime Pref.: Minakawa et al., SY), 27 (1988).

GOLDMANITE	Yamato mine, Kagoshima Pref. 鹿児島県大和鉱山	愛媛県鞍瀬鉱山 Kurase mine, Ehime Pref.	
	1	2	3
	Wt.%	Wt.%	
SiO_2	35.76	35.37	34.62
TiO_2	0.11	0.00	0.07
Al_2O_3	1.93	2.21	0.46
V_2O_3	24.90	24.03	27.91
Fe_2O_3	1.13	0.08	0.18
Cr_2O_3	0	1.63	1.18
FeO	tr		
MnO	15.92	7.83	23.15
CaO	19.28	27.53	13.87
MgO	0.08	0.01	0.06
Na_2O	0.25	0	0
K_2O	0.04	0	0
$H_2O(+)$	0.54		
$H_2O(-)$	0.10		
Total	100.04	98.69	101.50

1: Momoi (1964), MK, 15, 73-78 (桃井)
2, 3: 皆川ら (1988), 三要 (SY), 27 (Minakawa et al.)

GONNARDITE
$(Na,Ca)_{6-8}(Al,Si)_{20}O_{40}\cdot 12H_2O$

ゴナルド沸石 (gonarudo-fusseki) orth. 斜方

GORCEIXITE
$BaAl_3(PO_4)(PO_3OH)(OH)_6$

ゴルセイ石 (gorusei-seki) trig. 三方

Hinomaru-Nako mine, Yamaguchi Pref.: Matsubara & Kato (山口県日の丸奈古鉱山：松原・加藤), MSM, 30, 167-183 (1998).

GOSLARITE
$ZnSO_4\cdot 7H_2O$

皓礬 (kôban) orth. 斜方

GOYAZITE
$SrAl_3H(PO_4)_2(OH)_6$

ゴヤス石 (goyasu-seki) trig. 三方

Hinomaru-Nako mine, Yamaguchi Pref.: Matsubara & Kato (山口県日の丸奈古鉱山：松原・加藤), MSM, 30, 167-183 (1998).

GRAFTONITE
$(Fe,Mn,Ca)_3(PO_4)_2$

グラフトン石 (gurafuton-seki) mon. 単斜

茨城県雪入：松原・加藤, 鉱雑 (Yukiiri, Ibaraki Pref.: Matsubara & Kato, KZ), 14, 269-286 (1980).

grandite = 灰礬石榴石−灰鉄石榴石系石榴石
(GROSSULAR-ANDRADITE series garnet) (グランダイト) (gurandaito)

GRAPHITE
C

石墨 (sekiboku) hex. 六方

GRATONITE
$Pb_9As_4S_{15}$

グラトン鉱 (guraton-kô) trig. 三方

青森県湯の沢鉱山：岡本, 地研 (Yunosawa mine, Aomori Pref.: Okamoto, CK), 35, 151-152 (1984), Shimizu et al. (清水ら), MM, 62, 793-799 (1998).

GRAYITE
$(Th,Ca)PO_4\cdot H_2O$

グレイ石 (gurei-seki) orth. 斜方

福島県愛宕山：寺田ら, 地研 (Atagoyama, Fukushima Pref.: Terada et al., CK), 43, 181-185 (1994).

GREENALITE
$(Fe,Mn,Fe^{3+})_{2-3}Si_2O_5(OH)_4$

グリーナ石 (gurîna-seki) mon. 単斜

GREENOCKITE
CdS

硫カドミウム鉱 (ryû-kadomiumu-kô) hex. 六方

GREIGITE
Fe_3S_4

グリグ鉱 (gurigu-kô) cub. 等軸

GROSSULAR
$Ca_3Al_2(SiO_4)_3$

灰礬石榴石 (kaiban-zakuro-ishi) cub. 等軸

grossularite = GROSSULAR

GROUTITE
MnOOH

グラウト鉱 (gurauto-kô) orth. 斜方

Pirika mine, Hokkaido: Hariya (北海道美利河鉱山：針谷), JHO, 10, 255-262 (1959).

GRUNERITE
$Fe_7Si_8O_{22}(OH)_2$
グリュネル閃石 (guryuneru-senseki) mon. 単斜

GUGIAITE
$Ca_2BeSi_2O_7$
グジア石 (gujia-seki) tet. 正方
愛媛県弓削島：皆川・吉本, 鉱要 (Yuge Island, Ehime Pref.: Minakawa & Yoshimoto, KY), 19 (1997).

GUSTAVITE
$PbAgBi_3S_6$
グスタフ鉱 (gusutafu-kô) orth. 斜方 [例] [R]
福井県中竜鉱山：鞠子, 鉱山特別 (Nakatatsu mine, Fukui Pref.: Mariko, KT), 10, 159-174 (1981); 岐阜県木谷鉱山：根建・高橋, 鹿理 (Kitani mine, Gifu Pref.: Nedachi & Takahashi, KDR), 39, 31-39 (1990).

GYPSUM
$CaSO_4 \cdot 2H_2O$
石膏 (sekkô) mon. 単斜

GYPSUM 石膏 Hanaoka mine, Odate, Akita Pref. 秋田県大館市花岡鉱山 200 mm long 長さ 200 mm

GYROLITE
$NaCa_{16}(Si_{23}Al)O_{60}(OH)_8 \cdot 14H_2O$
ガイロル石 (gairoru-seki) tric. 三斜 [例] [R]
山形県五十川：溝田, 岩鉱 (Irakawa, Yamagata Pref.: Mizota, GK), 62, 329-338 (1969).

H

HAAPALAITE
$4(Fe,Ni)S \cdot 3(Mg,Fe)(OH)_2$
ハーパラ鉱 (hâpara-kô) hex. 六方
岐阜県黒谷：松原ら，地研 (Kurotani, Gifu Pref.: Matsubara et al., CK), 40, 127-133 (1991).

HAIWEEITE
$Ca_3(UO_2)_4Si_{10}O_{35} \cdot 24H_2O$
ハイウィー石 (haiwî-seki) orth. 斜方
鹿児島県垂水：浜地・嶋崎, 鉱雑 (Tarumi, Kagoshima Pref.: Hamachi & Shimazaki, KZ), 7, 366 (1965); 鳥取県東郷鉱山：渡辺 (Togo mine, Tottori Pref.: Watanabe), JS, 11, 53-106 (1976).

HALITE
NaCl
岩塩 (gan-en) cub. 等軸

HALLOYSITE
$Al_4Si_4O_{10}(OH)_8 \cdot 4H_2O$
ハロイ石 (haroi-seki) mon. 単斜

HALOTRICHITE
$FeAl_2(SO_4)_4 \cdot 22H_2O$
鉄明礬 (tetsu-myôban) mon. 単斜

HARADAITE
$Sr_2V^{4+}{}_2O_2Si_4O_{12}$
原田石 (harada-seki) orth. 斜方 [N] [R] [新] [例]

HARADAITE
Watanabe et al. (1982), PJ, 58, 21-24 (渡辺ら)
Yamato mine, Kagoshima Pref.
鹿児島県大和鉱山

	Wt.%
SiO_2	38.38
Al_2O_3	0.36
TiO_2	0.06
VO_2	26.16
FeO	0.12
MnO	0.19
CaO	1.27
SrO	27.08
BaO	4.90
Na_2O	0.01
K_2O	0.04
Pb	0.02
Cu	0.20
H_2O	1.24
Total	100.03

Noda-Tamagawa mine, Iwate Pref. & Yamato mine, Kagoshima Pref.: Watanabe et al. (岩手県野田玉川鉱山, 鹿児島県大和鉱山：渡辺ら), PJ, 58, 21-24 (1982). Type specimen: NSM-M15111 (大和鉱山) (Yamato mine)

HARMOTOME
$(Ba_{0.5},Ca_{0.5},K,Na)_5Al_5Si_{11}O_{32} \cdot 12H_2O$
重土十字沸石 (jûdo-jûji-fusseki) mon. 単斜

HASTINGSITE
$NaCa_2Fe_4Fe^{3+}Si_6Al_2O_{22}(OH)_2$
ヘスチングス閃石 (hesuchingusu-senseki) mon. 単斜

HARADAITE 原田石 Yamato mine, Yamato, Kagoshima Pref. 鹿児島県大和村大和鉱山 35 mm wide 左右35 mm

HASTINGSITE ヘイスティング閃石 Sanpo mine, Takahashi, Okayama Pref. 岡山県高梁市山宝鉱山 50 mm wide 左右50 mm

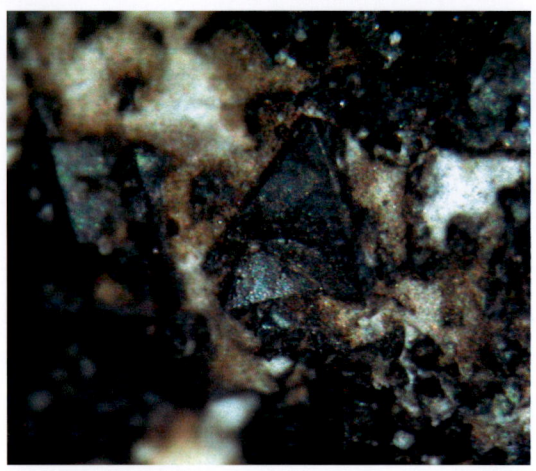

HAUERITE ハウエル鉱 Osorezan, Mutsu, Aomori Pref. 青森県むつ市恐山 crystal 1 mm wide 結晶の幅1 mm

HAUERITE
MnS_2
ハウエル鉱（haueru-kô）cub. 等軸
青森県恐山：青木，鉱要（Osorezan, Aomori Pref.: Aoki, KY), 96 (1989).

HAUSMANNITE
$MnMn^{3+}_2O_4$
ハウスマン鉱（hausuman-kô）tet. 正方

HAWLEYITE
CdS
方硫カドミウム鉱（hô-ryû-kadomiumu-kô）cub. 等軸 [例][R]
岐阜県河合鉱山：松原・野村，地研（Kawai mine, Gifu Pref.: Matsubara & Nomura, CK), 33, 197-199 (1982).

HAYCOCKITE
$Cu_4Fe_5S_8$
ヘイコック鉱（heikokku-kô）orth. 斜方
Shibukawa, Shizuoka Pref.: Onuki et al.（静岡県渋川：大貫ら），GK, 76, 372-375（1981）.

HEAZLEWOODITE
Ni_3S_2
ヒーズルウッド鉱（hîzuruuddo-kô）trig. 三方

HEDENBERGITE
$CaFeSi_2O_6$
灰鉄輝石（kaitetsu-kiseki）mon. 単斜

HEDLEYITE
Bi_7Te_3
ヘドレイ鉱（hedorei-kô）trig. 三方

HEJTMANITE
$Ba(Mn,Fe)_2TiO(Si_2O_7)(OH,F)_2$
ヘイトマン石（heitoman-seki）mon. 単斜
愛知県田口鉱山：堀ら，三要（Taguchi mine, Aichi Pref.: Hori et al., SY), 14 (1985).

HELLANDITE-(Y)
$(Ca,Y)_4Y_2(Al,Fe^{3+})Si_4B_4O_{20}(OH)_4$
ヘランド石（herando-seki）mon. 単斜
岐阜県田原：宮脇ら，鉱雑（Tahara, Gifu Pref.: Miyawaki et al., KZ), 18, 17-30 (1987); 宮崎県大崩山：皆川・足立，三要（Okueyama, Miyazaki Pref.: Minakawa & Adachi, SY), 84 (1994).

HELLANDITE-(Y) 宮脇ら(1987), 鉱雑(KZ), 18, 17-30 (Miyawaki et al.) 岐阜県田原 Tahara, Gifu Pref.	
	Wt.%
SiO_2	24.84
TiO_2	0.85
Al_2O_3	3.82
B_2O_3*	14.39
Fe_2O_3	0.45
MnO	0.92
CaO	16.64
Y_2O_3	21.58
La_2O_3	tr
Ce_2O_3	1.10
Pr_2O_3	tr
Nd_2O_3	2.09
Sm_2O_3	1.10
Eu_2O_3	tr
Gd_2O_3	1.49
Tb_2O_3	tr
Dy_2O_3	1.97
Ho_2O_3	0.58
Er_2O_3	1.32
Tm_2O_3	tr
Yb_2O_3	1.50
Lu_2O_3	tr
H_2O*	3.62
Total	98.26

*: calculated

helvine = HELVITE
（ヘルビン）（herubin）

HELVITE
$Mn_4Be_3(SiO_4)_3S$
ヘルバイト（herubaito）cub. 等軸

HELVITE ヘルバイト Obori mine, Hikone, Shiga Pref. 滋賀県彦根市大堀鉱山 55 mm wide 左右55 mm

HEMATITE
Fe_2O_3
赤鉄鉱 (seki-tekkô) trig. 三方

HEMATITE 赤鉄鉱 Waga-sennin mine, Kitakami, Iwate Pref. 岩手県北上市和賀仙人鉱山 65 mm wide 左右65 mm

HEMIMORPHITE
$Zn_4Si_2O_7(OH)_2 \cdot H_2O$
異極鉱 (ikyoku-kô) orth. 斜方

HEMIMORPHITE 異極鉱 Kamioka mine, Hida, Gifu Pref. 岐阜県飛騨市神岡鉱山 75 mm wide 左右75 mm

HEMUSITE
Cu_6SnMoS_8
ヘムス鉱 (hemusu-kô) cub. 等軸

HEMUSITE				
	Kawazu mine, Shizuoka Pref. 静岡県河津鉱山		Iriki mine, Kagoshima Pref. 鹿児島県入来鉱山	
	1 Wt.%	2 Wt.%	3 Wt.%	4 Wt.%
Cu	43.80	41.9	42.6	42.7
Ag	0.06	0.1	0.2	0.2
Fe	0.60	1.3	0.9	0.9
Zn	0.08	0	0	0.0
Mn	0.03	0	0	0.0
Cd	0.04	0	0	0.0
Sn	12.09	9.9	7.9	7.6
Sb	0	1.2	5.2	5.2
Bi	1.42	3.6	0	0.5
Te	0.50	1.1	0.9	0.8
Mo	10.38	11.5	11.3	11.3
S	29.82	28.2	28.9	29.3
Se	1.06	0.9	1.7	0.7
Total	99.88	99.7	99.6	99.2

1: Shimizu et al. (1988), MJ, 14, 92-100 (清水ら)
2-4: Shimizu et al. (1991), MP, 45, 11-17 (清水ら)

Kawazu mine, Shizuoka Pref.: Shimizu et al.（静岡県河津鉱山：清水ら）, MJ, 14, 92-100 (1988); Iriki mine, Kagoshima Pref.: Shimizu et al.（鹿児島県入来鉱山：清水ら）, MP, 45, 11-17（1991）.

HENMILITE
$Ca_2Cu(OH)_4B_2(OH)_8$
逸見石 (henmi-seki) tric. 三斜 [N][新]

HENMILITE 逸見石 Fuka mine, Takahashi, Okayama Pref. 岡山県高梁市布賀鉱山 70 mm wide 左右70 mm

HENMILITE 逸見石 Fuka mine, Takahashi, Okayama Pref. 岡山県高梁市布賀鉱山 crystal 1.5 mm wide 結晶の幅1.5 mm

51

HENMILITE

Fuka mine, Okayama Pref.
岡山県布賀鉱山

	1 Wt.%	2 Wt.%
B_2O_3	21.4	19.49
CaO	31.7	29.24
CuO	23.7	21.56
H_2O*	23.2	
$H_2O(+)$		29.57
$H_2O(-)$		0.00
Total	100.00	99.86

*: difference
1: Nakai et al. (1986), AM, 71, 1234-1239 (中井ら)
2: 草地 (1992), 鉱雑 (KZ), 21, 127-130 (Kusachi)

Fuka mine, Okayama Pref.: Nakai et al. (岡山県布賀鉱山：中井ら), AM, 71, 1234-1239 (1986). Type specimen: NSM-M24641

HENNOMARTINITE
$SrMn^{3+}_2Si_2O_7(OH)_2 \cdot H_2O$
ヘノマーティン石 (henomâtin-seki) orth. 斜方

長崎県戸根鉱山：福島ら，鉱要 (Tone mine, Nagasaki Pref.: Fukushima et al., KY), 207 (2003).

HERCYNITE
$FeAl_2O_4$
鉄スピネル (tetsu-supineru) cub. 等軸

herschelite = ナトリウムに富む菱沸石
(Na-rich CHABAZITE)
(ハーシェル沸石) (hâsheru-fusseki)

HERZENBERGITE
SnS
ヘルツェンベルグ鉱 (herutsuenberugu-kô) orth. 斜方 [例] [R]

大分県豊栄鉱山：宮久・野田，鉱雑 (Hoei mine, Oita Pref.: Miyahisa & Noda, KZ), 6, 349-360 (1984).

HESSITE
Ag_2Te
ヘッス鉱 (hessu-kô) mon. 単斜

HETAEROLITE
$ZnMn^{3+}_2O_4$
ヘテロル鉱 (heteroru-kô) tet. 正方

北海道円山鉱山：谷田ら，岩鉱 (Maruyama mine, Hokkaido: Tanida et al., GK), 78, 140 (1983).

HETEROGENITE
CoOOH
ヘテロゲン鉱 (heterogen-kô) trig. 三方

山口県長登鉱山：加藤，櫻標 (Naganobori mine, Yamaguchi Pref.: Kato, SKH), 33 (1973).

HETEROMORPHITE
$Pb_7Sb_8S_{19}$
ヘテロモルフ鉱 (heteromorufu-kô) mon. 単斜

北海道洞爺鉱山 (Toya mine, Hokkaido)

heulandite = HEULANDAITE-Ca, HEULANDAITE-Na, HEULANDAITE-K
(輝沸石) (ki-fusseki)

HEULANDITE-Ca
$(Ca_{0.5},Sr_{0.5},Ba_{0.5},Mg_{0.5},Na,K)_9Al_9Si_{27}O_{72} \cdot \sim24H_2O$
灰輝沸石 (kai-ki-fusseki) mon. 単斜 [R] [例]

Fudonotaki, Kanagawa Pref.: Harada et al. (神奈川県不動の滝：原田ら), CZ, 75, 551-552 (1969).

HEULANDITE-Na
$(Na,K,Ca_{0.5},Sr_{0.5},Ba_{0.5},Mg_{0.5})_9Al_9Si_{27}O_{72} \cdot \sim24H_2O$
ソーダ輝沸石 (sôda-ki-fusseki) mon. 単斜 [例] [R]

福岡県津屋崎：上野ら，三要 (Tsuyazaki, Fukuoka Pref.: Ueno et al., SY), 149 (1982).

HEULANDITE-Sr
$(Sr_{0.5},Ca_{0.5},Na,K)_9Al_9Si_{27}O_{72} \cdot \sim24H_2O$
ストロンチウム輝沸石 (sutoronchiumu-ki-fusseki) mon. 単斜

高知県土佐市：皆川ら，岩鉱要 (Tosa, Kochi Pref.: Minakawa et al., GKY), 282 (2002).

HEXAHYDRITE
$MgSO_4 \cdot 6H_2O$
苦土六水石 (kudo-rokusui-seki) mon. 単斜 [例] [R]

北海道上国鉱山：南部ら，三要 (Jokoku mine, Hokkaido: Nambu et al., SY), 67 (1980).

HEXAHYDROBORITE
$Ca[B(OH)_4]_2 \cdot 2H_2O$
六水灰硼石 (rokusui-kaihô-seki) mon. 単斜

Fuka mine, Okayama Pref.: Kusachi et al. (岡山県布賀鉱山：草地ら), MJ, 21, 9-14 (1999).

HEYROVSKYITE
$(Pb,Ag)_6Bi_2S_9$
ヘイロフスキー鉱 (heirofusukî-kô) orth. 斜方 [R] [例]

Yaguki mine, Fukushima Pref.: Shimizu et al. (福島県八茎鉱山：清水ら), SC, 43, 283-290 (1993).

HIBSCHITE
$Ca_3Al_2(SiO_4)_{1.5~3}(OH)_{6~0}$
ヒブシュ石榴石 (hibushu-zakuro-ishi) cub. 等軸

HIDALGOITE
$PbAl_3(SO_4)(AsO_4)(OH)_6$
イダルゴ石 (idarugo-seki) trig. 三方

HILLEBRANDITE
$Ca_2SiO_3(OH)_2$
ヒレブランド石 (hireburando-seki) mon. 単斜 [例] [R]
広島県久代：草地ら, 鉱雑 (Kushiro, Hiroshima Pref.: Kusachi et al., KZ), 10, 296-304 (1971).

HINGGANITE-(Ce)
$(Ce,Y)BeSiO_4(OH)$
セリウムヒンガン石 (seriumu-hingan-seki) mon. 単斜 [新] [N]
岐阜県田原：宮脇ら, 鉱要 (Tahara, Gifu Pref.: Miyawaki et al., KY), 130 (2004). Type specimen: NSM-M28552

HINGGANITE-(Ce) セリウムヒンガン石 Tahara, Nakatsugawa, Gifu Pref. 岐阜県中津川市田原 3 mm long 長さ3 mm Type specimen (ASSOCIATED HINGGANITE-(Y)) タイプ標本 (イットリウムヒンガン石と共生)

HINGGANITE-(Y)
$(Y,Ce)BeSiO_4(OH)$
イットリウムヒンガン石 (hingan-seki) mon. 単斜
岐阜県田原：宮脇ら, 鉱雑 (Tahara, Gifu Pref.: Miyawaki et al., KZ), 18, 17-30 (1987); 滋賀県田上：高田・松原, 地研 (Tanakami, Shiga Pref.: Takada & Matsubara, CK), 38, 7-14 (1989).

HINGGANITE
岐阜県田原
Tahara, Gifu Pref.

	1 Wt.%	2 Wt.%
SiO_2	22.27	25.47
B_2O_3	tr	0
FeO	5.65	3.61
CaO	0.39	7.07
BeO*	9.27	10.60
Y_2O_3	10.91	0.72
La_2O_3	3.40	11.11
Ce_2O_3	16.77	28.32
Pr_2O_3	3.5**	2.11
Nd_2O_3	9.79	4.70
Sm_2O_3	4.70	0.39
Eu_2O_3	tr	0
Gd_2O_3	4.18	0.08
Tb_2O_3	0.5**	0
Dy_2O_3	3.82	0.05
Ho_2O_3	1.08	0
Er_2O_3	1.84	0
Tm_2O_3	tr	0
Yb_2O_3	1.02	0
Lu_2O_3	0.3**	0
H_2O*	1.90	2.88
Total	101.29	97.11

*: calculated
**: estimated
1: HINGGANITE-(Y), 宮脇ら (1987), 鉱雑 (KZ), 18, 17-30 (Miyawaki et al.)
2: HINGGANITE-(Ce), 宮脇ら (2004), 鉱要 (KY), 130 (Miyawaki et al.)

HINSDALITE
$PbAl_3(PO_4)(SO_4)(OH)_6$
ヒンスダル石 (hinsudaru-seki) trig. 三方 [例] [R]
北海道小別沢鉱山, 秋田県亀山盛鉱山：松原ら, 岩鉱要 (Obetsuzawa mine, Hokkaido & Kisamori mine, Akita Pref.: Matsubara et al., GKY), 159 (1997).

HISINGERITE
$Fe^{3+}_2Si_2O_5(OH)_4 \cdot 2H_2O$
ヒシンゲル石 (hishingeru-seki) amor. (mon.?) 非晶 (単斜？)

HOCARTITE
Ag_2FeSnS_4
黄錫銀鉱 (ô-shaku-ginkô) tet. 正方
北海道豊羽鉱山：孤嶋ら, 鉱山 (Toyoha mine, Hokkaido: Kojima et al., KC), 29, 197-206 (1979); 岐阜県神岡鉱山：新田・秋山, 鉱山特別 (Kamioka mine, Gifu Pref.: Nitta & Akiyama, KT), 10, 175-192 (1981).

HOCARTIT
Yajima et al. (1991), MJ, 15, 222-232 (矢島)
Toyoha mine, Hokkaido
北海道豊羽鉱山

	Wt.%	
Ag	41.56	41.13
Cu	0.28	0.38
Fe	7.48	7.93
Zn	3.32	3.13
Mn	0.00	0.40
Cd	0.00	0.44
Sn	23.59	23.01
In	0.00	0.06
S	24.31	23.81
Total	100.55	100.29

HOLLANDITE
$BaMn_8O_{16} \cdot nH_2O$
ホランド鉱 (horando-kô) mon. 単斜 [R] [例]
宮城県宮崎鉱山：南部ら, 鉱雑 (Miyazaki mine, Miyagi Pref.: Nambu et al., KZ), 6, 313-323 (1964).

HOLLINGWORTHITE
$(Rh,Pt,Pd)AsS$
輝ロジウム鉱 (ki-rojiumu-kô) cub. 等軸
北海道天塩地方：浦島ら, 鹿理 (Teshio, Hokkaido: Urashima et al., KDR), 31, 129-140 (1982).

hornblende = 苦土普通角閃石または鉄普通角閃石
(MAGNESIOHORNBLENDE or FERROHORNBLENDE)
(普通角閃石) (futsû-kaku-senseki)

HÖRNESITE
$Mg_3(AsO_4)_2 \cdot 8H_2O$
苦土華 (kudo-ka) mon. 単斜
Hayama mine, Fukushima Pref.: Kato et al. (福島県羽山鉱山：加藤ら), BSM, 14, 87-96 (1988).

horobetsuite = 輝安鉱と輝蒼鉛鉱の中間物
(intermediate member of STIBNITE and BISMUTHINITE)
(幌別鉱) (horobetsu-kô)

HOWIEITE
$Na(Fe,Mn)_{10}(Fe^{3+},Al)_2Si_{12}O_{31}(OH)_{13}$
ハウィー石 (hawî-seki) tric. 三斜 [R] [例]
Ino, Kochi Pref.: Kato et al. (高知県伊野町：加藤ら), PJ, 60, 65-68 (1984).

HUANGITE
$Ca\square Al_6(SO_4)_4(OH)_{12}$
フーアン石 (fûan-seki) trig. 三方 [R] [例]
Okumanza, Gunma Pref.: Matsubara et al. (群馬県奥万座：松原ら), MJ, 20, 1-8 (1998).

HUANGITE
Matsubara et al. (1998), MJ, 20, 1-8 (松原ら)
Okumanza, Gunma Pref.
群馬県奥万座

	Wt.%
Al_2O_3	38.54
CaO	6.54
Na_2O	0.59
K_2O	0.38
SO_3	39.80
H_2O*	14.15
Total	100.00

*: difference

HUMITE
$Mg_7(SiO_4)_3(OH,F)_2$
ヒューム石 (hyûmu-seki) orth. 斜方

HUNTITE
$CaMg_3(CO_3)_4$
ハント石 (hanto-seki) trig. 三方
長崎県西樫山：武内・浦川, 鉱要 (Nishikashiyama, Nagasaki Pref.: Takeuchi & Urakawa, KY), 106 (2000).

HUNTITE ハント石 Nishikashiyama, Nagasaki, Nagasaki Pref. 長崎県長崎市西樫山 130 mm wide 左右130 mm

HURÉAULITE
$Mn_5(PO_4)_2(PO_3OH)_2 \cdot 4H_2O$
ウーロー石 (ûrô-seki) mon. 単斜
茨城県雪入：松原・加藤, 地研 (Yukiiri, Ibaraki Pref.: Matsubara & Kato, CK), 44, 219-221 (1996).

HURÉAULITE
松原・加藤 (1996), 地研 (CK), 44, 219-221 (Matsubara & Kato)
茨城県雪入
Yukiiri, Ibaraki Pref.

	Wt.%
MnO	44.51
ZnO	2.89
CaO	0.94
P_2O_5	38.65
Total	86.99

HUTCHINSONITE
TlPbAs$_5$S$_9$
ハッチンソン鉱 (hacchinson-kô) orth. 斜方
Toya mine, Hokkaido: Shimizu et al.（北海道洞爺鉱山：清水ら), RG, 20, 31-37 (1999).

HUTCHINSONITE
Shimizu et al. (1999), RG, 20, 31-37（清水ら)
Toya mine, Hokkaido
北海道洞爺鉱山

	Wt.%	
Tl	20.26	19.43
Ag	0.07	0.13
Pb	16.89	17.85
Sb	5.96	6.03
As	30.44	30.48
S	26.11	26.26
Total	99.73	100.18

hyalite = オパル（蛋白石）の一種（a variety of OPAL)（玉滴石）(gyokuteki-seki)

HYALOPHANE
(K,Ba)Al(Si,Al)$_3$O$_8$
ハイアロフェン (haiarofen) mon. 単斜
$(KAlSi_3O_8)_{95-70}(BaAl_2Si_2O_8)_{5-30}$

hydroandradite = 水分を含む灰鉄石榴石
(H$_2$O-bearing ANDRADITE)
(加水灰鉄石榴石)(kasui-kaitetsu-zakuro-ishi) [R] [例]
Shibukawa, Shizuoka Pref.: Onuki et al.（静岡県渋川：大貫ら), GK, 76, 239-247 (1981).

HYDROCERUSSITE
Pb$_3$(CO$_3$)$_2$(OH)$_2$
水白鉛鉱 (sui-haku-en-kô) trig. 三方 [例] [R]
宮崎県土呂久鉱山：加藤, 櫻標 (Toroku mine, Miyazaki Pref.: Kato, SKH), 38 (1973).

hydrogarnet = 水分を含む石榴石，多くはヒブシュ石榴石 (H$_2$O-bearing Garnet, almostly HIBSCHITE)
(加水石榴石)(kasui-zakuro-ishi)

hydrogrossular = ヒブシュ石榴石–加藤石榴石系石榴石(HIBSCHITE-KATOITE series garnet)
(加水灰礬石榴石)(kasui-kaiban-zakuro-ishi)
Ca$_3$Al$_2$(SiO$_4$)$_{3\sim0}$(OH)$_{0\sim12}$

HYDROHETAEROLITE
Zn$_2$Mn$^{3+}_4$O$_8$·H$_2$O
ハイドロヘテロ鉱 (haidoro-hetero-kô) tet. 正方 [R] [例]
Maruyama mine, Hokkaido: Tanida et al.（北海道円山鉱山：谷田ら), GK, 77, 284-289 (1982).

HYDROHONESSITE
Ni$_6$Fe$^{3+}_2$(SO$_4$)(OH)$_{16}$·7H$_2$O
ハイドロオネス石 (haidoro-onesu-seki) hex. 六方
三重県菅島：皆川・稲葉, 三要 (Sugashima, Mie Pref.: Minakawa & Inaba, SY), 71 (1986).

HYDROMAGNESITE
Mg$_5$(CO$_3$)$_4$(OH)$_2$·4H$_2$O
水苦土石 (sui-kudo-seki) mon. 単斜

hydromuscovite = ILLITE
(加水白雲母)(kasui-shiro-unmo)

HYDROTALCITE
Mg$_6$Al$_2$(CO$_3$)(OH)$_{16}$·4H$_2$O
ハイドロタルク石 (haidoro-taruku-seki) trig. 三方

HYDROTUNGSTITE
WO$_4$(OH)$_2$·H$_2$O
加水重石華 (kasui-jûseki-ka) mon. 単斜
京都府行者山：松尾ら, 京地 (Gyojayama, Kyoto Pref.: Matsuo et al., KCK), 34, 6-43 (1981).

HYDROXYLAPATITE
Ca$_5$(PO$_4$)$_3$(OH)
水酸燐灰石 (suisan-rinkai-seki) hex. 六方

HYDROXYLAPOPHYLLITE
KCa$_4$Si$_8$O$_{20}$(OH,F)·8H$_2$O
水酸魚眼石 (suisan-gyogan-seki) tet. 正方

HYDROXYLBASTNÄSITE-(Ce)
(Ce,La)CO$_3$(OH,F)
水酸バストネス石 (suisan-basutonesu-seki) hex. 六方
宮崎県上祝子：皆川ら, 地研 (Kamihori, Miyazaki Pref.: Minakawa et al., CK), 41, 155-159 (1992).

HYDROXYLELLESTADITE
Ca$_{10}$(SiO$_4$)$_3$(SO$_4$)$_3$(OH,Cl,F)$_2$
水酸エレスタド石 (suisan-eresutado-seki) hex. 六方 [N] [新]
Chichibu mine, Saitama Pref.: Harada et al.（埼玉県

秩父鉱山：原田ら），AM, 56, 1507-1518 (1971). Type specimen: NSM-M15761

HYDROXYLELLESTADITE 水酸エレスタド石 Chichibu mine, Chichibu, Saitama Pref. 埼玉県秩父市秩父鉱山 125 mm wide 左右125 mm

HYDROXYLELLESTADITE
Harada *et al.* (1971), AM, 56, 1507-1518 (原田ら)

Chichibu mine, Saitama Pref.
埼玉県秩父鉱山

	Wt.%
SiO_2	17.30
Al_2O_3	tr
Fe_2O_3	0.21
MnO	0.04
MgO	tr
SrO	0.28
CaO	54.51
Na_2O	0.34
K_2O	0.07
P_2O_5	0.66
F	0.28
Cl	0.91
CO_2	1.65
SO_3	21.56
$H_2O(+)$	2.04
$H_2O(-)$	0.72
total	100.57
O = −(F+Cl)	0.32
Total	100.25

HYDROXYLHERDERITE
$CaBe(PO_4)(OH)$
水酸ハーデル石 (suisan-hâderu-seki) mon. 単斜

茨城県雪入 (Yukiiri, Ibaraki Pref.)：福島県石川 (Ishikawa, Fukushima Pref.).

HYDROZINCITE
$Zn_5(CO_3)_2(OH)_6$
水亜鉛土 (sui-aen-do) mon. 単斜

hypersthene = 頑火輝石もしくは鉄珪輝石
(ENSTATITE or FERROSILITE)
(紫蘇輝石)(shiso-kiseki)
$((Mg_2Si_2O_6)_{88-12}(Fe_2Si_2O_6)_{12-88})$

HÜBNERITE
$MnWO_4$
マンガン重石 (mangan-jû-seki) mon. 単斜

I

ICE
H_2O
氷 (kôri) hex. 六方

IDAITE
Cu_3FeS_4
アイダ鉱 (aida-kô) hex. 六方

iddingsite = 橄欖石の分解物 (altered products of olivine)
(イディングス石) (idingusu-seki)

idocrase = VESUVIANITE

IIMORIITE-(Y)
$Y_2(SiO_4)(CO_3)$
飯盛石 (iimori-seki) tric. 三斜 [N] [新]

Fusamata & Suishoyama, Fukushima Pref.: Kato & Nagashima (福島県房又・同水晶山：加藤・長島), IJ, 85-86 (1970). Type specimen: NSM-M16288 (房又) (Fusamata)

IIMORIITE-(Y) 飯盛石 Suishoyama, kawamata, Fukushima Pref. 福島県川俣町水晶山 80 mm wide 左右80 mm

IKAITE
$CaCO_3 \cdot 6H_2O$
イカ石 (ika-seki) mon. 単斜

Shiowakka, Hokkaido: Ito (北海道シオワッカ：伊藤), GK, 91, 209-219 (1996).

IKUNOLITE
$Bi_4(S,Se)_3$
生野鉱 (ikuno-kô) trig. 三方 [N] [R] [新] [例]

Ikuno mine, Hyogo Pref.: Kato et al. (兵庫県生野鉱山：加藤ら), MJ, 2, 397-407 (1959). Type specimen: NSM-M15837

IKUNOLITE 生野鉱 Ikuno mine, Asago, Hyogo Pref. 兵庫県朝来市生野鉱山 25 mm wide 左右25 mm

IKUNOLITE
Kato (1959), MJ, 2, 397-407 (加藤)
Ikuno mine, Hyogo Pref.
兵庫県生野鉱山

	Wt.%	Wt.%*
Bi	79.69	87.99
S	8.89	9.82
Se	1.98	2.19
Rem.	[9.44]	
Total	[100.00]	100.00

*: after deducting remnant (残査を引いた後)

ILESITE
$MnSO_4 \cdot 4H_2O$
アイレス石 (airesu-seki) mon. 単斜 [例] [R]

北海道上国鉱山：南部ら，三要 (Jokoku mine, Hokkaido: Nambu et al., SY), 105 (1977).

illite = 雲母の一つの系の名前 (a series name of mica)
$K_{0.65}Al_{2.0}\square\ Al_{0.65}Si_{3.35}O_{10}(OH)_2$
イライト (iraito)

ILMENITE
$FeTiO_3$
チタン鉄鉱 (chitan-tekkô) trig. 三方

ILMENORUTILE
$(Ti,Nb,Fe^{3+})_3O_6$
イルメノルチル (irumenoruchiru) tet. 正方
高知県足摺岬：今岡・中島，三要 (Cape Ashizuri, Kochi Pref.: Imaoka & Nakajima, SY), 58 (1991).

ILVAITE
$CaFe_2Fe^{3+}O(Si_2O_7)(OH)$
珪灰鉄鉱 (keikai-tekkô) orth. 斜方, mon. 単斜

IMOGOLITE
$Al_2SiO_3(OH)_4$
芋子石 (imogo-seki) psd. hex. 擬六方 [N][R][新][例]
Hitoyoshi, Kumamoto Pref.: Yoshinaga & Wada（熊本県人吉：吉永・和田), AM, 54, 50-71 (1969). Type specimen: NSM-M28686

IMOGOLITE 芋子石 Hitoyoshi, Kumamoto Pref. 熊本県人吉 40 mm wide 左右40 mm Type specimen タイプ標本

INCAITE
$Pb_4FeSn^{2+}_2Sn^{4+}_2Sb_2S_{14}$
インカ鉱 (inka-kô) mon. 単斜
Hoei mine, Oita Pref.: Shimizu et al.（大分県豊栄鉱山：清水ら), MP, 46, 155-161 (1992).

INCAITE		
Shimizu et al. (1992), MP, 46, 155-161 (清水ら)		
	Hoei mine, Oita Pref. 大分県豊栄鉱山	
	Wt.%	
Pb	34.1	47.5
Ag	0.1	0
Sb	10.1	10.2
Bi	0.5	0.4
Fe	2.4	2.3
Sn	31.3	19.3
S	22.0	20.4
Total	100.5	100.1

INDIALITE
$Mg_2Al_4Si_5O_{18}$
インド石 (indo-seki) hex. 六方
Unazuki, Toyama Pref.: Kitamura & Hiroi（富山県宇奈月：北村・廣井), MP, 80, 110-116 (1982).

INESITE
$Ca_2Mn_7Si_{10}O_{28}(OH)_2 \cdot 5H_2O$
イネス石 (inesu-seki) tric. 三斜

INESITE イネス石 Kawazu mine, Shimoda, Shizuoka Pref. 静岡県下田市河津鉱山 75 mm wide 左右75 mm

INGODITE
Bi_2TeS
インゴダ鉱 (ingoda-kô) hex. 六方
山梨県乙女鉱山：角田・清水，資地 (Otome mine, Yamanashi Pref.: Tsunoda & Shimizu, SC), 45, 111-120 (1995); Ohisawa mine, Tochigi Pref.: Shimizu et al.（栃木県大井沢鉱山：清水ら), THK, 16, 89-101 (1999).

INYOITE
$Ca_2B_6O_6(OH)_{10} \cdot 8H_2O$
インヨー石 (inyô-seki) mon. 単斜
岡山県布賀鉱山：草地ら，鉱要 (Fuka mine, Okayama Pref.: Kusachi et al., KY), 206 (2003).

IRARSITE
$(Ir,Ru,Rh,Pt)AsS$
輝イリジウム鉱 (ki-irijiumu-kô) cub. 等軸
Sorachi River, Hokkaido: Stumpfl & Tarkin（北海道空知川：スタムプル・ターキン), EG, 71, 1451-1460 (1976); 北海道天塩，幌加内：浦島ら，鹿理 (Teshio & Horokanai, Hokaido: Urashima et al., KDR), 31, 129-140 (1982).

IRIDIUM
(Ir,Os)
自然イリジウム (shizen-irijiumu) cub. 等軸 [例][R]
北海道天塩：浦島ら，鹿理 (Teshio, Hokkaido: Urashima et al., KDR), 21,119-135 (1972).

iridosmine = ほとんどが自然オスミウム
(almostly OSMIUM)
(イリドスミン)(iridosumin)

IRON
Fe
自然鉄(shizen-tetsu) cub. 等軸 [R] [例]
Kawaguchiko, Yamanashi Pref.: Kanehira & Shimazaki (山梨県河口湖：兼平・島崎), NJM, 3, 124-130 (1971).

iron cordierite = **SEKANINAITE**
(鉄菫青石)(tetsu-kinsei-seki)

ironwollastonite = **FERROBUSTAMITE**
(鉄珪灰石)(tetsu-keikai-seki)

ISHIKAWAITE
$(Fe,U,Y)NbO_4$
石川石(ishikawa-seki) mon. 単斜 [新] [N]
福島県石川：柴田・木村, 日化 (Ishikawa, Fukushima Pref.: Shibata & Kimura, NKG), 43, 301 (1922).

ISHIKAWAITE 石川石 Wagu, Ishikawa, Fukushima Pref. 福島県石川町和久 crystal 25 mm long 結晶の長さ25 mm

ISOFERROPLATINUM
Pt_3Fe
イソ鉄白金(iso-tetsu-hakkin) cub. 等軸
北海道幌加内：浦島ら, 鹿理 (Horokanai, Hokkaido: Urashima et al., KDR), 25, 165-171 (1976); 北海道天塩：浦島ら, 鹿理 (Teshio, Hokkaido: Urashima et al., KDR), 31, 129-140 (1982); Peichan River, Hokkaido: Matsubara (北海道兵知安川：松原), MSM, 25, 17-22 (1992).

ITOIGAWAITE
$SrAl_2Si_2O_7(OH)_2 \cdot H_2O$
糸魚川石(itoigawa-seki) orth. 斜方 [N] [新]
Itoigawa, Niigata Pref.: Miyajima et al. (新潟県糸魚川：宮島ら), MM, 63, 909-916 (1999). Type specimen: NSM-M27872

ISHIKAWAITE
福島県石川町
Ishikawa, Fukushima Pref.

	1	2	3
	Wt.%	Wt.%	
Sc_2O_3		0.87	1
Y_2O_3		3.77	5.7
La_2O_3		0	0
Ce_2O_3		0	0
Pr_2O_3		0	0
Nd_2O_3		0.29	0.09
Sm_2O_3	8.40	0.19	0.35
Gd_2O_3		0.69	0.99
Tb_2O_3		0.24	0.39
Dy_2O_3		1.82	1.94
Ho_2O_3		0	0
Er_2O_3		0.43	0.57
Tm_2O_3		0.05	0.33
UO_2	21.88	28.44	24.89
ThO_2		2.23	1.57
FeO	11.78	9.28	10.46
MnO	0.40	1.71	1.39
MgO	1.07		
CaO	0.86		
Al_2O_3	0.87		
Nb_2O_5	36.80	42.18	42.96
Ta_2O_5	15.00	4.79	4.97
WO_3		2.16	2.48
TiO_2	0.21	0.19	0.37
SnO_2	1.20		
SiO_2	0.30		
$H_2O(+)$ / $H_2O(-)$	0.89		
Total	99.66	99.33	100.45

1: 柴田・木村 (1922), 日化 (NKG), 43, 301 (Shibata & Kimura, 1922)
2, 3: 松原ら (未発表データ) (Matsubara et al., unpublished data)

ITOIGAWAITE 糸魚川石 Ohmi, Itoigawa, Niigata Pref. 新潟県糸魚川市青海 1 mm wide 左右 1 mm T. Kamiya collection, H. Miyajima photo. 神谷俊昭・標本, 宮島宏・撮影

ITOIGAWAITE
Miyajima et al. (1999), MM, 63, 909-916 (宮島ら)
Itoigawa, Niigata Pref.
新潟県糸魚川市

	Wt.%
SiO_2	32.98
Al_2O_3	27.67
TiO_2	0.87
Fe_2O_3	0.39
MgO	0.27
CaO	0.45
SrO	27.71
H_2O*	9.66
Total	100.00

*: difference

IWAKIITE
$Mn(Fe^{3+},Mn^{3+})_2O_4$
磐城鉱 (iwaki-kô) tet. 正方 [N] [R] [新] [例]

Gozaisho mine, Fukushima Pref.: Matsubara et al. (福島県御斎所鉱山：松原ら), MJ, 9, 383-391 (1979).
Type specimen: NSM-M21865

IWAKIITE 磐城鉱 Gozaisho mine, Iwaki, Fukushima Pref. 福島県いわき市御斎所鉱山 85 mm wide 左右85 mm Type specimen タイプ標本

IWAKIITE
Matsubara et al. (1979), MJ, 9, 383-391 (松原ら)
Gozaisho mine, Fukushima Pref.
福島県御斎所鉱山

	Wt.%
MnO	30.34
MgO	0.61
Mn_2O_3	22.70
Fe_2O_3	44.42
Al_2O_3	0.32
SiO_2	0.47
TiO_2	0.30
SrO	0.04
Na_2O	0.02
K_2O	0.02
Total	99.24

IWASHIROITE-(Y)
$YTaO_4$
岩代石 (iwashiro-seki) mon. 単斜 [新] [N]

福島県水晶山：宮脇ら，鉱要 (Suishoyama, Fukushima Pref.: Miyawaki et al., KY), 212 (2003).
Type specimen: NSM-M28537

IWASHIROITE-(Y) 岩代石 Suishoyama, kawamata, Fukushima Pref. 福島県川俣町水晶山 crystal aggregate 13 mm wide 結晶集合の幅 13 mm Type specimen タイプ標本

IWASHIROITE-(Y)
Hori et al. (2006), JMPS, 101 (in printing)(堀ら，印刷中)
Suishoyama, Fukushima Pref.
福島県水晶山

	Wt.%
Y_2O_3	29.10
La_2O_3	0.00
Ce_2O_3	0.10
Pr_2O_3	0.00
Nd_2O_3	0.10
Sm_2O_3	0.36
Gd_2O_3	1.06
Tb_2O_3	0.25
Dy_2O_3	2.38
Ho_2O_3	0.56
Er_2O_3	2.09
Tm_2O_3	0.37
Yb_2O_3	3.33
Lu_2O_3	0.85
UO_2	0.15
ThO_2	0.02
CaO	0.17
Nb_2O_5	16.66
Ta_2O_5	40.64
TiO_2	0.41
Total	98.60

IZOKLAKEITE
$(Cu,Fe)_2Pb_{27}(Sb,Bi)_{19}S_{57}$
イゾクレーク鉱 (izokurêku-kô) orth. 斜方

山梨県乙女鉱山：小沢・堀，三要 (Otome mine, Yamanashi Pref.: Ozawa & Hori, SY), 134 (1982).

J

JACOBSITE
MnFe$^{3+}_2$O$_4$
ヤコブス鉱 (yakobusu-kô) cub. 等軸

JADEITE
NaAlSi$_2$O$_6$ ([NaAlSi$_2$O$_6$]$_{100-80}$)
ひすい輝石 (hisui-kiseki) mon. 単斜

JADEITE ひすい輝石 Kotaki River, Itoigawa, Niigata Pref. 新潟県糸魚川市小滝川 80 mm wide 左右 80 mm

JAHNSITE-(CaFeFe)
CaFeFe$^{3+}_2$(PO$_4$)$_4$(OH)$_2$·8H$_2$O
ジャーンス石 (jânsu-seki) mon. 単斜

兵庫県押部谷町：松原ら，岩鉱要 (Oshibedani, Hyogo Pref.: Matsubara et al., GKY), 40 (1995), Matsubara (松原), MSM, 33, 15-27 (2000). ジャーンス石グループの -(CaFeFe) 型はまだ知られていない. IMA では未承認 ((CaFeFe) type JAHNSITE has not been known. JAHNSITE-(CaFeFe) is not yet approved in IMA).

JAHNSITE-(CaFeFe)		
Matsubara (2000), MSM, 33, 15-27 (松原)		
	Oshibedani, Kobe, Hyogo Pref.	
	兵庫県神戸市押部谷	
	Wt.%	
Al$_2$O$_3$	0.34	0
FeO*	32.79	33.10
MnO	4.85	5.46
MgO	4.01	3.83
CaO	4.10	4.25
P$_2$O$_5$	33.74	33.31
Total	79.83	79.95

JALPAITE
Ag$_3$CuS$_2$
ジャルパ鉱 (jarupa-kô) tet. 正方 [例] [R]

新潟県佐渡鉱山：田口ら，鉱雑 (Sado mine, Niigata Pref.: Taguchi et al., KZ), 11, 345-358 (1974).

JAMBORITE
(Ni,Fe)(OH)$_2$(OH,S,H$_2$O)?
ジャンボー石 (janbô-seki) hex.? 六方

Nakauri mine, Aichi Pref.: Matsubara & Kato (愛知県中宇利鉱山：松原・加藤), GK, 88, 517-524 (1993).

JAMESONITE
Pb$_4$FeSb$_6$S$_{14}$
毛鉱 (mô-kô) mon. 単斜

JAROSITE
KFe$^{3+}_3$(SO$_4$)$_2$(OH)$_6$
鉄明礬石 (tetsu-myôban-seki) trig. 三方

JENNITE
Ca$_9$H$_2$Si$_6$O$_{18}$(OH)$_8$·6H$_2$O
ジェンニ石 (jenni-seki) tric. 三斜

広島県久代：草地ら，鉱要 (Kushiro, Hiroshima Pref.: Kusachi et al., KY), 100 (1984); 岡山県布賀 (Fuka, Okayama Pref.).

JIMBOITE
Mn$_3$(BO$_3$)$_2$
神保石 (jinbo-seki) orth. 斜方 [N] [R] [新] [例]

JIMBOITE	
Watanabe et al. (1963), PJ, 39, 170-175 (渡辺ら)	
Kaso mine, Tochigi Pref.	
栃木県加蘇鉱山	
	Wt.%
B$_2$O$_3$	19.6
Al$_2$O$_3$	0.1
SiO$_2$	3.3
CaO	0.5
MnO	65.3
FeO	1.6
MgO	3.3
CO$_2$	6.1
H$_2$O	0.1
Insol.	0.1
Total	100.0

Kaso mine, Tochigi Pref.: Watanabe et al.（栃木県加蘇鉱山：渡辺ら）, PJ, 39, 170-175（1963）. Type specimen: NSM-M15112

JIMBOITE 神保石 Kaso mine, Kanuma, Tochigi Pref. 栃木県鹿沼市加蘇鉱山 100 mm wide 左右 100 mm

JIMBOITE 神保石 Fujii mine, Wakasa, Fukui Pref. 福井県若狭町藤井鉱山 1.5 mm wide (thin section) 左右 1.5 mm（薄片）

JIMTHOMPSONITE
$(Mg,Fe)_5Si_6O_{16}(OH)_2$

ジムトンプソン石 (jimutonpuson-seki) orth. 斜方

岩手県早池峰：小西ら，鉱要 (Hayachine, Iwate Pref.: Konishi et al., KY), 101 (1991).

joaquinite = ホアキン石グループの一般名
(a general name of joaquinite group minerals)

JOHANNSENITE
$CaMnSi_2O_6$

ヨハンセン輝石 (yohansen-kiseki) mon. 単斜

JOHNBAUMITE
$Ca_5(AsO_4)_3(OH,F)$

ジョンバウム石 (jonbaumu-seki) hex. 六方

Fuka mine, Okayama Pref.: Kusachi et al.（岡山県布賀鉱山：草地ら）, MJ, 18, 60-66（1996）.

JOKOKUITE
$MnSO_4 \cdot 5H_2O$

上国石 (jôkoku-seki) tric. 三斜 [N] [新]

Jokoku mine, Hokkaido: Nambu et al.（北海道上国鉱山：南部ら）, MJ, 9, 28-38 (1978); 北海道稲倉石鉱山：松枝ら, 三要 (Inakuraishi mine, Hokkaido: Matsueda et al., SY), 68 (1980). Type specimen: NSM-M21492

JOKOKUITE 上国石 Jokoku mine, Kaminokuni, Hokkaido 北海道上ノ国町上国鉱山 60 mm wide 左右 60 mm

JOKOKUITE	Jokoku mine, Hokkaido 北海道上国鉱山 1 Wt.%	Inakuraishi mine, Hokkaido 北海道稲倉石鉱山 2 Wt.%
MnO	27.34	24.16
FeO	1.13	0
ZnO	0.94	0.68
MgO	0.00	2.55
CaO	0.00	0.06
SO$_3$	33.06	32.59
H$_2$O	37.68	37.98
Total	100.15	98.02

1: Nambu et al. (1978), MJ, 9, 28-38（南部ら）
2: 松枝ら (1980), 三要 (SY), 68 (Matsueda et al.)

JORDANITE
$Pb_{14}As_6S_{23}$

ヨルダン鉱 (yorudan-kô) mon. 単斜 [R] [例]

Yunosawa mine, Aomori Pref.; Shimizu et al.（青森県湯ノ沢鉱山：清水ら）, MM, 62, 793-799 (1998).

JORDANITE ヨルダン鉱 Okkope mine, Oma, Aomori Pref. 青森県大間町奥戸鉱山 65 mm wide 左右 65 mm

JORDANITE
Shimizu *et al.* (1998), MM, 62, 793-799 (清水ら)

Yunosawa mine, Aomori Pref.
青森県湯ノ沢鉱山

	Wt.%
Pb	70.23
Tl	0.20
As	10.92
S	17.90
Total	99.25

JOSEITE A
Bi_4TeS_2
ホセ鉱A (hose-kô-ê) trig. 三方

JOSEITE B
Bi_4Te_2S
ホセ鉱B (hose-kô-bî) trig. 三方 [例] [R]

大分県夏木谷：宮久ら，地研 (Natsukidani, Oita Pref.: Miyahisa *et al.*, CK), 26, 209-216 (1975).

JULGOLDITE-(Fe^{2+})
$Ca_8(Fe,Mg)_4(Fe^{3+},Al)_8Si_{12}(O,OH)_{56}$
ジュルゴルド石 (jurugorudo-seki) mon. 単斜

島根県古浦ケ鼻：松原ら，鉱要 (Kouragahana, Shimane Pref.: Matsubara *et al.*, KY), 161 (1992).

K

kämmererite = クロムを含む菫色のクリノクロア石（Cr-bearing violet CLINOCHLORE）
（菫泥石）（kindei-seki）

KAERSUTITE
$NaCa_2(Mg,Fe)_4TiSi_6Al_2O_{22}(OH)_2$
ケルスート閃石（kerusûto-senseki）mon. 単斜

KAINOSITE-(Y)
$Ca_2(Y,Ce)_2Si_4O_{12}(CO_3) \cdot H_2O$
カイノス石（kainosu-seki）orth. 斜方

愛媛県立岩：皆川，鉱要（Tateiwa, Ehime Pref.: Minakawa, KY), 107 (1984); 京都府広野：鶴田ら，地研（Hirono, Kyoto Pref.: Tsuruta et al., CK), 54, 89-93 (2005).

KAMACITE
(Fe,Ni)
カマサイト（kamasaito）cub. 等軸

KAMAISHILITE
$Ca_2Al_2SiO_6(OH)_2$
釜石石（kamaishi-seki）tet. 正方 [N][新]

Kamaishi mine, Iwate Pref.: Uchida & Iiyama（岩手県釜石鉱山：内田・飯山), PJ, 57, 239-243 (1981). Type specimen: NSM-M23560

KAMAISHILITE	
Uchida & Iiyama (1981), PJ, 57, 239-243（内田・飯山）	
Kamaishi mine, Iwate Pref. 岩手県釜石鉱山	
	Wt.%
SiO_2	20.03
Al_2O_3	34.15
FeO	0.21
MgO	0.02
CaO	37.42
$H_2O(+)$	6.1
$H_2O(-)$	0.2
Total	98.13

kamiokalite = 亜鉛に富むヴェゼリ石（Zn-rich VESZELYITE）
（神岡石）（kamioka-seki）

KAMIOKITE
$Fe_2Mo_3O_8$
神岡鉱（kamioka-kô）hex. 六方 [N][新]

Kamioka mine, Gifu Pref.: Sasaki et al.（岐阜県神岡鉱山：佐々木ら), MJ, 12, 393-399 (1985). Type specimen: NSM-M20968

KAMIOKITE 神岡鉱 Kamioka mine, Hida, Gifu Pref. 岐阜県飛騨市神岡鉱山 crystal 1 mm wide 結晶の幅 1 mm

KAMIOKITE		
Sasaki et al. (1985), MJ, 12, 393-399（佐々木ら）		
Kamioka mine, Gifu Pref. 岐阜県神岡鉱山		
	Wt.%	
FeO	25.03	24.90
MnO	0.46	0.32
MoO_2	73.37	73.28
Total	98.86	98.50

KAMPHAUGITE-(Y)
$Ca(Y,REE)(CO_3)_2(OH) \cdot H_2O$
カンポーグ石（kanpôgu-seki）tet. 正方

京都府広野：鶴田ら，鉱要（Hirono, Kyoto Pref.: Tsuruta et al., KY), 146 (2005).

KANKITE
$Fe^{3+}AsO_4 \cdot 3.5H_2O$
カニュク石（kanyuku-seki）mon. 単斜 [R][例]

Suzukura mine, Yamanashi Pref.: Kato et al.（山梨県鈴庫鉱山：加藤ら), MJ, 12, 6-14 (1984); 埼玉県秩父鉱山六助：山田・松山，水晶（Chichibu mine, Saitama Pref.:Yamada & Matsuyama, SS), 2, 23-29 (1988); 京都府富鉱山：宮本ら，地研（Fukoku mine, Kyoto Pref.: Miyamoto et al., CK), 44, 105-109 (1995).

KANOITE
(Mn,Mg)$_2$Si$_2$O$_6$
加納輝石 (kanô-kiseki) mon. 単斜 [N] [R] [新] [例]

Tatehira, Hokkaido: Kobayashi (北海道館平：小林), CZ, 83, 537-542 (1977). Type specimen: NSM-M21331

KANOITE 加納輝石 Tatehira, Yakumo, Hokkaido 北海道八雲町館平 40 mm wide 左右40 mm Type specimen タイプ標本

KANOITE
Kobayashi (1977), CZ, 83, 537-542 (小林)

	Tatehira, Yakumo, Hokkaido 北海道八雲町館平	
	Wt.%	
SiO$_2$	49.87	50.14
Al$_2$O$_3$	0.04	0.03
FeO	3.06	3.11
MnO	31.16	31.19
MgO	15.01	15.06
CaO	0.58	0.65
Total	99.72	100.18

kaolin = カオリン石，ディック石，ナクル石の総称またはそれらからなる粘土

(general name of KAOLINITE, DICKITE and NACRITE or clay composed of their minerals)

(カオリン，高陵土) (kaorin, kouryôdo)

KAOLINITE
Al$_4$Si$_4$O$_{10}$(OH)$_8$
カオリン石 (kaorin-seki) tric. 三斜 , mon. 単斜

KARIBIBIE
Fe$^{3+}_2$As$^{3+}_4$(O,OH)$_9$
カリビブ石 (karibibu-seki) orth. 斜方

大分県木浦鉱山：湊ら，鉱要 (Kiura mine, Oita Pref.: Minato et al., KY), 6 (1973).

kasoite = カリウムに富む重土長石 (K-rich CELSIAN)
(加蘇長石) (kaso-chôseki)

KASOLITE
Pb(UO$_2$)SiO$_4$·H$_2$O
カソロ石 (kasoro-seki) mon. 単斜

岡山県剣山：加藤，櫻標 (Kenzan, Okayama pref.: Kato, SKH), 57 (1973).

katayamalite = BARATOVITE
(片山石) (katayama-seki)

KATOPHORITE
NaCaNaFe$_4$AlSi$_7$AlO$_{22}$(OH)$_2$
カトフォラ閃石 (katofora-senseki) mon. 単斜

島根県西郷町：加藤，櫻標 (Saigo, Shimane Pref.: Kato, SKH), 57 (1973).

KAWAZULITE
Bi$_2$Te$_2$Se
河津鉱 (kawazu-kô) trig. 三方 [N] [R] [新] [例]

Kawazu mine, Shizuoka Pref.: Kato (静岡県河津鉱山：加藤), IJ, 87-88 (1970); Suttsu mine, Hokkaido: Shimizu et al. (北海道寿都鉱山：清水ら), NJMA, 169, 305-308 (1995). Type specimen: NSM-M16403

KAWAZULITE 河津鉱 Kawazu mine, Shimoda, Shizuoka Pref. 静岡県下田市河津鉱山 45 mm wide 左右 45 mm

KAWAZULITE

	Kawazu mine, Shizuoka Pref. 静岡県河津鉱山	Suttsu mine, Hokkaido 北海道寿都鉱山
	1 Wt.%	2 Wt.%
Bi	55.4	58.9
Te	31.9	25.9
Se	9.9	12.9
S	0.1	1.9
Total	97.3	99.6

1: Kato (1970), IJ, 87-88 (加藤)
2: Shimizu et al. (1995), NJMA, 169, 305-308 (清水ら)

KELLYITE

$(Mn,Mg,Al)_3(Si,Al)_2O_5(OH)_4$

ケリー石 (kerî-seki) hex. 六方 [R] [例]

Fujii mine, Fukui Pref.: Matsubara & Kato（福井県藤井鉱山：松原・加藤), MSM, 19, 7-18（1986）.

KERMESITE

Sb_2S_2O

紅安鉱 (kôan-kô) tric. 三斜

KESTERITE

$Cu_2(Zn,Fe)SnS_4$

黄錫亜鉛鉱 (ô-shaku-aen-kô) tet. 正方

KIDWELLITE

$NaFe^{3+}_9(PO_4)_6(OH)_{10} \cdot 5H_2O$

キドウェル石 (kidoweru-seki) mon. 単斜

茨城県雪入：松原・加藤, 鉱雑 (Yukiiri, Ibaraki Pref.: Matsubara & Kato, KZ), 14, 269-286 (1980).

KILCHOANITE

$Ca_3Si_2O_7$

キルコアン石 (kirukoan-seki) orth. 斜方

岡山県布賀：逸見ら, 鉱雑 (Fuka, Okayama Pref.: Henmi et al., KZ), 12, 205-214 (1975).

KILLALAITE

$Ca_3Si_2O_7 \cdot 1\text{-}0.5H_2O$

キララ石 (kirara-seki) mon. 単斜

広島県久代：草地ら, 鉱要 (Kushiro, Hiroshima Pref.: Kusachi et al., KY), 100 (1984).

KIMURAITE-(Y)

$CaY_2(CO_3)_4 \cdot 6H_2O$

木村石 (kimura-seki) orth. 斜方 [N] [R] [新] [例]

Kirigo, Saga Pref.: Nagashima et al.（佐賀県切木：長島ら), AM, 71, 1028-1033 (1986). Type specimen: NSM-M24513, M24640

KIMURAITE-(Y) 木村石 Kirigo, Karatsu, Saga Pref. 佐賀県唐津市切木 28 mm wide 左右 28 mm

KIMURAITE-(Y)
Nagashima et al. (1986), AM, 71, 1028-1033（長島ら）
Kirigo, Karatsu, Saga Pref.
佐賀県唐津市切木

	Wt.%
Y_2O_3	29.41
La_2O_3	0.50
Ce_2O_3	0.02
Pr_2O_3	0.37
Nd_2O_3	2.97
Sm_2O_3	0.95
Eu_2O_3	0.39
Gd_2O_3	2.49
Tb_2O_3	0.36
Dy_2O_3	2.44
Ho_2O_3	0.62
Er_2O_3	1.69
Tm_2O_3	0.17
Yb_2O_3	0.56
Lu_2O_3	0.06
CaO	9.23
CO_2	29.13
H_2O	18.32
Total	99.68

KINICHILITE

$Mg_{0.5}[(Mn,Zn)Fe^{3+}(TeO_3)_3] \cdot 4.5H_2O$

欽一石 (kin-ichi-seki) hex. 六方 [N] [新]

Kawazu mine, Shizuoka Pref.: Hori et al.（静岡県河津鉱山：堀ら), MJ, 10, 333-337 (1981). Type specimen: NSM-M23380

KINICHILITE 欽一石 Kawazu mine, Shimoda, Shizuoka Pref. 静岡県下田市河津鉱山 crystal aggregate 2.2 mm wide 結晶集合の幅 2.2 mm Type specimen タイプ標本

KINICHILITE
Hori et al. (1981), MJ, 10, 333-337（堀ら）
Kawazu mine, Shizuoka Pref.
静岡県河津鉱山

	Wt.%
FeO	11.6
MgO	2.70
ZnO	4.97
MnO	1.72
TeO_2	67.6
SeO_2	0.53
Na_2O	0.93
H_2O*	9.9
Total	100.0

*:difference

KINOITE
$Ca_2Cu_2Si_3O_{10} \cdot 2H_2O$

キノ石 (kino-seki) mon. 単斜

Fuka mine, Okayama Pref.: Kusachi *et al.* (岡山県布賀鉱山：草地ら), JMPS, 96, 29-33 (2001).

KINOITE
Kusachi *et al.* (2001), JMPS, 96, 29-33 (草地ら)

Fuka mine, Okayama Pref.
岡山県布賀鉱山

	Wt.%
SiO_2	36.41
CaO	22.83
MgO	0.19
FeO	0.62
CuO	31.07
CoO	0.64
H_2O*	8.24
Total	100.0

*:difference

KINOSHITALITE
$(Ba,K)(Mg,Mn,Al)_3Si_2Al_2O_{10}(OH,F)_2$

木下雲母 (kinoshita-unmo) mon. 単斜 [新] [例] [N] [R]

岩手県野田玉川鉱山：吉井ら，地研 (Noda-Tamagawa mine, Iwate Pref.: Yoshii *et al.*, CK), 24, 181-188 (1973); Hokkejino, Kyoto Pref.: Matsubara *et al.*, BSM (京都府法花寺野：松原ら), 2, 71-78 (1976). Type specimen: NSM-M19511

	岩手県野田玉川鉱山 Noda-Tamagawa mine, Iwate Pref. 1 Wt.%	Hokkejino, Kyoto Pref. 京都府法花寺野 2 Wt.%
SiO_2	24.58	26.91
TiO_2	0.16	0.53
Al_2O_3	22.06	17.74
Fe_2O_3	0.71	0.49
Mn_2O_3	3.24	
FeO	0.04	
MnO	7.38	4.73
MgO	16.60	20.90
CaO	0.05	0.83
BaO	17.85	22.53
SrO		0.02
Na_2O	0.68	0.05
K_2O	3.30	2.35
F	0.21	2.84
$H_2O(+)$	2.90	1.33
$H_2O(-)$	0.20	
Total	99.96	101.25
O=-F	0.09	1.20
Total	99.87	100.05

1: 吉井ら (1973), 地研 (CK), 24, 181-188 (Yoshii *et al.*)
2: Matsubara *et al.* (1976), BSM, 2, 71-78 (松原ら)

KINOSHITALITE 木下雲母 Noda-Tamagawa mine, Noda, Iwate Pref. 岩手県野田村野田玉川鉱山 1.5 mm wide (thin section) 左右 1.5 mm (薄片)

KINOSHITALITE 木下雲母 Hokkejino, Kamo, Kyoto Pref. 京都府加茂町法花寺野 30 mm wide 左右 30 mm

knebelite = 含マンガン鉄橄欖石 (Mn-bearing FAYALITE)
(クネーベル橄欖石)(kunêberu-kanran-seki)

knipovichite = クロムを含むアルモヒドロカルサイト (Cr-bearing ALUMOHYDROCALCITE)
(クニポヴィチ石)

KOBEITE-(Y)
$Y(Zr,Nb)(Ti,Fe)_2O_7$

河辺石 (kôbe-seki) trig. 三方 [新] [例] [N] [R]

京都府河辺：田久保ら，地雑 (Kobe, Kyoto Pref.: Takubo *et al.*, CZ), 56, 509-513 (1950): Masutomi *et al.* (益富ら), MJ, 3, 139-147 (1961); 広島県瀬野川町：益富，地研 (Senogawa, Hiroshima Pref.: Masutomi, CK), 22, 163-170 (1971).

KOBEITE-(Y)

	京都府河辺(京丹後市白石) Kobe (Shiraishi, Kyotango), Kyoto Pref.		Ushio mine, Kyotango, Kyoto Pref. 京都府京丹後市潮鉱山
	1	2	3
	Wt.%	Wt.%	Wt.%
CaO	1.23	0.53	0.73
MgO	1.28	0.50	0.79
MnO	0.84	2.16	1.48
Ce_2O_3	0.58		
$[Ce_2O_3]$	1.63	1.83	1.64
$[Y_2O_3]$	22.21	24.40	21.98
U_3O_8	9.95	5.39	5.84
ThO_2	0.82	1.25	1.31
Al_2O_3	0.34	0.33	0.35
FeO	0.62		
Fe_2O_3	12.93	8.32	9.55
$(Zr, Hf)O_2$		14.91	17.08
TiO_2	34.72	26.21	26.02
$(Nb, Ta)_2O_5$	4.84	7.25	8.01
SiO_2	3.83	1.99	1.59
$H_2O(+)$	3.75	3.87*	2.81*
$H_2O(-)$	0.44	0.47	0.42
PbO	0.13		
Total	100.14	99.41	99.60

*:Ignition loss.
1: 田久保ら (1950), 地雑 (CZ), 56, 509-513 (Takubo et al.)
2, 3: Masutomi et al. (1961), MJ, 3, 139-147 (益富ら)

KOBEITE-(Y) 河辺石 Shiraishi (former Kobe), Kyotango, Kyoto Pref. 京都府京丹後市白石(旧河辺) 53 mm wide 左右 53 mm T. Kamiya collection 神谷俊昭・標本

KOECHILINITE
Bi_2MoO_6
ケヒリン石 (kehirin-seki) orth. 斜方

岐阜県恵比寿鉱山：加藤・早瀬，ウラン (Ebisu mine, Gifu Pref.: Kato & Hayase, URAN), 459-462 (1961); 岡山県加茂鉱山：加藤，櫻標 (Kamo mine, Okayama Pref.: Kato, SKH), 25 (1973).

KONINCKITE
$Fe^{3+}PO_4 \cdot 3H_2O$
コニンク石 (koninku-seki) tet. 正方

Suwa mine, Nagano Pref.: Sakurai et al.（長野県諏訪鉱山：櫻井ら），BSM, 13, 149-156（1987）；福島県滝根(Takine, Fukushima Pref.).

KORNELITE
$Fe^{3+}_2(SO_4)_3 \cdot 7H_2O$
コーネル石 (kôneru-seki) mon. 単斜

Ikushunbetsu, Hokkaido: Miura et al.（北海道幾春別：三浦ら），MM, 58, 649-653（1994）.

KORNERUPINE
$Mg_3Al_6(Si,Al,B)_5O_{21}(OH)$
コーネルップ石 (kôneruppu-seki) orth. 斜方

北海道幌満川中流：久綱，岩鉱 (Horoman River, Hokkaido: Kuzuna, GK), 32,191-194（1944）.

KOSMOCHLOR
$NaCrSi_2O_6$
コスモクロア輝石 (kosumokuroa-kiseki) mon. 単斜
[R] [例]

Ohsa, Okayama Pref.: Sakamoto & Takasu（岡山県大佐：坂本・高須），CZ, 102, 49-52（1996）; Himekawa, Niigata Pref.: Miyajima et al.（新潟県姫川：宮島ら），GK, 93, 427-436（1998）.

KOSMOCHLOR コスモクロア輝石 Himekawa, Itoigawa, Niigata Pref. 新潟県糸魚川市姫川 110 mm wide 左右 110 mm K. Hirokawa collection, H. Miyajima photo 廣川和雄・標本、宮島宏・撮影

KOSMOCHLOR		
	Ohsa, Okayama Pref. 岡山県大佐	Himekawa, Niigata Pref. 新潟県姫川
	1	2
	Wt.%	Wt.%
SiO_2	51.62	53.69
Al_2O_3	0.41	2.29
TiO_2	0.03	0.07
Cr_2O_3	18.75	29.30
FeO	4.40	0.88
MnO	0.40	0
MgO	5.56	0.04
CaO	11.76	0.18
Na_2O	7.57	13.55
Total	100.50	100.00

*: difference
1: Sakamoto & Takasu (1996), CZ, 102, 49-52 (阪本・高須)
2: Miyajima et al. (1998), GK, 93, 427-436 (宮島ら)

KOTOITE
$Mg_3(BO_3)_2$
小藤石 (kotô-seki) orth. 斜方

Neichi mine, Iwate Pref.: Watanabe et al. (岩手県根市鉱山：渡辺ら), PJ, 39, 164-169 (1963).

KOTOITE Watanabe et al. (1963), PJ, 39, 164-169 (渡辺ら)			
	Neichi mine, Iwate Pref. 岩手県根市鉱山		
	Wt.%	Wt.%*	Wt.%**
SiO_2	0.31		
Al_2O_3	0.02		
Fe_2O_3	0.02		
FeO	2.07	1.94	2.07
MnO	0.45	0.42	0.45
MgO	60.85	57.05	60.78
CaO	0.02	0.02	0.02
B_2O_3	36.21	33.95	36.17
H_2O	0.52	0.49	0.52
Total	100.43	93.87	100.00

*: After deducting these as forsterite, spinel and szaibelyite (苦土かんらん石、スピネル、ザイベリー石を除いた重量 %)
**: Normalysed 100.00wt.% (*の値を100%に換算)

KÖTTIGITE
$Zn_3(AsO_4)_2 \cdot 8H_2O$
ケティヒ石 (ketihi-seki) mon. 単斜

Ogibira mine, Okayama Pref.: Kusachi et al. (岡山県扇平鉱山：草地ら), MJ, 13, 141-150 (1986).

KOZOITE-(La)
$La(CO_3)(OH)$
ランタン弘三石 (rantan-kôzô-seki) orth. 斜方 [N] [新]

Mitsukoshi, Saga Pref.: Miyawaki et al. (佐賀県満越：宮脇ら), JMPS, 98, 137-141 (2003). Type specimen: NSM-M28310

KOZOITE-(La) ランタン弘三石 Mitsukoshi, Karatsu, Saga Pref. 佐賀県唐津市満越 spherical aggregate 0.8 mm wide 球状集合の幅 0.8 mm Type specimen タイプ標本

KOZOITE-(Nd)
$Nd(CO_3)(OH)$
ネオジム弘三石 (neojimu-kôzô-seki) orth. 斜方 [N] [R] [新] [例]

Niikoba, Saga Pref.: Miyawaki et al. (佐賀県新木場：宮脇ら), AM, 85, 1076-1081 (2000). Type specimen: NSM-M27940

KOZOITE-(Nd) ネオジム弘三石 Niikoba, Karatsu, Saga Pref. 佐賀県唐津市新木場 1.5 mm wide 左右 1.5 mm

KOZOITE

	Mitsukoshi, Saga Pref. 佐賀県満越 1 Wt.%	Niikoba, Saga Pref. 佐賀県新木場 2 Wt.%
Y_2O_3	3.49	0.70
La_2O_3	36.03	21.39
Ce_2O_3	0.00	0.26
Pr_2O_3	4.88	6.25
Nd_2O_3	17.55	30.66
Sm_2O_3	1.15	5.39
Eu_2O_3	0.00	1.84
Gd_2O_3	1.33	2.99
Tb_2O_3	0.00	0.11
Dy_2O_3	0.00	0.24
Er_2O_3	0.02	
CaO	6.14	0.49
SrO	1.21	tr
CO_2*	22.94	21.10
H_2O*	5.79	5.44
Total	100.53	96.86

*: calculated
1: KOZOITE-(La), Miyawaki et al. (2003), JMPS, 98, 137-141 (宮脇ら)
2: KOZOITE-(Nd), Miyawaki et al. (2000), AM, 85, 1076-1081 (宮脇ら)

KOZULITE
$NaNa_2Mn_4(Fe^{3+},Al)Si_8O_{22}(OH,F)_2$
神津閃石 (kôzu-senseki) mon. 単斜 [新] [N]
岩手県田野畑鉱山：南部ら, 岩鉱 (Tanohata mine, Iwate Pref.: Nambu et al., GK), 62, 311-328 (1969).

KOZULITE 神津閃石 Tanohata mine, Tanohata, Iwate Pref. 岩手県田野畑村田野畑鉱山 65 mm wide 左右 65 mm

KOZULITE
南部ら (1969), 岩鉱 (GK), 62, 311-328 (Nambu et al.)
岩手県田野畑鉱山
anohata mine, Iwate Pref.

	Wt.%
SiO_2	51.38
TiO_2	0.00
Al_2O_3	1.69
Fe_2O_3	2.85
FeO	0.00
MnO	27.96
ZnO	0.03
MgO	2.71
CaO	1.12
BaO	0.00
Na_2O	8.41
K_2O	1.36
F	0.08
$H_2O(+)$	2.10
$H_2O(-)$	0.06
total	99.75
O = –F	0.03
Total	99.72

KRAUSKOPFITE
$BaSi_2O_4(OH)_2 \cdot 2H_2O$
クラウスコップ石 (kurausukoppu-seki) mon. 単斜
愛媛県古宮鉱山：広渡・福岡, 鉱要 (Furumiya mine, Ehime Pref.: Hirowatari & Fukuoka, KY), 113 (1981).

KREMERSITE
$(NH_4,K)_2Fe^{3+}Cl_5 \cdot H_2O$
クレメルス石 (kuremerusu-seki) orth. 斜方
東京都三宅島 (Miyake Island, Tokyo).

KRENNERITE
$(Au,Ag)Te_2$
クレンネル鉱 (kurenneru-kô) orth. 斜方
青森県恐山：青木, 三要 (Osorezan, Aomori Pref.: Aoki, SY), 60 (1988); 青森県陸奥鉱山：加藤, 櫻標 (Mutsu mine, Aomori Pref.: Kato, SKH), 14 (1973).

KRUPKAITE
$PbCuBi_3S_6$
クルプカ鉱 (kurupuka-kô) orth. 斜方 [例] [R]
山口県佐々並鉱山：中島ら, 三要 (Sazanami mine, Yamaguchi Pref.: Nakajima et al., SY), 92 (1981); 岐阜県平瀬鉱山 (Hirase mine, Gifu Pref.).

KTENASITE
$(Cu,Zn)_5(SO_4)_2(OH)_6 \cdot 6H_2O$
クテナス石 (kutenasu-seki) mon. 単斜
大阪府平尾旧坑：大西ら, 鉱要 (Hirao mine, Osaka Pref.: Ohnishi et al., KY), 158 (2001).

KUSACHIITE
$CuBi_2O_4$
草地鉱 (kusachi-kô) tet. 正方 [N] [新]

Fuka mine, Okayama Pref.: Henmi（岡山県布賀鉱山：逸見), MM, 59, 545-548（1995). Type specimen: NSM-M26197, NSM-M26199

KUSACHIITE
Henmi (1995), MM, 59, 545-548（逸見)
Fuka mine, Okayama Pref.
岡山県布賀鉱山

	Wt.%
Bi_2O_3	86.00
CuO	13.91
Total	99.91

KUSACHIITE 草地鉱 Fuka mine, Takahashi, Okayama Pref. 岡山県高梁市布賀鉱山 crystal 0.2 mm long 結晶の長さ 0.2 mm Type specimen タイプ標本

KUTNOHORITE
$CaMn(CO_3)_2$
クトナホラ石 (kutonahora-seki) trig. 三方

KYANITE
Al_2SiO_5
藍晶石 (ranshô-seki) tric. 三斜

L

labradorite =
(曹灰長石) (sôkai-chôseki) 灰長石の [(NaAlSi$_3$O$_8$)$_{50-30}$ (CaAl$_2$Si$_2$O$_8$)$_{50-70}$] 組成相 ([(NaAlSi$_3$O$_8$)$_{50-30}$ (CaAl$_2$Si$_2$O$_8$)$_{50-70}$] composition phase of ANORTHITE)

LAIHUNITE
FeFe$^{3+}_2$(SiO$_4$)$_2$
ライフン石 (raifun-seki) orth. 斜方 [例] [R]

神奈川県湯河原：近藤ら，鉱要 (Yugawara, Kanagawa Pref.: Kondo et al., KY), 136 (1984).

LAITAKARITE
Bi$_4$(Se,S)$_3$
ライタカリ鉱 (raitakari-kô) trig. 三方

山口県玖珂鉱山：菊池ら，三要 (Kuga mine, Yamaguchi Pref.: Kikuchi et al., SY), 81 (1980)；兵庫県明延鉱山：加藤，櫻標 (Akenobe mine, Hyogo Pref.: Kato, SKH), 13 (1973)；栃木県足尾鉱山：井伊・堀，鉱要 (Ashio mine, Tochigi Pref.: Ii and Hori, KY), 159 (1992).

LAMPROPHYLLITE
Sr$_2$(Na,Fe,Mg,Al,Ti)$_4$Ti$_2$[(O,OH,F)$_4$|(Si$_2$O$_7$)$_2$]
輝葉石 (kiyô-seki) mon. 単斜

新潟県糸魚川：宮島ら，鉱要 (Itoigawa, Niigata Pref.: Miyajima et al., KY), 83 (1998).

LÅNGBANITE
Mn$_4$(Mn^{3+},Fe^{3+})$_9$SbSi$_2$O$_{24}$
ロングバン石 (ronguban-seki) trig. 三方

LÅNGBANITE
松原ら (1986), 鉱要 (KY), 39 (Matsubara et al.)
福島県御斎所鉱山
Gozaisho mine, Fukushima Pref.

	Wt.%
SiO$_2$	9.34
TiO$_2$	1.34
Al$_2$O$_3$	0.42
Fe$_2$O$_3$*	13.68
MnO*	57.21
(Mn$_2$O$_3$	38.61)**
(MnO	22.51)**
CuO	1.25
Sb$_2$O$_5$	13.22
Total	96.46
(Total	100.37)**

*: total Fe and Mn
**: calculated

福島県御斎所鉱山：松原ら，鉱要 (Gozaisho mine, Fukushima Pref.: Matsubara et al., KY), 39 (1986).

LANGITE
Cu$_4$(SO$_4$)(OH)$_6$·2H$_2$O
ラング石 (rangu-seki) mon. 単斜

LANTHANITE-(La)
(La,Nd)$_2$(CO$_3$)$_3$·8H$_2$O
ランタン石 (rantan-seki) orth. 斜方

Niikoba, Saga Pref.: Miyawaki et al. (佐賀県新木場：宮脇ら), MSM, 31, 49-56 (1998).

LANTHANITE-(Nd)
(Nd,La)$_2$(CO$_3$)$_3$·8H$_2$O
ネオジムランタン石 (neojimu-rantan-seki) orth. 斜方 [R] [例]

Kirigo, Saga Pref.: Nagashima et al. (佐賀県切木：長島ら), AM, 71, 1028-1033 (1986).

LANTHANITE-(Nd) ネオジムランタン石 Hinodematsu, Genkai, Saga Pref. 佐賀県玄海町日出松 60 mm wide 左右 60 mm

LANTHANITE-(Nd)
Nagashima et al. (1986), AM, 71, 1028-1033 (長島ら)

	Kirigo, Karatsu, Saga Pref. 佐賀県唐津市切木
	Wt.%
Y_2O_3	0.48
La_2O_3	15.77
Ce_2O_3	1.11
Pr_2O_3	5.18
Nd_2O_3	23.42
Sm_2O_3	3.69
Eu_2O_3	0.80
Gd_2O_3	1.74
Tb_2O_3	0.1
Dy_2O_3	0.34
Ho_2O_3	0.02
Er_2O_3	0.03
Tm_2O_3	0
Yb_2O_3	0
Lu_2O_3	0
CO_2	21.38
H_2O	23.37
Total	97.43

LAUMONTITE
$Ca_4Al_8Si_{16}O_{48} \cdot 18H_2O$
濁沸石 (daku-fusseki) mon. 単斜

LAURITE
RuS_2
ラウラ鉱 (raura-kô) cub. 等軸
北海道天塩地方：浦島・根建，渡万 (Teshio, Hokkaido: Urashima & Nedachi, WBK), 115-121 (1978).

LAUTENTHALITE
$PbCu_4(SO_4)_2(OH)_6 \cdot 3H_2O$
ラウテンタール石 (rautentâru-seki) mon. 単斜
秋田県亀山盛鉱山：山田・平間，水晶 (Kisamori mine, Akita Pref.: Yamada & Hirama, SS), 13, 21-25 (2000).

LAWSONITE
$CaAl_2Si_2O_7(OH)_2 \cdot H_2O$
ローソン石 (rôson-seki) orth. 斜方

LAZULITE
$MgAl_2(PO_4)_2(OH)_2$
天藍石 (tenran-seki) mon. 単斜
栃木県百村 (Momura, Tochigi Pref.)

LEADHILLITE
$Pb_4(SO_4)(CO_3)_2(OH)_2$
レッドヒル石 (reddohiru-seki) mon. 単斜 [例] [R]
宮崎県土呂久鉱山：吉村，岩鉱 (Toroku mine, Miyazaki Pref.: Yoshimura, GK), 17, 124-136 (1937); 秋田県亀山盛鉱山：掬川・山田，水晶 (Kisamori mine, Akita Pref.: Kikukawa & Yamada, SS), 13, 56-57 (2000).

LEGRANDITE
$Zn_2(AsO_4)(OH) \cdot H_2O$
レグランド石 (regurando-seki) mon. 単斜
宮崎県土呂久鉱山：石橋ら，地研 (Toroku mine, Miyazaki Pref.: Ishibashi et al., CK), 32, 29-34 (1981); Ogibira mine, Okayama Pref.: Kusachi et al. (岡山県扇平鉱山：草地ら), MJ, 13, 141-150 (1986).

LEGRANDITE レグランド石 Toroku mine, Takachiho, Miyazaki Pref. 宮崎県高千穂町土呂久鉱山 30 mm wide 左右 30 mm

LEGRANDITE	Ogibira mine, Okayama Pref. 岡山県扇平鉱山	宮崎県土呂久鉱山 Toroku mine, Miyazaki Pref.
	1 Wt.%	2 Wt.%
SiO_2	0.00	0.29
TiO_2	0.00	0.111
Al_2O_3	0.09	—
Fe_2O_3	—	0.43
FeO	1.37	0.97
ZnO	50.92	50.98
MnO	0.03	0.036
MgO	0.00	—
CaO	0.24	—
Na_2O	0.15	0.08
K_2O	0.12	0.03
As_2O_5	37.68	38.17
P_2O_5	0.18	0.226
$H_2O(+)$	8.86	8.72
$H_2O(-)$	0.30	0.22
Total	99.94	100.263

1: Kusachi et al. (1986), MJ, 13, 141-150 (草地ら)
2: 石橋ら (1981), 地研 (CK), 32, 29-34 (Ishibashi et al.)

leonhardite = 結晶水が乏しい濁沸石 (H_2O-poor LAUMONTITE)
(レオンハルド沸石) (reonharudo-fusseki)

LEPIDOCROCITE
FeOOH
鱗鉄鉱 (rin-tekkô) orth. 斜方

lepidolite = トリリシオ雲母–ポリリシオ雲母の系列名(TRILITHIONITE – POLYLITHIONITE series mica) (鱗雲母, リシア雲母, 紅雲母) (rin-unmo, rishia-unmo, beni-unmo)

LEUCOPHOSPHITE
$KFe^{3+}_2(PO_4)_2(OH) \cdot 2H_2O$
鉄白燐石 (tetsu-hakurin-seki) mon. 単斜
長野県諏訪 (Suwa, Nagano Pref.).

LEUCOSPHENITE
$BaNa_4Ti_2B_2Si_{10}O_{30}$
リューコスフェン石 (ryûkosufen-seki) mon. 単斜
新潟県青海: 茅原ら, 三要 (Ohmi, Niigata Pref.: Chihara et al., SY), 39 (1972).

LEUCOSPHENITE リューコスフェン石 Ohmi, Itoigawa, Niigata Pref. 新潟県糸魚川市青海 crystal 9.5 mm long 結晶の長さ 9.5 mm T. Kamiya collection, H. Miyajima photo. 神谷俊昭・標本, 宮島宏・撮影

levyne = LEVYNE-Ca, LEVYNE-Na
(レビ沸石) (rebi-fusseki)

LEVYNE-Ca
$(Ca_{0.5},Na,K)_6Al_6Si_{12}O_{36} \cdot \sim 17H_2O$
灰レビ沸石 (kai- rebi-fusseki) trig. 三方 [R] [例]
Kuniga, Shimane Pref.: Tiba & Matsubara (島根県国賀: 千葉・松原), CM, 15, 536-539 (1977).

LEVYNE-Na
$(Na,Ca_{0.5},K)_6Al_6Si_{12}O_{36} \cdot \sim 17H_2O$
ソーダレビ沸石 (sôda-rebi-fusseki) trig. 三方
Iki, Nagasaki Pref.: Shimazu & Mizota (長崎県壱岐: 島津・溝田), GK, 67, 418-424 (1972).

LEVYNE-Ca 灰レビ沸石 Kuniga, Nishinishima, Shimane Pref. 島根県西ノ島町国賀 crystal 4 mm wide 結晶の幅 4 mm

levynite = LEVYNE-Ca, LEVYNE-Na

LIBETHENITE
$Cu_2(PO_4)(OH)$
燐銅鉱 (rin-dôkô) orth. 斜方
滋賀県灰山: 高田・松原, 地研 (Haiyama, Shiga Pref.: Takada & Matsubara, CK), 38, 75-82 (1989).

LIEBIGITE
$Ca_2(UO_2)(CO_3)_3 \cdot 10H_2O$
リービッヒ石 (rîbihhi-seki) orth. 斜方
Tohno mine Gifu Pref.: Matsubara (岐阜県東濃鉱山: 松原), BSM, 2, 111-114 (1976); 鳥取県東郷鉱山 (Togo mine, Tottori Pref.).

lievrite = ILVAITE

LILLIANITE
$Pb_3Bi_2S_6$
リリアン鉱 (ririan-kô) orth. 斜方

limonite = 褐色の水酸化鉄鉱物, 主に針鉄鉱 (brownish iron hydroxide minerals, mainly GOETHITE) (褐鉄鉱) (katte- kô)

LINARITE
$PbCu(SO_4)(OH)_2$
青鉛鉱 (sê-en-kô) mon. 単斜

LINARITE 青鉛鉱 Hisaichi mine, Daisen, Akita Pref. 秋田県大仙市
日三市鉱山 crystal 16 mm long 結晶の長さ 16 mm

LINARITE 青鉛鉱 Kisamori mine, Daisen, Akita Pref. 秋田県大仙市
亀山盛鉱山 40 mm wide 左右 40 mm

LINDGRENITE
$Cu_3(MoO_4)_2(OH)_2$
リンドグレン石 (rindoguren-seki) mon. 単斜
奈良県三盛鉱山：宮崎ら, 鉱要 (Sansei mine, Nara Pref.: Miyazaki et al., KY), 89 (2000).

LINDSTRÖMITE
$Pb_3Cu_3Bi_7S_{15}$
リンドストローム鉱 (rindosutorômu-kô) orth. 斜方
岐阜県平瀬鉱山 (Hirase mine, Gifu Pref.).

LINNAEITE
$Co^{2+}Co^{3+}_2S_4$
リンネ鉱 (rinne-kô) cub. 等軸

LIPSCOMBITE
$(Fe,Mn)Fe^{3+}_2(PO_4)_2(OH)_2$
リプスクーム石 (ripusukûmu-seki) tet. 正方
兵庫県押部谷：加藤ら, 鉱要 (Oshibedani, Hyogo Pref.: Kato et al., KY), 38 (1988).

LITHIOPHORITE
$(Al,Li)Mn^{4+}O_2(OH)_2$
リシオフォル鉱 (rishiforu-kô) trig. 三方

LIVINGSTONITE
$HgSb_4S_8$
リビングストン鉱 (ribingusuton-kô) mon. 単斜
Matsuo mine, Iwate Pref.: Watanabe et al. (岩手県松尾鉱山：渡辺ら), MJ, Spec.1, 157-159 (1971).

LIZARDITE
$Mg_6Si_4O_{10}(OH)_8$
リザード石 (rizâdo-seki) trig. 三方, hex. 六方

LOKKAITE-(Y)
$CaY_4(CO_3)_7 \cdot 9H_2O$
ロッカ石 (rokka-seki) orth. 斜方 [R] [例]
Kirigo, Saga Pref.: Nagashima et al. (佐賀県切木：長島ら), AM, 71, 1028-1033 (1986).

LOKKAITE-(Y)	
Nagashima et al. (1986), AM, 71, 1028-1033 (長島ら)	
佐賀県唐津市切木	
Kirigo, Karatsu, Saga Pref.	
	Wt.%
Y_2O_3	20.64
La_2O_3	0.33
Ce_2O_3	0.43
Pr_2O_3	0.61
Nd_2O_3	7.13
Sm_2O_3	3.84
Eu_2O_3	1.72
Gd_2O_3	7.47
Tb_2O_3	1.22
Dy_2O_3	6.02
Ho_2O_3	1.12
Er_2O_3	2.35
Tm_2O_3	0.28
Yb_2O_3	0.80
Lu_2O_3	0.10
CaO	5.25
CO_2	28.09
H_2O	14.13
Total	101.53

LÖLLINGITE
$FeAs_2$
砒鉄鉱 (hi-tekkô) orth. 斜方

LUDLAMITE
$Fe_3(PO_4)_2 \cdot 4H_2O$
ラドラム鉄鉱 (radoramu-tekkô) mon. 単斜
栃木県足尾鉱山：伊藤・櫻井, 日鉱 (三) (Ashio mine, Tochigi Pref.: Ito & Sakurai, NKS), 312 (1947).

LUDWIGITE
$(Mg,Fe)_2Fe^{3+}O_2(BO_3)$
ルドウィヒ石 (rudowihi-seki) orth. 斜方

福島県羽山鉱山：長谷川・菅木，岩鉱 (Hayama mine, Fukushima Pref.: Hasegawa & Sugaki, GK), 36, 103-109 (1952); 岩手県根市鉱山：加藤，櫻標 (Neichi mine, Iwate Pref.: Kato, SKH), 39 (1973); 岐阜県黒谷：松原ら，地研 (Kurotani, Gifu Pref.: Matsubara et al., CK), 40, 127-133 (1991).

LUZONITE
Cu_3AsS_4
ルソン銅鉱 (ruson-dôkô) tet. 正方

M

MACFALLITE
$Ca_2Mn^{3+}_3(SiO_4)(Si_2O_7)(OH)_3$
マックホール石 (makkuhôru-seki) mon. 単斜
Wakasa mine, Hokkaido: Miyajima et al.（北海道若佐鉱山：宮島ら), IAGOD, 603-616（1998）.

MACKINAWITE
Fe_9S_8
マッキノー鉱 (makkîno-kô) tet. 正方

mackinstryite = MCKINSTRYITE

MADOCITE
$Pb_{17}(Sb,As)_{16}S_{41}$
マドック鉱 (madokku-kô) orth. 斜方
北海道早川鉱山：石山ら，三要 (Hayakawa mine, Hokkaido: Ishiyama et al, SY), 119（1983）.

MAGHEMITE
Fe_2O_3
磁赤鉄鉱 (ji-seki-tekkô) orth. 斜方

magnesio-anthophyllite = ANTHOPHYLLITE
[例] [R]
岩手県大東町：大貫，岩鉱 (Daito, Iwate Pref.: Ohnuki, GK), 56, 157-160（1966）.

MAGNESIO-ARFVEDSONITE
$NaNa_2Mg_4Fe^{3+}Si_8O_{22}(OH)_2$
苦土アルベゾン閃石 (kudo-arubezon-senseki) mon. 単斜

MAGNESIOCHROMITE
$MgCr_2O_4$
クロム苦土鉱 (kuromu-kudo-kô) cub. 等軸

MAGNESIOFERRITE
$MgFe^{3+}_2O_4$
磁苦土鉄鉱 (ji-kudo-tekkô) cub. 等軸 [R] [例]
Iwanaidake, Hokkaido: Nagata (北海道岩内岳：永田), GK, 77, 23-31（1982）.

MAGNESIOFOITITE
$\square Mg_2AlAl_6(BO_3)_3Si_6O_{18}(OH,F)_4$
苦土フォイト電気石 (kudo-foito-denki-seki) trig. 三方 [N] [R] [新] [例]
Kyonosawa, Yamanashi Pref.: Hawthorne et al.（山梨県京ノ沢：ホーソンら), CM, 37, 1439-1443（1999）.

MAGNESIOFOITITE 苦土フォイト電気石 Kyonosawa, Yamanashi, Yamanashi Pref. 山梨県山梨市京ノ沢 25 mm wide 左右 25 mm

MAGNESIOFOITITE
Hawthorne et al.（1999), CM, 37, 1439-1443（ホーソンら）
Kyonosawa, Yamanashi Pref.
山梨京ノ沢

	1
	Wt.%
SiO_2	38.27
Al_2O_3	40.17
FeO	0.97
MgO	6.15
Na_2O	0.70
B_2O_3*	11.09
H_2O*	3.82
Total	101.17

*: calculated

MAGNESIOHASTINGSITE
NaCa$_2$Mg$_4$Fe^{3+}Si$_6$Al$_2$O$_{22}$(OH)$_2$
苦土ヘスティングス閃石（kudo-hesutingusu-senseki) mon. 単斜

Togakushi, Nagano Pref.: Yamazaki et al.（長野県戸隠：山崎ら）, GK, 55, 87-103（1966).

MAGNESIOHORNBLENDE
Ca$_2$Mg$_4$AlSi$_7$AlO$_{22}$(OH)$_2$
苦土普通角閃石（kudo-futsû-kaku-senseki) mon. 単斜

MAGNESIOKATOPHORITE
NaCaNaMg$_4$(Al,Fe^{3+})Si$_7$AlO$_{22}$(OH)$_2$
苦土カトフォラ閃石（kudo-katofora-senseki) mon. 単斜 [R] [例]

Utsugiono, Yamaguchi Pref.: Murakami（山口県桜小野：村上）, GK, 51, 77-87（1964); 愛媛県五良津および別子 (Iratsu & Besshi, Ehime Pref.).

MAGNESIORIEBECKITE
Na$_2$Mg$_3$Fe^{3+}$_2$Si$_8$O$_{22}$(OH)$_2$
苦土リーベック閃石（kudo-rîbekku-senseki) mon. 単斜

MAGNESIOSADANAGAITE
NaCa$_2$Mg$_3$(Fe^{3+},Al)$_2$Si$_5$Al$_3$O$_{22}$(OH)$_2$
苦土定永閃石（kudo-sadanaga-senseki) mon. 単斜 [N] [新]

Kasuga, Gifu Pref.: Banno et al.（岐阜県春日：坂野ら）, EJ, 16, 177-183（2004). Type specimen: NSM-M28307

MAGNESIOSADANAGAITE Banno et al. (2004), EJ, 16, 177-183 (坂野ら) Kasuga, Gifu Pref. 岐阜県春日	
	Wt.%
SiO$_2$	37.1
TiO$_2$	2.70
Al$_2$O$_3$	20.9
Cr$_2$O$_3$	0.01
FeO	6.76
MnO	0.18
MgO	13.4
CaO	12.5
Na$_2$O	3.33
K$_2$O	0.49
F	0.29
Cl	0.02
total	97.68
O = −(F+Cl)	0.12
total	97.6
H$_2$O*	1.92
Fe$_2$O$_3$*	0.60
FeO*	6.22
Total	99.5
*: calculated	

MAGNESITE
MgCO$_3$
菱苦土石（ryô-kudo-seki) trig. 三方

MAGNETITE
FeFe^{3+}$_2$O$_4$
磁鉄鉱（ji-tekkô) cub. 等軸

MALACHITE
Cu$_2$(CO$_3$)(OH)$_2$
孔雀石（kujaku-seki) mon. 単斜

MALACHITE 孔雀石 Arakawa mine, Daisen, Akita Preff. 秋田県大仙市荒川鉱山 75 mm wide 左右 75 mm

MALAYAITE
CaSnSiO$_5$
マラヤ石（maraya-seki) mon. 単斜 [例] [R]

宮崎県土呂久鉱山：宮久ら，岩鉱 (Toroku mine, Miyazaki Pref.: Miyahisa et al., GK, 70, 25-29 (1975).

MALLARDITE
MnSO$_4$·7H$_2$O
マラー石（marâ-seki) mon. 単斜

Jokoku mine, Hokkaido: Nambu et al.（北海道上国鉱山：南部ら）, GK, 74, 406-412（1979).

MANGANAXINITE
Ca$_2$MnAl$_2$BSi$_4$O$_{15}$(OH)
マンガン斧石（mangan-ono-ishi) tric. 三斜

MANGANAXINITE マンガン斧石 Obira mine, Bungoohno, Oita Pref. 大分県豊後大野市尾平鉱山 125 mm wide 左右 125 mm

MANGANBABINGTONITE
$Ca_2(Mn,Fe)Fe^{3+}Si_5O_{14}(OH)$
マンガンバビントン石 (mangan-babinton-seki) tric. 三斜

Mitani, Kochi Pref.: Matsubara & Kato (高知県三谷：松原・加藤), BSM, 15, 81-91 (1989).

MANGANBABINGTONITE
Matsubara & Kato (1989), BSM, 15, 81-91 (松原・加藤)
Mitani, Kochi Pref.
高知県三谷

	Wt.%
SiO_2	52.61
TiO_2	0
Al_2O_3	0.35
Fe_2O_3*	13.53
FeO*	1.76
MnO**	13.21
MgO	0
CaO	17.71
Na_2O	0
K_2O	0
Total	99.17

*: calculated
**: total Mn

MANGANBERZELIITE
$(Ca,Na)_3(Mn,Mg)_2(AsO_4)_3$
マンガンベルゼリウス石 (mangan-beruzeriusu-seki) cub. 等軸

福島県御斎所鉱山：松原，鉱雑 (Gozaisho mine, Fukushima Pref.: Matsubara, KZ), 12, 238-252 (1975).

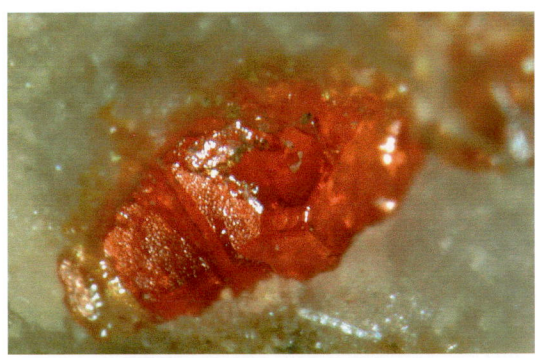

MANGANBERZELIITE マンガンベルゼリウス石 Gozaisho mine, Iwaki, Fukushima Pref. 福島県いわき市御斎所鉱山 crystal 0.5 mm wide 結晶の幅 0.5 mm

MANGANBERZELIITE
松原 (1975), 鉱雑 (KZ), 12, 238-252 (Matsubara)
福島県御斎所鉱山
Gozaisho mine, Fukushima Pref.

	Wt.%
MnO	20.99
MgO	1.10
FeO	0.06
CaO	18.75
Na_2O	5.35
As_2O_5	52.37
V_2O_5	0.66
SiO_2	0.40
Total	99.68

mangancolumbite = MANGANOCOLUMBITE

MANGANHUMITE
$(Mn,Mg)_7(SiO_4)_3(OH)_2$
マンガンヒューム石 (mangan-hûmu-seki) orth. 斜方

Hokkejino, Kyoto Pref.: White & Hyde (京都府法花寺野：ホワイト・ハイド), PCM, 8, 167-174 (1982).

MANGANITE
$Mn^{3+}O(OH)$
水マンガン鉱 (sui-mangan-kô) mon. 単斜

MANGANOCOLUMBITE
$(Mn,Fe)(Nb,Ta)_2O_6$
マンガノコルンブ石 (mangano-korunbu-seki) orth. 斜方

福岡県長垂：長島・長島，希元 (Nagatare, Fukuoka Pref.: Nagashima & Nagashima, NKK), 218-222 (1960).

MANGANOCUMMINGTONITE
$Mn_2Mg_5Si_8O_{22}(OH)_2$
マンガノカミントン閃石 (mangano-kaminton-senseki) mon. 単斜

MANGANOGRUNERITE
$Mn_2Fe_5Si_8O_{22}(OH)_2$
マンガノグリュネル閃石 (mangano-guryuneru-senseki) mon. 単斜

MANGANOSITE
MnO
緑マンガン鉱 (ryoku-mangan-kô) cub. 等軸

MANGANOTANTALITE
$(Mn,Fe)Ta_2O_6$
マンガノタンタル石 (mangano-tantaru-seki) orth. 斜方

茨城県妙見山：櫻井ら，岩鉱 (Myokenyama, Ibaraki Pref.: Sakurai *et al.*, GK), 72, 13-27 (1977).

MANGANPYROSMALITE
$(Mn,Fe)_8Si_6O_{15}(OH,Cl)_{10}$
マンガンパイロスマライト (mangan-pairosumaraito) trig. 三方 [R] [例]

Kyurasawa mine, Tochigi Pref.: Watanabe *et al.* (栃木県久良沢鉱山：渡辺ら), MJ, 3, 130-138 (1961).

MANJIROITE
$(Na,K)(Mn^{4+},Mn)_8O_{16} \cdot nH_2O$
万次郎鉱 (manjirô-kô) tet. 正方 [新] [例] [N] [R]
岩手県小晴鉱山：南部・谷田, 岩鉱 (Kohare mine, Iwate Pref.: Nambu & Tanida, GK), 58, 39-54 (1967).
Type specimen: NSM-M15748

MANJIROITE	岩手県小晴鉱山 Kohare mine, Iwate Pref. 1 Wt.%	岩手県立川鉱山 Tachikawa mine, Iwate Pref. 2 Wt.%	岩手県川井鉱山 Kawai mine, Iwate Pref. 3 Wt.%
MnO_2	85.79	84.79	83.60
MnO	3.18	2.92	5.30
CuO	0.03	0.02	0
CoO	0.00	0.01	0
ZnO	0.03	0.03	0
BaO	0.16	0.37	0.22
CaO	0.22	0.26	0.92
MgO	0.18	0.06	0.11
Na_2O	2.99	1.89	1.90
K_2O	1.39	2.27	1.92
Al_2O_3	0.62	0.96	0.25
Fe_2O_3	0.40	0.89	0.92
TiO_2	0.00	0.00	0.01
SiO_2	0.12	0.24	0.17
$H_2O(+)$	3.92	2.91	3.40
$H_2O(-)$	0.68	2.12	0.89
Total	99.71	99.74	99.61

1: 南部・谷田(1967), (GK), 58, 39-54 (Nambu & Tanida)
2, 3: 南部・谷田(1980), (KZ), 14 (特別号)(special volume), 62-85 (Nambu & Tanida)

MARCASITE
FeS_2
白鉄鉱 (haku-tekkô) orth. 斜方

MARGARITE
$CaAl_2Al_2Si_2O_{10}(OH)_2$
真珠雲母 (shinju-unmo) mon. 単斜 [例] [R]
大分県新木浦鉱山：青木・島田, 鉱雑 (Shinkiura mine, Oita Pref.: Aoki & Shimada, KZ), 7, 87-93 (1965).

MARIALITE
$(Na,Ca)_4[Al(Al,Si)Si_2O_8]_3(Cl,CO_3,SO_4)$
曹柱石 (sô-chû-seki) tet. 正方

MARSTURITE
$CaNaMn_3Si_5O_{14}(OH)$
マスチュー石 (masuchû-seki) tric. 三斜 [R] [例]
Shiromaru mine, Tokyo & Tsurumaki mine, Gifu Pref.: Matsubara et al. (東京都白丸鉱山・岐阜県鶴巻鉱山：松原ら), BSM, 16, 79-89 (1990).

MARUMOITE
$Pb_{32}As_{40}S_{92}$
丸茂鉱 (marumo-kô) mon. 単斜
Okoppe mine, Aomori Pref.: Shimizu et al. (青森県奥戸鉱山：清水ら), MDR, 695-697 (2005).

MARUMOITE 丸茂鉱 Okoppe mine, Oma, Aomori Pref. 青森県大間町奥戸鉱山 55 mm wide 左右 55 mm

MASUTOMILITE
$KLi(Mn,Fe)AlSi_3AlO_{10}(F,OH)_2$
益富雲母 (masutomi-unmo) mon. 単斜 [新] [N]
滋賀県田上：長島ら, 地研 (Tanakami, Shiga Pref.: Nagashima et al., CK), 26, 319-324 (1975); 岐阜県苗木 (Naegi, Gifu Pref.). Type specimen: NSM-M24642

MASUTOMILITE 益富雲母 Tanakami, Otsu, Shiga Pref. 滋賀県大津市田上 60 mm wide 左右 60 mm

MASUTOMILITE

	Tanakami, Shiga Pref. 滋賀県田上 1 Wt.%	Tahara, Gifu Pref. 岐阜県田原 2 Wt.%
SiO_2	46.85	47.67
Al_2O_3	19.81	22.17
TiO_2	0.13	0.09
Fe_2O_3	0.38	0.35
FeO	1.53	1.12
MnO	8.12	4.27
MgO	0.00	0.02
Li_2O	4.45	5.78
CaO	0.00	0.08
K_2O	9.88	9.78
Na_2O	0.54	0.61
Rb_2O	1.54	1.20
F	7.04	6.84
$H_2O(+)$	1.27	1.95
$H_2O(-)$	1.36	0.45
Total	102.90	102.38
O = –F	–2.96	–2.88
Total	99.94	99.50

1: 長島ら(1975), 地研 (CK), 26, 319-324 (Nagashima et al.)
2: Harada et al. (1976), MJ, 8, 95-109 (原田ら)

MATILDITE
$AgBiS_2$
マチルダ鉱 (machiruda-kô) trig. 三方

MATSUBARAITE
$Sr_4TiTi_4Si_4O_{22}$
松原石 (matsubara-seki) mon. 単斜 [N] [新]
Kotaki River, Niigata Pref.:Miyajima et al.（新潟県小滝川：宮島ら), EJ, 14, 1119-1128 (2002). Type specimen: NSM-M28084

MATSUBARAITE 松原石 Kotaki River, Itoigawa, Niigata Pref. 新潟県糸魚川市小滝川 crystal 0.4 mm long 結晶の長さ 0.4 mm Type specimen タイプ標本

MATSUBARAITE

	Kotaki River, Niigata Pref. 新潟県小滝川 Wt.%
SiO_2	22.60
TiO_2	39.06
ZrO_2	0
Nb_2O_5	0
Ta_2O_5	0
Al_2O_3	0
FeO	0
MnO	0
MgO	0
CaO	0
SrO	38.84
BaO	0
Total	100.50

Miyajima et al. (2002), EJ, 14, 1119-1128 (宮島ら)

MAUCHERITE
$Ni_{11}As_8$
マウヘル鉱 (mauheru-kô) tet. 正方 [例] [R]
山口県福巻鉱山：福岡・広渡, 九理 (Fukumaki mine, Yamaguchi Pref.: Fukuoka & Hirowatari, KDK), 13, 239-249 (1980)；新潟県糸魚川：宮島ら, 岩鉱要 (Itoigawa, Niigata Pref.: Miyajima et al., GKY), 58 (1998).

MAWSONITE
$Cu^{1+}_6Fe^{3+}_2Sn^{4+}S_8$
モースン鉱 (môsun-kô) tet. 正方

MCALPINEITE
$Cu_3TeO_6 \cdot H_2O$
マックアルパイン石 (makku-arupain-seki) cub. 等軸
和歌山県岩出：藤原ら, 鉱要 (Iwade, Wakayama Pref.: Fujiwara et al., KY), 34 (2002).

MCGUINNESSITE
$(Mg,Cu)_2(CO_3)(OH)_2$
マックギネス石 (makkuginesu-seki) tric. 三斜 [R] [例]
Nakauri mine, Aichi Pref.: Matsubara & Kato (愛知県中宇利鉱山：松原・加藤), GK, 88, 517-524 (1993).

MCKINSTRYITE
$(Ag,Cu)_2S$
マッキンストリー鉱 (makkinsutorî-kô) orth. 斜方 [例] [R]
新潟県佐渡鉱山：田口ら, 鉱雑 (Sado mine, Niigata Pref.: Taguchi et al., KZ), 11, 345-358 (1974).

melaconite = TENORITE

melanite = 含チタン灰鉄石榴石(Ti-bearing ANDRADITE)
(メラナイト)(meranaito)

MELANTERITE
$FeSO_4 \cdot 7H_2O$
緑礬 (ryokuban) mon. 単斜

melilite = オケルマン石–ゲーレン石系鉱物
(ÅKERMANITE-GEHLENITE series minerals)
(黄長石)(ô-chôseki)

MELONITE
$NiTe_2$
メロネス鉱 (meronesu-kô) hex. 六方 [R] [例]
Yokozuru mine, Fukuoka Pref.: Shimada et al. (福岡県横鶴鉱山：島田ら), MJ, 10, 269-278 (1981)；北海道小別沢鉱山 (Obetsuzawa mine, Hokkaido).

MENEGHINITE
$Pb_{13}CuSb_7S_{24}$
メネギニ鉱 (menegini-kô) orth. 斜方
秋田県小坂鉱山：山岡ら，岩鉱 (Kosaka mine, Akita Pref.: Yamaoka et al., GK), 78, 441-448 (1983)；大分県木浦鉱山：加藤，櫻標 (Kiura mine, Oita Pref.: Kato, SKH), 19 (1973).

MERCURY
Hg
自然水銀 (shizen-suigin) liquid 液体

MESOLITE
$Na_{16}Ca_{16}Al_{48}Si_{72}O_{240} \cdot 64H_2O$
中沸石 (chû-fusseki) orth. 斜方

MESSELITE
$Ca_2(Fe,Mn)(PO_4)_2 \cdot 2H_2O$
メッセル石 (messeru-seki) tric. 三斜
茨城県雪入：松原・加藤，鉱雑 (Yukiiri, Ibaraki Pref.: Matsubara & Kato, KZ), 14, 269-286 (1980).

META-AUTUNITE
$Ca(UO_2)_2(PO_4)_2 \cdot 6H_2O$
メタ燐灰ウラン石 (meta-rinkai-uran-seki) tet. 正方

META-URANOCIRCITE
$Ba(UO_2)_2(PO_4)_2 \cdot 8H_2O$
メタ燐重土ウラン石 (meta-rinjûdo-uran-seki) tet. 正方
岐阜県定林寺：島田ら，地報 (Jorinji, Gifu Pref.: Shimada et al., CH), 232, 711-739 (1969).

METACINNABAR
HgS
黒辰砂 (kuro-shinsha) cub. 等軸 [例] [R]
三重県丹生鉱山：加藤，櫻標 (Nyu mine, Mie Pref.: Kato, SKH), 8 (1973).

METAHALLOYSITE
$Al_4Si_4O_{10}(OH)_8$
メタハロイ石 (meta-haroi-seki) mon. 単斜

METASCHOEPITE
$UO_3 \cdot nH_2O$
メタシェプ石 (meta-sheppu-seki) orth. 斜方
岡山県剣山，島根県東山鉱山：加藤，櫻標 (Kenzan, Okayama Pref. & Higashiyama mine, Shimane Pref.: Kato, SKH), 34 (1973).

METASWITZERITE
$(Mn,Fe)_3(PO_4)_2 \cdot 4H_2O$
メタスウィッァー石 (meta-suwitsuâ-seki) mon. 単斜
埼玉県広河原：山田ら，鉱要 (Hirogawara, Saitama Pref.: Yamada et al., KY), 198 (2003).

METATORBERNITE
$Cu(UO_2)_2(PO_4)_2 \cdot 8H_2O$
メタ燐銅ウラン石 (meta-rindô-uran-seki) tet. 正方

METAVIVIANITE
$Fe_{3-x}Fe^{3+}_x(PO_4)_2(OH)_x \cdot (8-x)H_2O$ $x > 1.4$
メタ藍鉄鉱 (meta-ran-tekkô) tric. 三斜 [R] [例]
Tarusaka, Mie Pref.: Sameshima et al. (三重県垂坂：鮫島ら), MM, 49, 81-85 (1985).

METAVOLTINE
$K_2Na_6FeFe^{3+}_6(SO_4)_{12}O_2 \cdot 18H_2O$
メタボルタ石 (meta-boruta-seki) hex. 六方
鹿児島県菱刈鉱山：石井ら，地研 (Hishikari mine, Kagoshima Pref.: Ishii et al., CK), 40, 33-38 (1991).

METAZEUNERITE
$Cu(UO_2)_2(AsO_4)_2 \cdot 8H_2O$
メタ砒銅ウラン石 (meta-hidô-uran-seki) tet. 正方
岡山県三吉鉱山：逸見，鉱雑 (Miyoshi mine, Okayama Pref.: Henmi, KZ), 2, 182-186 (1955).

MIARGYRITE
$AgSbS_2$
ミアジル鉱 (miajiru-kô) mon. 単斜

MICROCLINE

$KAlSi_3O_8$

微斜長石（bisha-chôseki）tric. 三斜

MICROLITE

$NaCaTa_2O_6(O,OH,F)$

マイクロ石（maikuro-seki）cub. 等軸

福岡県長垂：長島・長島, 希元 (Nagatare, Fukuoka Pref.: Nagashima & Nagashima, NKK), 208-209 (1960); Myokenyama, Ibaraki Pref.: Matsubara et al.（茨城県妙見山：松原ら）, MJ, 17, 338-345 (1995).

MIHARAITE

$PbCu_4FeBiS_6$

三原鉱（mihara-kô）orth. 斜方 [N] [R] [新] [例]

Mihara mine, Okayama Pref.: Sugaki et al.（岡山県三原鉱山：菅木ら）, AM, 65, 784-788 (1980).

MIHARAITE	
Sugaki et al. (1980), AM, 65, 784-788 (菅木ら)	
Mihara mine, Okayama Pref.	
岡山県三原鉱山	
	Wt.%
Pb	22.72
Cu	28.24
Fe	6.05
Bi	22.75
S	20.60
Total	100.36

MIKASAITE

$(Fe^{3+},Al)_2(SO_4)_3$

三笠石（mikasa-seki）trig. 三方 [N] [新]

Ikushunbetsu, Hokkaido: Miura et al.（北海道幾春別：三浦ら）, MM, 58, 649-653 (1994).

MIKASAITE	
Miura et al. (1994), MM, 58, 649-653 (三浦ら)	
Ikushunbetsu, Mikasa, Hokkaido	
北海道三笠市幾春別	
	Wt.%
Fe_2O_3	24.3
Al_2O_3	4.3
Mn_2O_3	0.5
SO_3	46.8
$H_2O(-)$	23.0
Total	98.90

MILARITE

$KCa_2Be_2AlSi_{12}O_{30} \cdot 0.5H_2O$

ミラー石（mirâ-seki）hex. 六方

岩手県崎浜：松山・小林, 地研 (Sakihama, Iwate Pref.: Matsuyama & Kobayashi, CK), 43, 77-82 (1994); 岐阜県蛭川：菊井ら, 地研 (Hirukawa, Gifu Pref.: Kikui et al., CK), 44, 267-270 (1996); 京都府広野：川辺・藤原, 地研 (Hirono, Kyoto Pref.: Kawabe & Fujiwara, CK), 50, 215-217 (2002).

MILLERITE

NiS

針ニッケル鉱（shin-nikkeru-kô）trig. 三方

MIMETITE

$Pb_5(AsO_4)_3Cl$

ミメット鉱（mimetto-kô）hex. 六方

MIMETITE ミメット鉱 Otaru-matsukura mine, Otaru, Hokkaido 北海道小樽市小樽松倉鉱山 110 mm wide 左右 110 mm

MINAMIITE

$(Na,Ca,K,\square)Al_3(SO_4)_2(OH)_6$

南石（minami-seki）trig. 三方 [N] [R] [新] [例]

Okumanza, Gunma Pref.: Ossaka et al.（群馬県奥万座：小坂ら）, AM, 67, 114-119 (1982). Type specimen: NSM-M23556

MINAMIITE		
Okumanza, Gunma Pref.		
群馬県奥万座		
	1	2
	Wt.%	Wt.%
Al_2O_3	37.74	38.65
CaO	1.94	3.38
Na_2O	3.37	2.87
K_2O	2.17	0.61
SO_3	38.09	38.98
$H_2O(+)$	12.22	
Rem.		4.28
Total	99.81	84.49
1: Ossaka et al. (1982), AM, 67, 114-119 (小坂ら)		
2: Matsubara et al. (1998), MJ, 20, 1-8 (松原ら)		

MIRABILITE

$Na_2SO_4 \cdot 10H_2O$

ミラビル石（mirabiru-seki）mon. 単斜

MISENITE

$K_8H_6(SO_4)_7$

ミセノ石（miseno-seki）mon. 単斜

北海道十勝岳：吉木・渡辺, 岩鉱 (Tokachidake, Hokkaido: Yoshiki & Watanabe, GK), 3, 328-330 (1930).

MITRIDATITE
$Ca_3Fe^{3+}_4(PO_4)_4(OH)_6·3H_2O$
ミトリダト石 (mitoridato-seki) mon. 単斜
茨城県雪入：松原・加藤, 鉱雑 (Yukiiri, Ibaraki Pref.: Matsubara & Kato, KZ), 14, 269-286 (1980); 兵庫県堅田：加藤ら, 鉱要 (Katada, Hyogo Pref.: Kato et al., KY), 38 (1988).

MIXITE
$BiCu_6(AsO_4)_3(OH)_6·3H_2O$
ミクサ石 (mikusa-seki) hex. 六方
岐阜県一柳：松原ら, 岩鉱 (Ichiyanagi, Gifu Pref.: Matsubara et al., GK), 87, 147-148 (1992).

MOGANITE
SiO_2
モガン石 (mogan-seki) mon. 単斜 [例] [R]
新潟県阿賀 (Aga, Niigata Pref.)

MOLYBDENITE
MoS_2
輝水鉛鉱 (ki-suien-kô) hex. 六方

molybdenite-3R = 輝水鉛鉱の3R 型 (三方)
ポリタイプ (3R (trig.)polytype of MOLYBDENITE) [R] [例]
Satsuma-Iojima, Kagoshima Pref.: Watanabe & Soeda (鹿児島県薩摩硫黄島：渡辺・添田), MJ, 9, 182-187 (1978).

MONAZITE-(Ce)
$CePO_4$
モナズ石 (monazu-seki) mon. 単斜

MONAZITE-(Nd)
$(Nd,La,Ce)PO_4$
ネオジムモナズ石 (neojimu-monazu-seki) mon. 単斜
香川県金山：皆川, 三要 (Kanayama, Kagawa Pref.: Minakawa, SY), 72 (1986).

MONOHYDROCALCITE
$CaCO_3·H_2O$
一水方解石 (issui-hôkai-seki) hex. 六方
北海道シオワッカ：伊藤, 岩鉱 (Shiowakka, Hokkaido: Ito, GK), 88, 485-491 (1993).

MONTEBRASITE
$LiAlPO_4(OH)$
モンブラ石 (monbura-seki) tric. 三斜 [例] [R]
福岡県長垂：伊藤ら, 鉱雑 (Nagatare, Fukuoka Pref.: Ito et al., KZ), 2, 263-267 (1955); 茨城県妙見山：櫻井ら, 岩鉱 (Myokenyama, Ibaraki Pref.: Sakurai et al., GK), 72, 13-27 (1977).

MONTEROSEITE
$(V^{3+},Fe^{3+})O(OH)$
モンローズ石 (monrôzu-seki) orth. 斜方
Unuma, Gifu Pref.: Matsubara et al. (岐阜県鵜沼：松原ら), GK, 85, 522-530 (1990).

MONTICELLITE
$CaMgSiO_4$
モンチセリ石 (monchiseri-seki) orth. 斜方 [例] [R]
広島県久代：草地ら, 鉱雑 (Kushiro, Hiroshima Pref.: Kusachi et al., KZ), 14, 124-130 (1979); 長野県栗生：岸ら, 地研 (Kuryu, Nagano Pref.: Kishi et al., CK), 52, 131-137 (2003).

MONTMORILLONITE
$(Na,Ca)_{0.33}(Al,Mg)_2Si_4O_{10}(OH)_2·nH_2O$
モンモリロン石 (monmoriron-seki) mon. 単斜

MORDENITE
$(Na_2,Ca,K_2)_4Al_8Si_{40}O_{96}·28H_2O$
モルデン沸石 (moruden-fusseki) orth. 斜方

MORENOSITE
$NiSO_4·7H_2O$
モレノ石 (moreno-seki) orth. 斜方
三重県菅島：皆川ら, 三要 (Sugashima, Mie Pref.: Minakawa et al., SY), 27 (1989).

MORIMOTOITE
$Ca_3TiFeSi_3O_{12}$
森本石榴石 (morimoto-zakuro-ishi) cub. 等軸 [N] [新]
Fuka, Okayama Pref.: Henmi et al. (岡山県布賀：逸見ら), MM, 59, 115-120 (1995). Type specimen: NSM-M26198

MORIMOTOITE Henmi et al. (1995), MM, 59, 115-120 (逸見ら) Fuka, Okayama Pref. 岡山県布賀	
	Wt.%
SiO_2	26.93
TiO_2	18.51
ZrO_2	1.48
Al_2O_3	0.97
Fe_2O_3*	11.42
FeO*	7.78
MnO	0.23
MgO	0.87
CaO	31.35
Total	99.54
*: calculated	

MORIMOTOITE 森本石榴石 Fuka, Takahashi, Okayama Pref. 岡山県高梁市布賀 50 mm wide 左右 50 mm Type specimen タイプ標本

MOTTRAMITE
$PbCu(VO_4)(OH)$

モットラム石 (mottoramu-seki) orth. 斜方 [例] [R]

山口県宗国鉱山：櫻井・加藤，鉱雑 (Sokoku mine, Yamaguchi Pref.: Sakurai & Kato, KZ), 4, 52-55 (1959)；山口県日高鉱山：渋谷・李，鉱山 (Hidaka mine, Yamaguchi Pref.: Shibuya & Lee, KC), 34, 69 (1984).

mountain leather = 皮状のセピオ石，パリゴルスキー石あるいは透閃石−鉄緑閃石系角閃石
(leather-like SEPIOLITE, PALYGORSKITE or TREMOLITE-FERROACTINOLITE series amphibole)（山皮）(yamakawa)

MOZARTITE
$CaMn^{3+}(OH)SiO_4$

モーツアルト石 (môtsuaruto-seki) orth. 斜方

愛媛県上須戒鉱山：皆川，鉱要 (Kamisugai mine, Ehime Pref.: Minakawa, KY), 75 (1995).

MULLITE
$Al_2Al_{2+2x}Si_{2-2x}O_{10-x}$ (x=0.20~0.25)

マル石 (maru-seki) orth. 斜方

長野県浅間山：松原ら，岩鉱要 (Asamayama, Nagano Pref.: Matsubara *et al.*, GKY), 34 (1998).

MUSCOVITE
$KAl_2(AlSi_3)O_{10}(OH)_2$

白雲母 (shiro-unmo) mon. 単斜

N

NACRITE
$Al_4Si_4O_{10}(OH)_8$
ナクル石 (nakuru-seki) tric. 三斜

NAGASHIMALITE
$Ba_4(V^{3+},Ti)_4Si_8B_2O_{27}Cl(O,OH)_2$
長島石 (nagashima-seki) orth. 斜方 [N] [新]

Mogurazawa mine, Gunma Pref.: Matsubara & Kato（群馬県茂倉沢鉱山：松原・加藤），MJ, 10, 122-130 (1980). Type specimen: NSM-M21727

NAGASHIMALITE 長島石 Mogurazawa mine, Kiryu, Gunma Pref. 群馬県桐生市茂倉沢鉱山 crystal 16 mm long 結晶の長さ 16 mm

NAGASHIMALITE
Matsubara & Kato (1980), MJ, 10, 122-130 (松原・加藤)
Mogurazawa mine, Gunma Pref.
群馬県茂倉沢鉱山

	Wt.%
SiO_2	32.37
TiO_2	2.75
MnO	0.48
V_2O_3	16.65
BaO	41.36
B_2O_3	4.0
Cl	1.73
H_2O	0.77
total	100.11
O = −Cl	−0.39
Total	99.72

NAGYAGITE
$Pb_5Au(Te,Sb)_4S_{5-8}$
ナジャグ鉱 (najagu-kô) orth. 斜方

北海道小別沢鉱山 (Obetsuzawa mine, Hokkaido)

NAKASEITE
$Pb_4Ag_3CuSb_{12}S_{24}$
中瀬鉱 (nakase-kô) mon. 単斜 [N] [新]

Nakase mine, Hyogo Pref.: Ito & Muraoka（兵庫県中瀬鉱山：伊藤・村岡），ZK, 113, 94-98 (1960).

NAKASEITE
Ito & Muraoka (1960), ZK, 113, 94-98 (伊藤・村岡)
Nakase mine, Hyogo Pref.
兵庫県中瀬鉱山

	Wt.%
Ag	9.3
Cu	4.6
Pb	19.8
Fe	0.5
Zn	1.10
Sb	39.4
S	23.4
SiO_2	0.2
Total	98.30

NAKAURIITE
mCu^{2+}-nCO_3-pH_2O
中宇利石 (nakauri-seki) mon. [N] [R] [新] [例]

Nakauri mine, Aichi Pref.: Suzuki et al.（愛知県中宇利鉱山：鈴木ら），GK, 71, 183-192 (1976). 最初に発表され

NAKAURIITE 中宇利石 Nakauri mine, Shinshiro, Aichi Pref. 愛知県新城市中宇利鉱山 20 mm wide 左右 20 mm

た化学式，$Cu_8(SO_4)_4(CO_3)(OH)_6 \cdot 48H_2O$，は疑問視されている (The firstly proposed chemical composition, $Cu_8(SO_4)_4(CO_3)(OH)_6 \cdot 48H_2O$, is questionable). Type specimen: NSM-M24586

NAKAURIITE	
Suzuki et al. (1976), GK, 71, 183-192 (鈴木ら)	
Nakauri mine, Aichi Pref. 愛知県中宇利鉱山	
	Wt.%
SiO_2	28.56
TiO_2	0.02
Al_2O_3	0.09
Fe_2O_3	0.19
MgO	28.50
MnO	0.08
CaO	0.02
Na_2O	0.01
K_2O	0.01
CuO	10.57
NiO	0.35
ZnO	0.02
SO_3	5.34
CO_2	0.75
$H_2O(+)$	24.11
$H_2O(-)$	1.35
Total	99.97

NAMANSILITE
$NaMn^{3+}Si_2O_6$

ナマンシル輝石 (namanshiru-kiseki) mon. 単斜

大分県下払鉱山：皆川ら，三要 (Shimoharai mine, Oita Pref.: Minakawa et al., SY), 83 (1994).

NAMBULITE
$(Li,Na)Mn_4Si_5O_{14}(OH)$

南部石 (nanbu-seki) tric. 三斜 [N] [R] [新] [例]

Funakozawa mine, Iwate Pref.: Yoshii et al. (岩手県舟子沢鉱山：吉井ら), MJ, 7, 29-44 (1972). Type specimen: NSM-M18829

NAMBULITE 南部石 Funakozawa mine, Ono, Iwate Pref. 岩手県大野村舟子沢鉱山 25 mm wide 左右 25 mm

NATROALUNITE
$NaAl_3(SO_4)_2(OH)_6$

ソーダ明礬石 (sôda-myôban-seki) trig. 三方

NATROAPOPHYLLITE
$NaCa_4Si_8O_{20}F \cdot 8H_2O$

ソーダ魚眼石 (sôda-gyogan-seki) orth. 斜方 [N] [新]

Sanpo mine, Okayama Pref.: Matsueda et al. (岡山

NAMBULITE			
	Funakozawa mine, Iwate Pref. 岩手県舟子沢鉱山	Tanohata mine, Iwate Pref. 岩手県田野畑鉱山	Gozaisho mine, Fukushima Pref. 福島県御斎所鉱山
	1	2	3
	Wt.%	Wt.%	Wt.%
SiO_2	49.23	50.33	50.12
TiO_2	0.01	0	0
Al_2O_3	0.37	0	0.06
Fe_2O_3	0.40		
Cr_2O_3		0	0.02
NiO		0	0.04
FeO		0.25*	0.44*
MnO	40.67	43.22*	41.13*
MgO	1.32	0.51	2.23
CaO	0.81	0.93	0.75
Na_2O	2.49	1.08	0.42
K_2O	0.04	0	0
P_2O_5	0.02	0	0
Li_2O	1.55	1.98**	2.02
$H_2O(+)$	1.63	1.51**	1.52
$H_2O(-)$	0.26		
CO_2	0.19	0	0
Total	98.99	99.81	98.75

*: total Fe and Mn. **: calculated
1: Yoshii et al. (1972), MJ, 7, 29-44 (吉井ら)
2, 3: Matsubara et al. (1985), MJ, 12, 332-340 (松原ら)

県山宝鉱山：松枝ら), AM, 66, 410-423 (1981). Type specimen: NSM-M21067

NATROAPOPHYLLITE ソーダ魚眼石 Sanpo mine, Takahashi, Okayama Pref. 岡山県高梁市山宝鉱山 75 mm wide 左右75 mm Type specimen タイプ標本

NATROAPOPHYLLITE
Matsueda et al. (1981), AM, 66, 410-423 (松枝ら)

Sanpo mine, Okayama Pref.
岡山県山宝鉱山

	Wt.%	
SiO_2	52.79	53.46
Al_2O_3	0.00	0.00
Fe_2O_3		0.02
MnO		0.00
MgO		0.00
CaO	25.41	25.43
K_2O	0.33	0.18
Na_2O	3.05	2.95
F	2.27	2.25
H_2O*	17.11	16.66
total	100.96	100.95
O = –F	0.96	0.95
Total	100.00	100.00

*: difference

NATROJAROSITE
$NaFe^{3+}_3(SO_4)_2(OH)_6$
ソーダ鉄明礬石 (sôda-tetsu-myôban-seki) trig. 三方

NATROLITE
$Na_2Al_2Si_3O_{10} \cdot 2H_2O$
ソーダ沸石 (sôda-fusseki) orth. 斜方

NATRONAMBULITE
$(Na,Li)(Mn,Ca)_4Si_5O_{14}(OH)$
ソーダ南部石 (sôda-nanbu-seki) tric. 三斜 [N] [R] [新] [例]

Tanohata mine, Iwate Pref.: Matsubara et al. (岩手県田野畑鉱山：松原ら), MJ, 12, 332-340 (1985). Type specimen: NSM-M23817

NATRONAMBULITE ソーダ南部石 Tanohata mine, Tanohata, Iwate Pref. 岩手県田野畑村田野畑鉱山 75 mm wide 左右75 mm Type specimen タイプ標本

NATRONAMBULITE
Matsubara et al. (1985), MJ, 12, 332-340 (松原ら)

Tanohata mine, Iwate Pref.
岩手県田野畑鉱山

	Wt.%
SiO_2	50.39
TiO_2	0.03
Al_2O_3	0.00
Fe_2O_3	
Cr_2O_3	
NiO	
FeO*	0.31
MnO*	38.94
MgO	1.24
CaO	3.66
Na_2O	3.55
Li_2O	0.43
$H_2O(+)$	1.46
$H_2O(-)$	0.54
Total	100.55

*: total Fe and Mn

NAUMANNITE
Ag_2Se
ナウマン鉱 (nauman-kô) orth. (psd.cub.) 斜方 (擬等軸)

NEKRASOVITE
$Cu_{26}V_2(Sn,As)_6S_{32}$
ネクラソフ鉱 (nekurasofu-kô) cub. 等軸
北海道寿都鉱山 (Suttsu mine, Hokkaido); 静岡県河津鉱山 (Kawazu mine, Shizuoka Pref.).

NEOTOCITE
$\sim MnO \cdot SiO_2 \cdot nH_2O$
ネオトス石 (neotosu-seki) amor. 非晶

NEPHELINE
$(Na,K)AlSiO_4$
霞石 (kasumi-ishi) hex. 六方 [R] [例]

Hamada, Shimane Pref.: Harumoto (島根県浜田：春本), MKY, 20, 69-88 (1952); 島根県野山岳：平井, 岩鉱 (Noyamadake, Shimane Pref.: Hirai, GK), 78, 211-220 (1983); 広島県久代・岡山県布賀：草地ら, 三要 (Kushiro, Hiroshima pref. & Fuka, Okayama Pref.: Kusachi et al., SY), 73 (1995).

nephrite = 透閃石–緑閃石系角閃石の緻密な集合 (compact mass composed of TREMOLITE-ACTINOLITE series amphiboles) (軟玉・ネフライト) (nangyoku, nefuraito)

NÉPOUITE
$(Ni,Mg)_{6-x}Si_4O_{10}(OH)_8$
ヌポア石 (nupoa-seki) mon. 単斜

三重県菅島：皆川ら, 三要 (Sugashima, Mie Pref.: Minakawa et al., SY), 27 (1989); Atagoyama, Fukushima Pref.: Matsubara (福島県愛宕山：松原), MSM, 29, 33-40 (1996).

NESQUEHONITE
$MgCO_3 \cdot 3H_2O$
ネスケホン石 (nesukehon-seki) mon. 単斜 [R] [例]

Yoshikawa, Aichi Pref.: Suzuki & Ito (愛知県吉川：鈴木・伊藤), GK, 69, 275-284 (1974).

NIAHITE
$(NH_4)Mn(PO_4) \cdot H_2O$
ニアー石 (niâ-seki) orth. 斜方

愛知県田口鉱山：長島ら, 鉱要 (Taguchi mine, Aichi Pref.: Nagashima et al., KY), 96 (1984).

NIAHITE	
長島ら (1984), 鉱要 (KY), 96 (Nagashima et al.)	
愛知県田口鉱山	
Taguchi mine, Aichi Pref.	
	Wt.%
SiO_2	0.28
Al_2O_3	0.23
MnO	32.28
Na_2O	0.14
CaO	0.46
MgO	1.59
FeO	1.07
$(NH_4)_2O$	13.11
P_2O_5	36.75
H_2O	10.25
Total	96.16

niccolite = NICKELINE

NICKEL
Ni
自然ニッケル (shizen-nikkeru) cub. 等軸

香川県高松市：三浦ら, 鉱要 (Takamatsu, Kagawa Pref.: Miura et al., KY), 211 (2000).

NICKEL-HEXAHYDRITE
$(Ni,Mg,Fe)(SO_4) \cdot 6H_2O$
ニッケル六水石 (nikkeru-rokusui-seki) mon. 単斜

三重県菅島：皆川ら, 三要 (Sugashima, Mie Pref.: Minakawa et al., SY), 27 (1989).

NICKEL-SKUTTERUDITE
$NiAs_{2-3}$
方砒ニッケル鉱 (hô-hi-nikkeru-kô) cub. 等軸

大分県若山鉱山：木下, 鉱産 (九) (Wakayama mine, Oita Pref.: Kinoshita, KSK), 349-352 (1961); 兵庫県夏梅鉱山 (Natsume mine, Hyogo Pref.).

NICKELINE
NiAs
紅砒ニッケル鉱 (kô-hi-nikkeru-kô) hex. 六方

NIFONTOVITE
$Ca_3B_6O_6(OH)_{12} \cdot 2H_2O$
ニフォントフ石 (nifontofu-seki) mon. 単斜

Fuka mine, Okayama Pref.: Kusachi & Henmi (岡山県布賀鉱山：草地・逸見), MM, 58, 279-284 (1994).

NIFONTOVITE ニフォントフ石 Fuka mine, Takahashi, Okayama Pref. 岡山県高梁市布賀鉱山 crystal aggregate 25 mm long 結晶集合の長さ 25 mm

NIFONTOVITE	
Kusachi & Henmi (1994), MM, 58, 279-284 (草地・逸見)	
Fuka mine, Okayama Pref.	
岡山県布賀鉱山	
	Wt.%
CaO	32.31
B_2O_3	39.37
$H_2O(+)$	27.08
$H_2O(-)$	0.83
Total	99.59

NIIGATAITE
$CaSrAl_3(Si_2O_7)(SiO_4)O(OH)$
新潟石 (niigata-seki) mon. 単斜 [N] [新]

Ohmi, Niigata Pref.: Miyajima et al.(新潟県青海：宮島ら), JMPS, 98, 118-129 (2003).Type specimen: NSM-M28297

NIIGATAITE
Miyajima et al. (2003), JMPS, 98, 118-129 (宮島ら)

Ohmi, Niigata Pref.
新潟県青海

	Wt.%	Wt.%
SiO_2	35.49	35.96
TiO_2	0.72	0.33
Al_2O_3	23.36	26.30
Fe_2O_3	9.49	5.50
MnO	0.00	0.50
MgO	0.00	0.00
CaO	13.39	14.83
SrO	16.33	13.86
H_2O*	1.77	1.79
Total	100.55	99.07

*: calculated

NINGYOITE
$CaU(PO_4)_2 \cdot 1\text{-}2H_2O$
人形石 (ningyô-seki) orth. 斜方 [N] [R] [新] [例]

Ningyo-toge mine, Okayama Pref.: Muto et al.（岡山県人形峠鉱山：武藤ら), AM, 44, 633-650 (1959).

NINGYOITE 人形石 Ningyo-toge mine, Kagamino, Okayama Pref. 岡山県鏡野町人形峠鉱山 170 mm wide 左右 170 mm

NINGYOITE
Muto et al. (1959), AM, 44, 633-650 (武藤ら)

Ningyo-toge mine, Okayama Pref.
岡山県人形峠鉱山

	Wt.%
UO_2	23.3
P_2O_5	16.8
FeO	4.8
CaO	6.1
$H_2O(+)$	7.4
$H_2O(-)$	1.9
C	2.3
insol. (不溶残査)	30.9
Total	93.5

NITRATINE
$NaNO_3$
チリ硝石 (chiri-shôseki) trig. 三方

栃木県大谷：加藤，櫻標 (Ohya, Tochigi Pref.: Kato, SKH), 35 (1973).

NOELBENSONITE
$BaMn^{3+}_2(Si_2O_7)(OH)_2 \cdot H_2O$
ネールベンソン石 (nêrubenson-seki) orth. 斜方

大分県下払鉱山：皆川，三要 (Shimoharai mine, Oita Pref.: Minakawa, SY), 59 (1995).

NONTRONITE
$Na_{0.33}Fe^{3+}_2(Si,Al)_4O_{10}(OH)_2 \cdot nH_2O$
ノントロン石 (montoron-seki) mon. 単斜

NORBERGITE
$Mg_3(SiO_4)(F,OH)_2$
ノルベルグ石 (noruberugu-seki) orth. 斜方

愛媛県睦月島：皆川ら，三要 (Mutsukijima, Ehime Pref.: Minakawa et al., SY), 46 (1979).

NORDSTRANDITE
$Al(OH)_3$
ノルドストランド石 (norudosutorando-seki) tric. 三斜

群馬県藤岡：木崎ら，三要 (Fujioka, Gunma Pref.: Kizaki et al., SY), 136 (1982); 三重県佐奈：稲葉・皆川，地研 (Sana, Mie Pref.: Inaba & Minakawa, CK), 39, 199-206 (1990).

NSUTITE
$(Mn^{4+},Mn)(O,OH)_2$
横須賀石 (エンスート鉱) (yokosuka-seki, ensûto-kô) hex. 六方

NUMANOITE
$Ca_4CuB_4O_6(OH)_6(CO_3)_2$
沼野石 (mumano-seki) mon. 単斜 [新] [N]

岡山県布賀鉱山：大西ら，鉱要 (Fuka mine, Okayama Pref.: Ohnishi et al., KY), 138 (2005). Type specimen: NSM-M28813

NUMANOITE 沼野石 Fuka mine, Takahashi, Okayama Pref. 岡山県高梁市布賀鉱山 crystal 2 mm wide 結晶の幅 2 mm Type specimen タイプ標本

O

OHMILITE
$Sr_3(Ti,Fe^{3+})Si_4O_{12}(O,OH) \cdot 2\text{-}3H_2O$
青海石 (ômi-seki) mon. 単斜 [N] [新]

Ohmi, Niigata Pref.: Komatsu *et al.* (新潟県青海：小松ら), MJ, 7, 298-301 (1973).

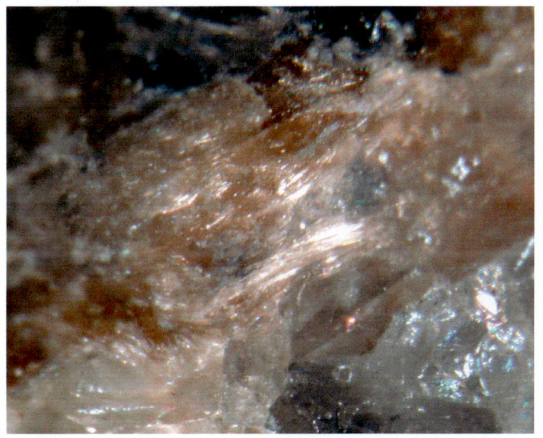

OHMILITE 青海石 Ohmi, Itoigawa, Niigata Pref. 新潟県糸魚川市青海 crystal aggregate 2 mm long 結晶集合の長さ 2 mm

OHMILITE
Komatsu *et al.* (1973), MJ, 7, 298-301 (小松ら)

	Ohmi, Niigata Pref. 新潟県青海 Wt.%
SiO_2	34.79
TiO_2	10.27
Al_2O_3	0.00
Fe_2O_3	0.20
SrO	47.37
MgO	0.00
CaO	0.00
Na_2O	0.00
K_2O	0.00
$H_2O(+)$	6.68
Total	99.31

OKAYAMALITE
$Ca_2B_2SiO_7$
岡山石 (okayama-seki) tet. 正方 [N] [新]

Fuka mine, Okayama Pref.: Matsubara *et al.* (岡山県布賀鉱山：松原ら), MM, 62, 703-706 (1998). Type specimen: NSM-M27525

OKAYAMALITE 岡山石 Fuka mine, Takahashi, Okayama Pref. 岡山県高梁市布賀鉱山 90 mm wide 左右 90 mm Type specimen タイプ標本

OKAYAMALITE
Matsubara *et al.* (1998), MM, 62, 703-706 (松原ら)

	Fuka mine, Okayama Pref. 岡山県布賀鉱山		
	Wt.%		
SiO_2	24.09	24.39	24.23
Al_2O_3	0.43	0.32	0.34
B_2O_3	27.76	29.79	27.95
CaO	46.41	46.28	46.16
Total	98.69	100.78	98.68

OKENITE
$Ca_3Si_6O_{12}(OH)_6 \cdot 3H_2O$
オーケン石 (ôken-seki) tric. 三斜 [例] [R]

東京都小笠原：西戸ら，鉱要 (Ogasawara, Tokyo: Nishido *et al.*, KY), 126 (1983)；青森県大石沢：青木 (Ohishizawa, Aomori Pref.: Aoki), SRH, 31, 108-116 (1984).

OKHOTSKITE
$Ca_8(Mn,Mg)_4(Mn^{3+},Al,Fe^{3+})_8Si_{12}O_{56-x}(OH)_x$
オホーツク石 (ohôtsuku-seki) mon. 単斜 [N] [R] [新] [例]

Kokuriki mine, Hokkaido: Togari & Akasaka (北海道国力鉱山：戸刈・赤坂), MM, 51, 611-614 (1987).

OKHOTSUKITE オホーツク石 Kokuriki mine, Tokoro, Hokkaido
北海道常呂町国力鉱山 12 mm wide 左右 12 mm

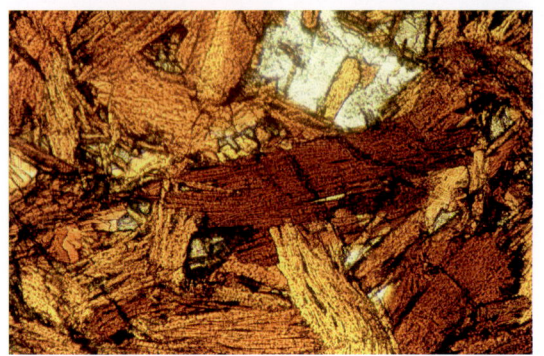

OKHOTSUKITE オホーツク石 Kokuriki mine, Tokoro, Hokkaido
北海道常呂町国力鉱山 1.5 mm wide (thin section) 左右 1.5 mm（薄片）

OKHOTSKITE
Togari & Akasaka (1987), MM, 51, 611-614 (戸刈・赤坂)
Kokuriki mine, Hokkaido
北海道国力鉱山

	Wt.%
SiO_2	34.25
TiO_2	0.09
Al_2O_3	4.49
Fe_2O_3	6.03
Mn_2O_3	16.69
MnO	9.18
MgO	2.08
CaO	20.11
Na_2O	0.25
K_2O	0.03
H_2O	6.86
Total	100.06

OLENITE
$Na_{1-x}Al_3Al_6(BO_3)_3Si_6O_{18}(O,OH)_4$
オーレン電気石 (ôren-denki-seki) trig. 三方
岩手県崎浜：松山・小林, 地研 (Sakihama, Iwate Pref.: Matsuyama & Kobayashi, CK), 44, 3-9 (1995).

oligoclase =
（灰曹長石）(kai-sô-chôseki) 曹長石の [$(NaAlSi_3O_8)_{90-70}$ $(CaAl_2Si_2O_8)_{10-30}$] 組成相（[$(NaAlSi_3O_8)_{90-70}$ $(CaAl_2Si_2O_8)_{10-30}$] composition phase of ALBITE)

OLIVENITE
$Cu_2AsO_4(OH)$
オリーブ銅鉱 (orîbu-dôkô) mon. 単斜 [例] [R]
山口県喜多平鉱山：湊, 鉱雑 (Kitabira mine, Yamaguchi Pref.: Minato, KZ), 1, 123-141 (1953).

OLIVENITE オリーブ銅鉱 Kitabira mine, Mitou, Yamaguchi Pref.
山口県美東町喜多平鉱山 8 mm wide 左右 8 mm

OLSHANSKYITE
$Ca_3B_4(OH)_{18}$
オルシャンスキー石 (orushansukî-seki) tric. 三斜
Fuka mine, Okayama Pref.: Kusachi & Henmi (岡山県布賀鉱山：草地・逸見), MM, 58, 279-284 (1994).

OLSHANSKYITE
Kusachi & Henmi (1994), MM, 58, 279-284 (草地・逸見)
Fuka mine, Okayama Pref.
岡山県布賀鉱山

	Wt.%
CaO	34.50
B_2O_3	29.64
$H_2O(+)$	34.54
$H_2O(-)$	1.21
Total	99.89

OMINELITE
$FeAl_3(BO_3)(SiO_4)O_2$
大峰石 (ômine-seki) orth. 斜方 [N] [新]
Tenkawa, Nara Pref.: Hiroi et al. (奈良県天川：廣井ら), AM, 87, 160-170 (2002). Type specimen: NSM-M28829

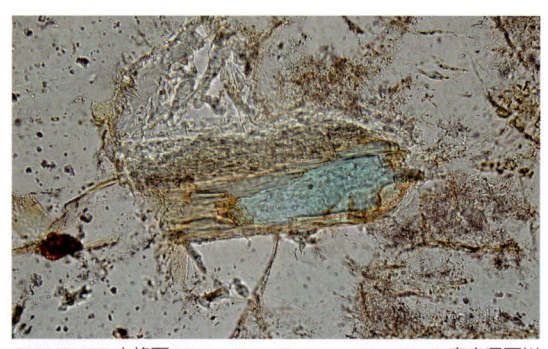

OMINELITE 大峰石 Misen River, Tenkawa, Nara Pref. 奈良県天川村弥山川 1.5 mm wide (thin section) 左右 1.5 mm （薄片）Type specimen タイプ標本

OMINELITE
Hiroi et al. (2002), AM, 87, 160-170 (廣井ら)

Tenkawa, Nara Pref.
奈良県天川

	Wt.%	
SiO_2	19.22	19.34
Al_2O_3	47.98	48.85
FeO	21.05	19.37
MnO	0.44	0.43
MgO	1.20	1.33
ZnO	0.20	0
CaO	0.00	0.01
P_2O_5	0.21	0.13
B_2O_3	10.69	10.91
F		0.01
Total	100.99	100.38

OMPHACITE
$(Ca,Na)(Mg,Fe,Al,Fe^{3+})Si_2O_6([Na(Al,Fe^{3+})Si_2O_6]_{20-80})$
オンファス輝石 (onfasu-kiseki) mon. 単斜

OPAL
$SiO_2 \cdot nH_2O$
蛋白石（オパル）(tanpaku-seki, oparu) amor. 非晶

ORIENTITE
$Ca_2MnMn^{3+}_2Si_3O_{10}(OH)_4$
オリエント石 (oriento-seki) orth. 斜方

Wakasa mine, Hokkaido: Miyajima et al.（北海道若佐鉱山：宮島ら), IAGOD, 603-616 (1998).

ORPIMENT
As_2S_3
雄黄 (yûô) mon. 単斜

ORPIMENT 雄黄 Jozankei, Sapporo, Hokkaido 北海道札幌市定山渓 115 mm wide 左右 115 mm

ORTHOCHRYSOTILE
$Mg_6Si_4O_{10}(OH)_8$
斜方クリソティル石 (shahô-kurisotiru-seki) orth. 斜方

ORTHOCLASE
$KAlSi_3O_8$
正長石 (sê-chôseki) mon. 単斜

ORTHOERICSSONITE
$BaMn_2Fe^{3+}OSi_2O_7(OH)$
斜方エリクソン石 (shahô-erikuson-seki) orth. 斜方

Hijikuzu mine, Iwate Pref.: Matsubara & Nagashima（岩手県肘葛鉱山：松原・長島), MJ, 7, 513-525 (1975).

ORTHOERICSSONITE 斜方エリクソン石 Hijikuzu mine, Iwaizumi, Iwate Pref. 岩手県岩泉町肘葛鉱山 90 mm wide 左右 90 mm

ORTHOERICSSONITE
Matsubara & Nagashima (1975), MJ, 7, 513-525 (松原・長島)

Hijikuzu mine, Iwate Pref.
岩手県肘葛鉱山

	Wt.%
SiO_2	24.97
TiO_2	0.74
Al_2O_3	0.35
Fe_2O_3	14.98
MgO	0.70
FeO	7.91
MnO	21.49
BaO	21.26
SrO	5.35
Na_2O	0.08
K_2O	0.23
Li_2O	0.01
H_2O	1.11
CO_2	0.61
Total	99.79

OSARIZAWAITE
$PbCuAl_2(SO_4)_2(OH)_6$
尾去沢石 (osarizawa-seki) trig. [N] [R] [新] [例]

Osarizawa mine, Akita Pref.: Taguchi（秋田県尾去沢鉱山：田口), MJ, 3, 181-194 (1961); 秋田県亀山盛鉱山：松原ら，岩鉱要 (Kisamori mine, Akita Pref.: Matsubara et al., GKY), 159 (1997). Type specimen: NSM-M15598

OSARIZAWAITE 尾去沢石 Osarizawa mine, Kazuno, Akita Pref. 秋田県鹿角市尾去沢鉱山 85 mm wide 左右 85 mm

OSARIZAWAITE
Taguchi (1961), MJ, 3, 181-194 (田口)
Osarizawa mine, Akita Pref.
秋田県尾去沢鉱山

	Wt.%
PbO	32.72
CuO	11.27
ZnO	0.22
Fe_2O_3	4.43
Al_2O_3	12.35
SO_3	22.92
SiO_2	2.18
As	0.00
CaO	0.00
MgO	0.00
CO_2	0.45
$H_2O(+)$	8.50
$H_2O(-)$	4.05
Total	99.09

osmiridium = IRIDIUM
(オスミリジウム) (osumirijiumu)

OSMIUM
(Os,Ir)
自然オスミウム (shizen-osumiumu) hex. 六方 [例] [R]
北海道天塩：浦島ら，鹿理 (Teshio, Hokkaido: Urashima et al., KDR), 21, 119-135 (1972).

OSUMILITE
$(K,Na,Ca)(Fe,Mg)_2(Al,Fe^{3+})_3Si_{10}Al_2O_{30} \cdot H_2O$
大隅石 (ôsumi-seki) hex. 六方 [N] [R] [新] [例]
Sakkabira, Kagoshima Pref.: Miyashiro (鹿児島県咲花平：都城), PJ, 29, 321-323 (1953).

OSUMILITE
Miyashiro (1956), AM, 41, 104-116 (都城)
Sakkabira, Kagoshima Pref.
鹿児島県咲花平

	Wt.%
SiO_2	60.51
TiO_2	0.04
Al_2O_3	21.60
FeO	9.27
MnO	0.99
MgO	3.05
CaO	0.00
BaO	0.04
K_2O	3.46
Na_2O	0.67
Total	99.63

OSUMILITE 大隅石 Sakkabira, Tarumizu, Kagoshima Pref. 鹿児島県垂水市咲花平 crystal 1 mm wide 結晶の幅 1 mm

OSUMILITE-(Mg)
$(K,Na)(Mg,Fe)_2(Al,Fe^{3+})_3Si_{10}Al_2O_{30} \cdot H_2O$
苦土大隅石 (kudo-ôsumi-seki) hex. 六方 [例] [R]
大分県別府市：横溝・宮地，岩鉱 (Beppu, Oita Pref.: Yokomizo & Miyachi, GK), 73, 180-182 (1978).

OSUMILITE-(Mg) 苦土大隅石 Tsukigase, Hida, Gifu Pref. 岐阜県飛騨市月ケ瀬 crystal 4 mm wide 結晶の幅 4 mm

OSUMILITE-(Mg)
横溝・宮地（1978), 岩鉱（GK), 73, 180-182 (Yokomizo & Miyachi)

大分県別府市
Beppu, Oita Pref.

	Wt.%	
SiO_2	60.98	59.89
Al_2O_3	20.74	21.52
FeO	5.98	5.94
MnO	0.82	1.22
MgO	5.67	5.07
CaO	0.02	0.04
K_2O	3.48	3.64
Na_2O	1.00	0.03
Total	98.69	97.35

OWYHEEITE
$Ag_2Pb_7(Sb,Bi)_8S_{20}$
オウィヒー鉱 (owihî-kô) orth. 斜方 [例] [R]
鹿児島県豊城鉱山：浦島・根建，三要 (Hojo mine, Kagoshima Pref.: Urashima & Nedachi, SY), 126 (1983)；鹿児島県石塔庵：根建ら，浦島 (Sekitoan, Kagoshima Pref.: Nedachi et al., UTR), 247 (1990).

OYELITE
$Ca_{10}B_2Si_8O_{29} \cdot nH_2O$ (n=9.5-12.5)
大江石 (ôe-seki) orth. 斜方 [新] [N]
岡山県布賀：草地ら，鉱雑 (Fuka, Okayama Pref.: Kusachi et al., KZ), 14, 314-322 (1980); 三重県伊勢市：皆川ら，岩鉱 (Ise, Mie Pref.: Minakawa et al., GK), 81, 138-142 (1986). Type specimen: NSM-M23576

OYELITE 大江石 Fuka, Takahashi, Okayama Pref. 岡山県高梁市布賀 45 mm wide 左右 45 mm Type specimen タイプ標本

OYELITE
草地ら(1980), 鉱雑(KZ), 14, 314-322 (Kusachi et al.)

岡山県布賀
Fuka, Okayama Pref.

	Wt.%
SiO_2	35.3
Al_2O_3	0.3
B_2O_3	4.8
CaO	41.2
Na_2O	0.1
$H_2O(+)$	16.7
$H_2O(-)$	0.7
CO_2	0.4
Total	99.5

P

PALYGORSKITE
$(Mg,Al)_2Si_4O_{10}(OH) \cdot 4H_2O$
パリゴルスキー石 (parigorusukî-seki) mon. 単斜, orth. 斜方 [R][例]

Ohkano mine, Tochigi Pref.:Minato et al.（栃木県大叶鉱山：湊ら), GK, 61, 125-139（1969).

PARACOQUIMBITE
$Fe^{3+}_2(SO_4)_3 \cdot 9H_2O$
パラコキンボ石 (para-kokinbo-seki) trig. 三方

大分県別府市：皆川・野戸, 地研 (Beppu, Oita Pref.: Minakawa & Noto, CK), 36, 177-181（1985).

PARAGONITE
$NaAl_2Si_3AlO_{10}(OH)_2$
ソーダ雲母 (sôda-unmo) mon. 単斜

PARAGUANAJUATITE
$Bi_2(Se,S,Te)_3$
パラグアナジュアト鉱 (para-guanajuato-kô) trig. 三方

Kawazu mine, Shizuoka Pref.: Shimizu et al.（静岡県河津鉱山：清水ら), MJ, 14, 92-100 (1988).

PARARAMMELSBERGITE
$NiAs_2$
パラランメルスベルグ鉱 (para-ranmerusuberugu-kô) orth. 斜方

Jokoku mine, Hokkaido: Ishiyama et al.（北海道上国鉱山：石山ら), JAK, 6, 149-171（1982).

PARAREALGAR
AsS
パラ鶏冠石 (para-keikan-seki) mon. 単斜

Nishinomaki mine, Gunma Pref.: Matsubara & Miyawaki（群馬県西ノ牧鉱山：松原・宮脇), BSM, 31, 1-6（2005); 宮城県文字鉱山 (Moji mine, Miyagi Pref.).

PARAREALGAR パラ鶏冠石 Nishinomaki mine, Shimonita, Gunma Pref. 群馬県下仁田町西ノ牧鉱山 40 mm wide 左右 40 mm

PARARSENOLAMPRITE
As
パラ輝砒鉱 (para-ki-hi-kô) orth. 斜方 [N][新]

Mukuno mine, Oita Pref.: Matsubara et al.（大分県向野鉱山：松原ら), MM, 65, 807-812（2001). Type specimen: NSM-M28015

PARARSENOLAMPRITE パラ輝砒鉱 Mukuno mine, Kitsuki, Oita Pref. 大分県杵築市向野鉱山 crystals 2 mm long 結晶の長さ 2 mm

PARARSENOLAMPRITE
Matsubara et al. (2001), MM, 65, 807-812 (松原ら)
Mukuno mine, Oita Pref.
大分県向野鉱山

	Wt.%
As	91.89
Sb	7.25
S	0.48
Total	99.62

PARASCHOLZITE
$CaZn_2(PO_4)_2 \cdot 2H_2O$

パラショルツ石 (para-shorutsu-seki) mon. 単斜

滋賀県灰山：高田・松原，地研 (Haiyama, Shiga Pref.: Takada & Matsubara, CK), 38, 75-82 (1989).

PARASIBIRSKITE
$Ca_2B_2O_5 \cdot H_2O$

パラシベリア石 (para-shiberia-seki) mon. 単斜 [N] [新]

Fuka mine, Okayama Pref.: Kusachi et al. (岡山県布賀鉱山：草地ら), MM, 62, 521-525 (1998). Type specimen: NSM-M27689

PARASIBIRSKITE パラシベリア石 Fuka mine, Takahashi, Okayama Pref. 岡山県高梁市布賀鉱山 70 mm wide 左右 70 mm Type specimen タイプ標本

PARASIBIRSKITE
Kusachi et al. (1998), MM, 62, 521-525 (草地ら)
Fuka mine, Okayama Pref.
岡山県布賀鉱山

	Wt.%
CaO	56.06
B_2O_3	34.10
$H_2O(+)$	9.97
Total	100.13

PARASYMPLESITE
$Fe_3(AsO_4)_2 \cdot 8H_2O$

亜砒藍鉄鉱 (a-hi-ran-tekkô) mon. 単斜 [N] [新]

Kiura mine, Oita Pref.: Ito et al. (大分県木浦鉱山：伊藤ら), PJ, 30, 318-324 (1954); 宮崎県見立鉱山：加藤，櫻標 (Mitate mine, Miyazaki Pref.: Kato, SKH), 48 (1973); 岐阜県一柳：松原ら，岩鉱 (Ichiyanagi, Gifu Pref.: Matsubara et al., GK), 87, 147-148 (1992). Type specimen: NSM-M24052

PARASYMPLESITE 亜砒藍鉄鉱 Kiura mine, Saiki, Oita Pref. 大分県佐伯市木浦鉱山 80 mm wide 左右 80 mm

PARASYMPLESITE 亜砒藍鉄鉱 Kiura mine, Saiki, Oita Pref. 大分県佐伯市木浦鉱山 75 mm wide 左右 75 mm

PARASYMPLESITE
Ito et al. (1954), PJ, 30, 318-324 (伊藤ら)
Kiura mine, Oita Pref.
大分県木浦鉱山

	Wt.%
As_2O_5	38.43
Fe_2O_3	0.81
FeO	37.70
$H_2O(+)$	12.70
$H_2O(-)$	10.67
Total	100.31

PARATACAMITE
$Cu_2(OH)_3Cl$

パラアタカマ石 (para-atakama-seki) trig. 三方 [例] [R]

鹿児島県双子島：加藤ら，地研 (Futago Island, Kagoshima Pref.: Kato et al., CK), 31, 455-459 (1980).

PARATELLURITE
TeO_2
パラテルル石 (para-teruru-seki) tet. 正方

静岡県河津鉱山：櫻井・加藤, 鉱雑 (Kawazu mine, Shizuoka Pref.: Sakurai & Kato, KZ), 7, 346-347 (1965).

parawollastonite = wollastonite-2M
（パラ珪灰石）(para-keikai-seki)

PARGASITE
$NaCa_2Mg_4AlSi_6Al_2O_{22}(OH)_2$
パーガス閃石 (pâgasu-senseki) mon. 単斜

PARKERITE
$Ni_3(Bi,Pb)_2S_2$
パーカー鉱 (pâkâ-kô) mon. 単斜

山口県宇部：吉武ら, 岩鉱 (Ube, Yamaguchi Pref.: Yoshitake et al., GK), 73, 86-87 (1978); 島根県都茂鉱山：菅木ら, 鉱山特別 (Tsumo mine, Shimane Pref.: Sugaki et al., KT), 9, 89-144 (1981).

PARNAUITE
$Cu_9(AsO_4)_2(SO_4)(OH)_{10} \cdot 7H_2O$
パルノー石 (parunô-seki) orth. 斜方 [例] [R]

静岡県河津鉱山 (Kawazu mine, Shizuoka Pref.); 広島県瀬戸田 (Setoda, Hiroshima Pref.).

PAVONITE
$AgBi_3S_5$
パボン鉱 (pabon-kô) mon. 単斜 [R] [例]

Sanpo mine, Okayama Pref.: Matsueda et al.（岡山県山宝鉱山：松枝ら）, JAK, 5, 15-77 (1980); Ikuno mine, Hyogo Pref.: Shimizu & Kato (兵庫県生野鉱山：清水・加藤), CM, 34, 1323-1327 (1996).

PEARCEITE
$(Ag,Cu)_{16}As_2S_{11}$
ピアス鉱 (piasu-kô) mon. 単斜

PECTOLITE
$Ca_2NaSi_3O_8(OH)$
ペクトライト（ソーダ珪灰石）(pekutoraito, sôda-keikai-seki) tric. 三斜

PENNANTITE
$(Mn,Mg)_5Al(Si_3Al)O_{10}(OH)_8$
ペナント石 (penanto-seki) mon. 単斜 [R] [例]

Fujii mine, Fukui Pref.: Matsubara & Kato（福井県藤井鉱山：松原・加藤）, MSM, 19, 7-18 (1986); 群馬県萩平鉱山 (Hagidaira mine, Gunma Pref.).

PENTAHYDROBORITE
$CaB_2O(OH)_6 \cdot 2H_2O$
五水灰硼石 (gosui-kaihô-seki) tric. 三斜

岡山県布賀鉱山：藤原ら, 地研 (Fuka mine, Okayama Pref.: Fujiwara et al., CK), 33, 11-20 (1982).

PENTAHYDROBORITE 五水灰硼石 Fuka mine, Takahashi, Okayama Pref. 岡山県高梁市布賀鉱山 70 mm wide 左右 70 mm

PENTLANDITE
$(Fe,Ni)_9S_8$
ペントランド鉱（硫鉄ニッケル鉱）(pentorando-kô, ryû-tetsu-nikkeru-kô) cub. 等軸

penwithite = NEOTOCITE
（ペンウィス石）(penwisu-seki)

PERICLASE
MgO
ペリクレース (perikurêsu) cub. 等軸

Nogodani, Gifu Pref.: Sawaki（岐阜県能郷谷：沢木）, CZ, 95, 137-140 (1989).

PEROVSKITE
$CaTiO_3$
ペロブスキー石（灰チタン石）(perobusukî-seki, kai-chitan-seki) mon. 単斜 [例] [R]

岡山県布賀：草地ら, 鉱雑 (Fuka, Okayama Pref.: Kusachi et al., KZ), 11, 219-226 (1973).

PEROVSKITE

草地ら（1973），鉱雑（KZ），11, 219-226（Kusachi et al.）

岡山県布賀
Fuka, Okayama Pref.

	Wt.%
SiO_2	0.42
TiO_2	55.67
Al_2O_3	0.51
$(REE)_2O_3$	0.60
FeO	0.96
MnO	0.00
MgO	0.02
CaO	39.24
SrO	0.00
Na_2O	0.03
K_2O	0.74
P_2O_5	0.01
$H_2O(+)$	1.26
$H_2O(-)$	0.48
Total	99.94

PERRIERITE-(Ce)

$(Ce,Ca)_4Fe^{3+}(Ti,Fe^{3+})_2Ti_2Si_4O_{22}$

ペリエル石 (perieru-seki) mon. 単斜

京都府河辺：田久保・西村, 鉱雑 (Kobe, Kyoto Pref.: Takubo & Nishimura, KZ), 1, 51-56 (1953).

PETALITE

$LiAlSi_4O_{10}$

ペタル石 (petaru-seki) mon. 単斜

Nagatare, Fukuoka Pref.: Harada (福岡県長垂：原田), JHO, 8, 289-348 (1954).

PETERSITE-(Y)

$(Y,Ca)Cu_6(PO_4)_3(OH)_6 \cdot 3H_2O$

ピータース石 (pîtâsu-seki) hex. 六方

滋賀県灰山：岡本ら, 地研 (Haiyama, Shiga Pref.: Okamoto et al., CK), 37, 191-194 (1986).

PETRUKITE

$(Cu,Fe,Zn)_3(Sn,In)S_4$

ペトラック鉱 (petorakku-kô) orth. 斜方

Ikuno mine, Hyogo Pref.: Kissin & Owens (兵庫県生野鉱山：キッシン・オーエン), MAC, 12, 62 (1987).

PETZITE

Ag_3AuTe_2

ペッツ鉱 (pettsu-kô) cub. 等軸

PHARMACOSIDERITE

$KFe^{3+}_4(AsO_4)_3(OH)_4 \cdot 6\text{-}7H_2O$

毒鉄鉱 (doku-tekkô) cub 等軸 [R] [例]

Takara mine, Aichi Pref.: Matsubara & Nomura (愛知県宝鉱山：松原・野村), BSM, 15, 761-766 (1972).

PHENAKITE

Be_2SiO_4

フェナク石 (fenaku-seki) trig. 三方 [例] [R]

岐阜県蛭川：長島・櫻井, 鉱雑 (Hirukawa, Gifu Pref.: Nagashima & Sakurai, KZ), 9, 258-263 (1969).

PHILIPSBORNITE

$PbAl_3H(AsO_4)_2(OH)_6$

フィリップスボーン石 (firippusubôn-seki) trig. 三方

岐阜県遠ケ根鉱山：松原ら, 地研 (Togane mine, Gifu Pref.: Matsubara et al., CK), 39, 101-105 (1990)：松原・松山, 鉱雑 (Matsubara & Matsuyama, KZ), 26, 181-184 (1997)；栃木県足尾鉱山：沼尾ら, 地研 (Ashio mine, Tochigi Pref.: Numao et al., CK), 53, 213-220 (2005).

phillipsite = PHILLIPSITE-Ca, PHILLIPSITE-Na, PHILLIPSITE-K

十字沸石 (jûji-fusseki)

PHILLIPSITE-Ca

$(Ca_{0.5},Ba_{0.5},K,Na)_{4\text{-}7}Al_{4\text{-}7}Si_{12\text{-}9}O_{32} \cdot 12H_2O$

灰十字沸石 (kai-jûji-fusseki) mon.(psd. orth.) 単斜（擬斜方）[R] [例]

Maze, Niigata Pref.: Harada et al. (新潟県間瀬：原田ら), AM, 52, 1785-1794 (1967).

PHILLIPSITE-K

$(K,Na,Ca_{0.5},Ba_{0.5})_{4\text{-}7}Al_{4\text{-}7}Si_{12\text{-}9}O_{32} \cdot 12H_2O$

カリ十字沸石 (kari-jûji-fusseki) mon.(psd. orth.) 単斜（擬斜方）[例] [R]

島根県浜田：松原ら, 鉱雑 (Hamada, Shimane Pref.: Matsubara et al., KZ), 27, 195-202 (1998).

PHILLIPSITE-Na

$(Na,K,Ca_{0.5},Ba_{0.5})_{4\text{-}7}Al_{4\text{-}7}Si_{12\text{-}9}O_{32} \cdot 12H_2O$

ソーダ十字沸石 (sôda-jûji-fusseki) mon.(psd. orth.) 単斜（擬斜方）[R] [例]

Ogi, Sado, Niigata Pref.: Tiba et al. (新潟県佐渡小木：千葉ら), BSM, 21, 61-69 (1995).

PHLOGOPITE

$KMg_3AlSi_3O_{10}(F,OH)_2$

金雲母 (kin-unmo) mon. 単斜

PHOSPHOSIDERITE

$Fe^{3+}(PO_4) \cdot 2H_2O$

単斜燐鉄鉱 (tansha-rin-tekkô) mon. 単斜

長野県諏訪鉱山：櫻井, 地研 (Suwa mine, Nagano Pref.: Sakurai, CK), 37, 137-145 (1986).

PHOSPHURANYLITE
$Ca(UO_2)_3(PO_4)_2(OH)_2 \cdot 6H_2O$
燐ウラニル石 (rin-uraniru-seki) orth. 斜方 [例] [R]
福島県塩沢：櫻井・加藤，鉱雑 (Shiozawa, Fukushima Pref.: Sakurai & Kato, KZ), 4, 49-52（1959）.

PICKERINGITE
$MgAl_2(SO_4)_4 \cdot 22H_2O$
苦土明礬 (kudo-myôban) mon. 単斜

picotite = 含クロムスピネル (Cr-bearing SPINEL)
（クロムスピネル）(kuromu-supineru)

PIEMONTITE
$Ca_2Mn^{3+}Al_2(Si_2O_7)(SiO_4)O(OH)$
紅簾石 (kôren-seki) mon. 単斜

PIGEONITE
$(Mg,Fe,Ca)_2Si_2O_6((Ca_2Si_2O_6)_{5-20})$
ピジョン輝石 (pijon-kiseki) mon. 単斜

PIRQUITASITE
Ag_2ZnSnS_4
ピルキタス鉱 (pirukitasu-kô) tet. 正方
北海道豊羽鉱山：弧嶋ら，鉱山 (Toyoha mine, Hokkaido: Kojima et al., KC), 29, 197-206（1979）.

pisanite = 含銅緑礬 (Cu-bearing MELANTERITE)
（銅緑礬）(dô-ryokuban)

pitchblende = 塊状の閃ウラン鉱 (massive URANINITE)
（瀝青ウラン鉱）(rekisei-uran-kô)

PLANCHEITE
$Cu_8(Si_4O_{11})_2(OH)_4 \cdot H_2O$
プランヘ石 (puranhe-seki) orth. 斜方
秋田県亀山盛鉱山：加藤，櫻標 (Kisamori mine, Akita Pref.: Kato, SKH), 63（1973）.

PLANERITE
$Al_6(PO_4)_2(PO_3OH)_2(OH)_8 \cdot 4H_2O$
プラネル石 (puraneru-seki) tric. 三斜
Toyoda, Kochi Pref.: Matsubara et al.（高知県豊田：松原ら），GK, 83, 141-149（1988）; Inokura, Tochigi Pref.: Matsubara & Kato（栃木県猪倉：松原・加藤），BSM, 20, 79-88（1994）.

PLATINUM
Pt
自然白金 (shizen-hakkin) cub. 等軸
北海道天塩 (Teshio, Hokkaido)

PLOMBIERITE
$Ca_5H_2Si_6O_{18} \cdot 6H_2O$
プロンビエル石 (puronbieru-seki) orth. 斜方 [例] [R]
神奈川県西丹沢：松原，神自 (Nishi-Tanzawa, Kanagawa Pref.: Matsubara, KSS), 1, 39-41（1980）.

PLUMBOGUMMITE
$PbAl_3H(PO_4)_2(OH)_6$
鉛ゴム石 (namari-gomu-seki) trig. 三方
北海道上国鉱山：南部・北村，地研 (Jokoku mine, Hokkaido: Nambu & Kitamura, CK), 25, 102-110 (1974); 北海道小別沢鉱山：松原ら，岩鉱要 (Obetsuzawa, Hokkaido: Matsubara et al., GKY), 159 (1997).

PLUMBOJAROSITE
$PbFe^{3+}_6(SO_4)_4(OH)_{12}$
鉛鉄明礬石 (namari-tetsu-myôban-seki) trig. 三方
新潟県白板鉱山：山田ら，鉱要 (Shiraita mine, Niigata Pref.: Yamada et al., KY), 69 (2001).

POLLUCITE
$(Cs,Na)AlSi_2O_6 \cdot nH_2O \ (Cs+n)=1$
ポルクス石 (porukusu-seki) cub. 等軸
Nagatare, Fukuoka Pref.: Sakurai et al.（福岡県長垂：櫻井ら），BC, 45, 812-813（1972）; 茨城県妙見山：櫻井ら，岩鉱 (Myokensan, Ibaraki Pref.: Sakurai et al., GK), 72, 13-27（1977）.

POLYBASITE
$(Ag,Cu)_{16}Sb_2S_{11}$
雑銀鉱 (zatsu-ginkô) mon. (psd. hex.) 単斜（擬六方）

POLYCRASE-(Y)
$(Y,Ca,Ce,U,Th)(Ti,Nb,Ta)_2O_6$
ポリクレース石 (porikurêsu-seki) orth. 斜方

POLYDYMITE
Ni_3S_4
ポリジム鉱 (porijimu-kô) cub. 等軸

POLYLITHIONITE
$KLi_2AlSi_4O_{10}F_2$
ポリリシオ雲母 (pori-rishio-unmo) mon. 単斜
福岡県長垂：片岡・上原，鉱要 (Nagatare, Fukuoka Pref.: Kataoka & Uehara, KY), 101 (2000).

POSNJAKITE
$Cu_4(SO_4)(OH)_6 \cdot 2H_2O$

ポスンジャク石 (posunjaku-seki) mon. 単斜 [例] [R]

栃木県小来川鉱山：加藤，櫻標 (Okorogawa mine, Tochigi Pref.: Kato, SKH), 44 (1973).

POTARITE
PdHg

ポタロ鉱 (potaro-kô) tet. 正方

Inatsumiyama, Tottori Pref.: Arai et al. (鳥取県稲積山：荒井ら), MM, 63, 369-377 (1999).

POTASSIC-MAGNESIOSADANAGAITE
$KCa_2Mg_3(Fe^{3+},Al)_2Al_3Si_5O_{22}(OH)_2$

カリ苦土定永閃石 (kari-kudo-sadanaga-senseki) mon. 単斜 [N] [新]

Myojin Island, Ehime Pref.: Shimazaki et al. (愛媛県明神島：島崎ら), AM, 69, 465-471 (1984).

1: POTASSIC-MAGNESIOSADANAGAITE
2: POTASSICSADANAGAITE
Shimazaki et al. (1984), AM, 69, 465-471 (島崎ら)

	Myojin Island, Ehime Pref. 愛媛県明神島 1 Wt.%	Yuge Island, Ehime Pref. 愛媛県弓削島 2 Wt.%
SiO_2	32.1	29.9
TiO_2	3.2	4.3
Al_2O_3	22.0	22.6
FeO	13.7	17.4
MnO	0.1	0.3
MgO	8.0	6.1
CaO	12.5	11.9
Na_2O	0.7	0.6
K_2O	3.8	3.7
Total	96.1	96.8

POTASSICLEAKEITE
$(K,Na)Na_2Mg_2Fe^{3+}_2LiSi_8O_{22}(OH)_2$

カリリーキ閃石 (kari-rîki-senseki) mon. 単斜 [N] [新]

Tanohata mine, Iwate Pref.: Matsubara et al. (岩手県田野畑鉱山：松原ら), JMPS, 97, 177-184 (2002). Type specimen: NSM-M28188

POTASSICLEAKEITE
Matsubara et al. (2002), JMPS, 97, 177-184 (松原ら)

Tanohata mine, Iwate Pref.
岩手県田野畑鉱山

	Wt.%
SiO_2	55.34
TiO_2	0.29
Al_2O_3	0.44
V_2O_3	5.52
Fe_2O_3	9.45
MnO	7.81
MgO	7.23
CaO	0.13
Na_2O	8.73
K_2O	3.10
Li_2O	1.2
F	0
H_2O*	2.08
Total	101.32

*: calculated

POTASSICSADANAGAITE
$KCa_2Fe_3(Fe^{3+},Al)_2Al_3Si_5O_{22}(OH)_2$

カリ定永閃石 (kari-sadanaga-senseki) mon. 単斜 [N] [新]

Yuge Island, Ehime Pref.: Shimazaki et al. (愛媛県弓削島：島崎ら), AM, 69, 465-471 (1984)；岐阜県能郷谷：佐脇，岩鉱 (Nogodani, Gifu Pref.: Sawaki et al., GK), 83, 357-373 (1988). Type specimen: NSM-M23378

POTASSICSADANAGAITE カリ定永閃石 Yuge Island, Kamijima, Ehime Pref. 愛媛県上島町弓削島 85 mm wide 左右 85 mm Type specimen タイプ標本

POTASSICLEAKEITE カリリーキ閃石 Tanohata mine, Tanohata, Iwate Pref. 岩手県田野畑村田野畑鉱山 4 mm wide 左右 4 mm Type specimen タイプ標本

POTOSIITE
Pb$_6$FeSb$_2$Sn$^{4+}_2$S$_{14}$

ポトシ鉱 (potoshi-kô) tric. 三斜

Hoei mine, Oita Pref.: Shimizu et al. (大分県豊栄鉱山：清水ら), MP, 46, 155-161 (1992).

POTOSIITE Shimizu et al. (1992), MP, 46, 155-161 (清水ら)		
	Hoei mine, Oita Pref. 大分県豊栄鉱山	
	Wt.%	
Pb	52.5	53.0
Ag	0.2	0.2
Sb	10.8	10.8
Bi	0.5	0.3
Fe	2.4	2.5
Mn	0.2	0.1
Cd	0.1	0
Sn	12.5	12.4
S	20.4	20.3
Total	99.6	99.6

POUGHITE
Fe$_2$(TeO$_3$)$_2$(SO$_4$)·3H$_2$O

ポウ石 (pou-seki) orth. 斜方

北海道小別沢鉱山：井伊・岡田，鉱要 (Obetsuzawa mine, Hokkaido: Ii & Okada, KY), 93 (1990); 静岡県河津鉱山 (Kawazu mine, Shizuoka Pref.).

POWELLITE
CaMoO$_4$

灰水鉛石 (kai-suien-kô) tet. 正方 [例] [R]

富山県小黒部鉱山：逸見・大塚，鉱雑 (Kokurobe mine, Toyama Pref.: Henmi & Otsuka, KZ), 3, 234-235 (1957).

PREHNITE
Ca$_2$AlAl Si$_3$O$_{10}$(OH)$_2$

葡萄石 (budô-seki) orth. 斜方，mon. 単斜

PREISINGERITE
Bi$_3$O(AsO$_4$)$_2$(OH)

プライジンガー石 (puraijingâ-seki) tric. 三斜

山口県大和鉱山：大西ら，鉱要 (Yamato mine, Yamaguchi Pref.: Ohnishi et al., KY), 151 (2005).

PROTOANTHOPHYLLITE
Mg$_7$Si$_8$O$_{22}$(OH)$_2$

プロト直閃石 (puroto-choku-senseki) orth. 斜方 [N] [新]

Takase mine, Okayama Pref.: Konishi et al. (岡山県高瀬鉱山：小西ら), AM, 88, 1718-1723 (2003). Type specimen: NSM-M28196

PROTOANTHOPHYLLITE プロト直閃石 Takase mine, Niimi, Okayama Pref. 岡山県新見市高瀬鉱山 40 mm wide 左右 40 mm

PROTOANTHOPHYLLITE Konishi et al. (2003), AM, 88, 1718-1723 (小西ら)	
Takase mine, Okayama Pref. 岡山県高瀬鉱山	
	Wt.%
SiO$_2$	58.53
TiO$_2$	0.01
Al$_2$O$_3$	0.87
Cr$_2$O$_3$	0.02
FeO	5.43
MnO	0.12
NiO	0.11
MgO	31.33
CaO	0.01
Na$_2$O	0.24
K$_2$O	0
H$_2$O*	2.22
Total	98.89
*: calculated	

PROTOFERRO-ANTHOPHYLLITE
Fe$_2$Fe$_5$Si$_8$O$_{22}$(OH)$_2$

プロト鉄直閃石 (puroto-tetsu-choku-senseki) orth. 斜方 [N] [新]

Hirukawa, Gifu Pref.: Sueno et al. (岐阜県蛭川：末野ら), PCM, 25, 366-377 (1998).

PROTOMANGANO-FERRO-ANTHOPHYLLITE
Mn$_2$Fe$_5$Si$_8$O$_{22}$(OH)$_2$

プロトマンガン鉄直閃石 (puroto-mangan-tetsu-choku-senseki) orth. 斜方 [N] [新]

Yokoneyama, Tochigi Pref. & Suishoyama, Fukushima Pref.: Sueno et al. (栃木県横根山，福島県水晶山：末野ら), PCM, 25, 366-377 (1998).

PROTOFERRO-ANTHOPHYLLITE
Sueno et al. (1998), PCM, 25, 366-377 (末野ら)
Hirukawa, Gifu Pref.
岐阜県蛭川

	Wt.%
SiO_2	47.04
Al_2O_3	0.33
FeO	46.63
MnO	2.97
MgO	0.57
CaO	0.00
Na_2O	0.00
K_2O	0.00
Total	97.54

PROTOMANGANO-FERRO-ANTHOPHYLLITE
Sueno et al. (1998), PCM, 25, 366-377 (末野ら)
Yokoneyama, Tochigi Pref.
栃木県横根山

	Wt.%
SiO_2	48.99
Al_2O_3	0.17
FeO	34.44
MnO	9.98
MgO	3.69
CaO	0.16
Na_2O	0.00
K_2O	0.00
Total	97.43

PROTOMANGANO-FERRO-ANTHOPHYLLITE プロトマンガン鉄直閃石 Yokoneyama, Kanuma, Tochigi Pref. 栃木県鹿沼市横根山 10 mm wide 左右 10 mm

PROUSTITE
Ag_3AsS_3
淡紅銀鉱 (tankô-ginkô) trig. 三方

PSEUDOBROOKITE
$Fe^{3+}_2TiO_5$
擬板チタン石 (gi-ita-chitan-seki) orth. 斜方
Mt. Haruna, Gunma Pref.: Oshima (群馬県榛名山：大島), ST, 27, 41-48 (1977).

PSEUDOMALACHITE
$Cu_5(PO_4)_2(OH)_4 \cdot H_2O$
擬孔雀石 (gi-kujaku-seki) mon. 単斜 [例] [R]
京都府船岡鉱山：松尾・藤原, 京地 (Funaoka mine, Kyoto Pref.: Matsuo & Fujiwara, KCK), 30 (special volume), 66-88 (1978).

psilomelane =
大部分はロマネシュ鉱，稀にクリプトメレン鉱や軟マンガン鉱からなる塊状の二酸化マンガン鉱物 (massive manganese dioxide mineral composed of mainly ROMANECHITE and rarely PYROLUSITE or CRYPTOMELANE) (サイロメレン) (sairomeren)

ptilolite = MORDENITE
(プチロル沸石) (puchiroru-fusseki)

PUCHERITE
$BiVO_4$
プッチャー石 (pucchâ-seki) orth. 斜方
Ishikawa, Fukushima Pref.: Miyawaki et al. (福島県石川：宮脇ら), BSM, 25, 59-64 (1999).

PUMPELLYITE-(Al)
$Ca_8(Al,Mg)_4Al_8Si_{12}(O,OH)_{56}$
アルミノパンペリー石 (arumino-panperî-seki) mon. 単斜

PUMPELLYITE-(Fe^{2+})
$Ca_8(Fe^{2+},Al,Mg)_4Al_8Si_{12}(O,OH)_{56}$
鉄パンペリー石 (tetsu- panperî-seki) mon. 単斜 [例] [R]
北海道福山：榊原ら, 三要 (Fukuyama, Hokkaido: Sakakibara et al., SY), 135 (1986); 島根県古浦ケ鼻：松原ら, 鉱要 (Kouragahana, Shimane Pref.: Matsubara et al., KY), 161 (1992).

PUMPELLYITE-(Mg)
$Ca_8Mg_4Al_8Si_{12}(O,OH)_{56}$
苦土パンペリー石 (kudo- panperî-seki) mon. 単斜 [例] [R]
神奈川県大日鉱山：加藤・木島, 神自 (Dainichi mine, Kanagawa Pref.: Kato & Kishima, KSS), 17, 95-107 (1996).

PUMPELLYITE-(Mn^{2+})
$Ca_8(Mn^{2+},Mg)_4(Al,Mn^{3+})_8Si_{12}(O,OH)_{56}$
マンガンパンペリー石 (mangan- panperî-seki) mon. 単斜 [N] [R] [新] [例]
Ochiai mine, Yamanashi Pref.: Kato et al. (山梨県落合鉱山：加藤ら), BM, 104, 396-399 (1981). Type specimen: NSM-M23125

PUMPELLYITE-(Mn^{2+}) マンガンパンペリー石 Ochiai mine, Minamiarupusu, Yamanashi Pref. 山梨県南アルプス市落合鉱山 60 mm wide 左右 60 mm Type specimen タイプ標本

PUMPELLYITE-(Mn^{2+})
Kato et al. (1981), BM, 104, 396-399 (加藤ら)
Ochiai mine, Yamanashi Pref.
山梨県落合鉱山

	Wt.%
SiO$_2$	35.66
TiO$_2$	0.02
Al$_2$O$_3$	13.40
Fe$_2$O$_3$	2.43
Mn$_2$O$_3$*	7.74
MnO*	13.41
MgO	0.89
CaO	20.69
Na$_2$O	0.01
K$_2$O	0
H$_2$O**	5.75
Total	100.00

*: calculated
**: difference

pyralspite =
苦礬石榴石−鉄礬石榴石−満礬石榴石系石榴石
(PYROPE-ALMANDINE-SPESSARTINE series garnet (パイラルスパイト)

PYRARGYRITE
Ag$_3$SbS$_3$
濃紅銀鉱 (nôkô-ginkô) trig. 三方

PYRITE
FeS$_2$
黄鉄鉱 (ô-tekkô) cub. 等軸

PYROAURITE
Mg$_6$Fe$^{3+}_2$(CO$_3$)(OH)$_{16}$·4H$_2$O
パイロオーロ石 (pairoôro-seki) trig. 三方

PYROCHLORE
(Na,Ca)$_2$(Nb,Ta)$_2$O$_6$(OH,F)
パイロクロア石 (pairokuroa-seki) cub. 等軸
福岡県御床：長島・長島, 希元 (Mitoko, Fukuoka Pref.: Nagashima & Nagashima, NKK), 208 (1960).

PYROCHROITE
Mn(OH)$_2$
キミマン鉱 (kimiman-kô) trig. 三方

PYROLUSITE
MnO$_2$
軟マンガン鉱 (nan-mangan-kô) tet. 正方

PYROMORPHITE
Pb$_5$(PO$_4$)$_3$Cl
緑鉛鉱 (ryoku-en-kô) hex. 六方

PYROPE
Mg$_3$Al$_2$(SiO$_4$)$_3$
苦礬石榴石 (kuban-zakuro-ishi) cub. 等軸

PYROPHANITE
MnTiO$_3$
パイロファン石 (pairofan-seki) trig. 三方

PYROPHYLLITE
Al$_2$Si$_4$O$_{10}$(OH)$_2$
葉蝋石 (yôrô-seki) mon. 単斜, tric. 三斜

PYROSTILPNITE
Ag$_3$SbS$_3$
火閃銀鉱 (kasen-ginkô) mon. 単斜
鹿児島県串木野鉱山：宮久ら, 鉱雑 (Kushikino mine, Kagoshima Pref.: Miyahisa et al., KZ), 13, 209-219 (1977); 宮崎県天包山 (Tenpozan, Miyazaki Pref.).

PYROXFERROITE
(Fe,Mn)$_7$Si$_7$O$_{21}$
パイロクスフェロ石 (pairokusufero-seki) tric. 三斜
京都府男山：立川, 鉱雑 (Otokoyama, Kyoto Pref.: Tatekawa, KZ), 6, 324-329 (1964); 京都府大路：山田ら, 地研 (Ohro, Kyoto Pref.: Yamada et al., CK), 31, 205-222 (1980).

PYROXFERROITE

	京都府男山 Otokoyama, Kyoto Pref.		京都府大路 Ohro, Kyoto Pref.
	1	2	3
	Wt.%		Wt.%
SiO_2	46.37	47.66	46.2
TiO_2	tr.	tr.	
Fe_2O_3	2.94	2.46	
Al_2O_3	0.51	0.02	
FeO	26.01	25.10	35.7
CaO	2.57	3.07	
MnO	20.08	20.25	17.7
MgO	1.32	1.15	
Na_2O	0.03	0.04	
K_2O	0.05	0.04	
$H_2O(+)$	0.33	0.10	
$H_2O(-)$	0.32	0.24	
Total	100.53	100.13	99.6

1, 2: 立川 (1964), 鉱雑 (KZ), 6, 324-329 (Tatekawa)
3: 山田ら (1980), 地研 (CK), 31, 205-222 (Yamada et al.)

PYROXMANGITE

$(Mn,Fe)_7Si_7O_{21}$

パイロクスマンガン石 (pairokusumangan-seki) tric. 三斜

PYRRHOTITE

$Fe_{1-x}S$

磁硫鉄鉱 (ji-ryû-tekkô) mon. 単斜, hex. 六方

Q

QUARTZ 石英 Takayama, Nakatsugawa, Gifu Pref. 岐阜県中津川市高山 150 mm tall 高さ 150 mm Morion 黒水晶

QUARTZ 石英 Naru Island, Goto, Nagasaki Pref. 長崎県五島市奈留島 largest crystal 23 mm tall 最大の結晶の高さ 23 mm Japanese twin 日本式双晶

QUARTZ
SiO_2
石英 (sekiei) trig. 三方

QUENSELITE
$PbMn^{3+}O_2(OH)$
クエンセル鉱 (kuenseru-kô) mon. 単斜

山形県森鉱山：南部・吉田, 三要 (Mori mine, Yamagata Pref.: Nambu & Yoshida, SY), 53 (1993).

QUENSTEDTITE
$Fe^{3+}_2(SO_4)_3 \cdot 11H_2O$
クエンステット石 (kuensutetto-seki) tric. 三斜

Ikushunbetsu, Hokkaido: Miura et al. (北海道幾春別：三浦ら), 58, 649-653 (1994).

QUARTZ 石英 Kofu, Yamanashi Pref. 山梨県甲府市 crystal 200 mm tall 結晶の高さ 200 mm Japanese twin 日本式双晶

R

RAJITE
CuTeO$_5$
ラジャ石（raja-seki）mon. 単斜
静岡県河津鉱山：善財ら，地研（Kawazu mine, Shizuoka Pref.: Zenzai et al., CK), 54, 131-136 (2005).

RAMBERGITE
MnS
ラムベルグ鉱（ramuberugu-kô）hex. 六方
埼玉県広河原：西久保ら，鉱要（Hirogawara, Saitama Pref.: Nishikubo et al., KY), 148 (2005).

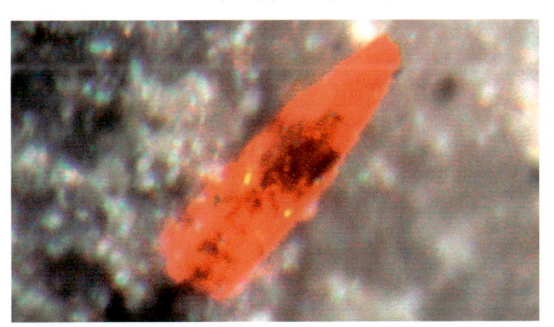

RAMBERGITE ラムベルグ鉱 Hirogawara, Chichibu, Saitama Pref. 埼玉県秩父市広河原 crystal 0.5 mm long 結晶の長さ 0.5 mm

RAMMELSBERGITE
NiAs$_2$
ランメルスベルグ鉱（ranmerusuberugu-kô）orth. 斜方
兵庫県夏梅鉱山：松隈，鉱山（Natsume mine, Hyogo Pref.: Matsukuma, KC), 8, 55 (1958).

RAMSBECKITE
(Cu,Zn)$_{15}$(SO$_4$)$_4$(OH)$_{22}$·6H$_2$O
ラムスベック石（ramusubekku-seki）mon. 単斜
大阪府平尾旧坑：大西ら，地研（Hirao mine, Osaka pref.: Ohnishi et al., CK), 50, 137-159 (2001).

RAMSDELLITE
MnO$_2$
ラムスデル鉱（ramusuderu-kô）orth. 斜方

RANCIEITE
(Ca,Mn)Mn$^{4+}_4$O$_9$·3H$_2$O
ランシー鉱（ranshî-kô）hex. 六方

RANKINITE
Ca$_3$Si$_2$O$_7$
ランキン石（rankin-seki）mon. 単斜
岡山県布賀：逸見ら，鉱雑（Fuka, Okayama Pref.: Henmi et al., KZ), 12, 205-214 (1975).

ranquilite = HAIWEEITE
（ランキル石）（rankiru-seki）

RASPITE
PbWO$_4$
単斜鉛重石（tansha-en-jûseki）mon. 単斜
京都府行者山：藤原，地研（Gyojayama, Kyoto Pref.: Fujiwara, CK), 28, 279-283 (1977).

REALGAR
As$_4$S$_4$
鶏冠石（keikan-seki）mon. 単斜

REDDINGITE
Mn$_3$(PO$_4$)$_2$·3H$_2$O
レディング石（redingu-seki）orth. 斜方
茨城県雪入：松原・加藤，鉱雑（Yukiiri, Ibaraki Pref.: Matsubara & Kato, KZ), 14, 269-286 (1980).

redondite = メスバッハ型のバリシア石
（Messbach-type VARISCITE）（レドンダ石）（redonda-seki）

REEVESITE
Ni$_6$Fe$^{3+}_2$(CO$_3$)(OH)$_{16}$·4H$_2$O
リーブス石（rîbusu-seki）trig. 三方
三重県菅島：皆川ら，三要（Sugashima, Mie Pref.: Minakawa et al., SY), 27 (1989).

RENGEITE
Sr$_4$ZrTi$_4$Si$_4$O$_{22}$
蓮華石（renge-seki）mon. 単斜 [N] [新]
Oyashirazu & Kotaki River, Niigata Pref.: Miyajima et al.（新潟県親不知，小滝川：宮島ら），MM, 65, 111-120 (2001). Type specimen: NSM-M27921

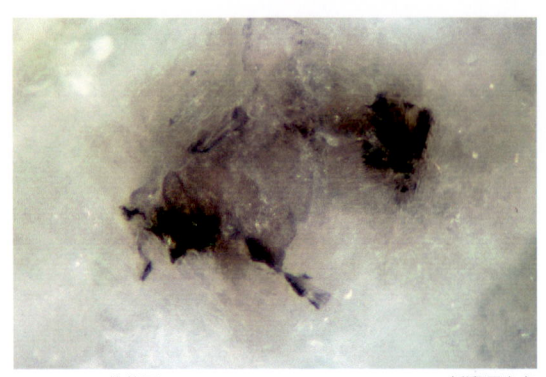

RENGEITE 蓮華石 Kotaki River, Itoigawa, Niigata Pref. 新潟県糸魚川市小滝川 crystal aggregate 6 mm wide 結晶集合の幅 6 mm

RENGEITE
Miyajima et al. (2001), MM, 65, 111-120 (宮島ら)

Oyashirazu, Niigata Pref.
新潟県親不知

	Wt.%
SiO_2	22.58
TiO_2	29.88
ZrO_2	9.49
Nb_2O_5	0.24
Ta_2O_5	0.07
Al_2O_3	0.20
FeO	0.10
MnO	0
MgO	0
CaO	0.43
SrO	34.32
BaO	0.13
Ce_2O_3	0.38
Pr_2O_3	0.10
Nd_2O_3	0.29
Sm_2O_3	0.04
Total	98.25

RENIERITE
$(Cu,Zn)_{11}Fe_4(Ge,As)_2S_{16}$
レニエル鉱 (renieru-kô) tet. 正方

秋田県古遠部鉱山：林ら，岩鉱 (Furutobe mine, Akita Pref.: Hayashi et al., GK), 80, 451-458 (1985); 秋田県釈迦内鉱山 (Shakanai mine, Akita Pref.).

RENIERITE	秋田県古遠部鉱山 Frutobe mine, Akita Pref. 1 Wt.%	秋田県釈迦内鉱山 Shakanai mine, Akita Pref. 2 Wt.%
Cu	44.5	44.41
Zn	0.5	1.20
Fe	13.4	12.91
Ge	4.2	4.74
Sn	0.3	
As	4.9	4.10
S	32.8	32.79
Total	100.6	100.15

1: 林ら(1985), 岩鉱(GK), 451-458 (Hayashi et al.)
2: 宮崎ら(1978), 鉱山(KC), 28, 151-162 (Miyazaki et al.)

RETGERSITE
$NiSO_4 \cdot 6H_2O$
レトゲルス石 (retogerusu-seki) tet. 正方

大分県若山鉱山：皆川・野戸，地研 (Wakayama mine, Oita Pref.: Minakawa & Noto, CK), 35, 233-238 (1984).

rezbanyite =
ハンマー鉱，クルプカ鉱，コサラ鉱の混合物 (a mixture of HAMMARITE, KRUPKAITE, and COSALITE)

岐阜県平瀬鉱山産 (根建・高橋，鉱山, 26, 48 (1976)) の物はさらなる詳しい検討を要する (rezbanyite reported from Hirase mine, Gifu Pref. by Nedachi & Takahashi [KC, 26, 48 (1976)] needs more detailed study) (レズバニー鉱) (rezubanî-kô).

RHABDOPHANE-(Nd)
$(Nd,La,Ce)PO_4 \cdot H_2O$
ネオジムラブドフェン (neojimu-rabudofen) hex. 六方

愛媛県立岩：皆川，佐藤信次教授退官記念論文集 (Tateiwa, Ehime Pref.: Minakawa, SSK), 101-105 (1988).

RHODOCHROSITE
$MnCO_3$
菱マンガン鉱 (ryô-mangan-kô) trig. 三方

RHODOCHROSITE 菱マンガン鉱 Osarizawa mine, Kazuno, Akita Pref. 秋田県鹿角市尾去沢鉱山 150 mm wide 左右 150 mm

RHODONITE
$(Mn,Ca)_5Si_5O_{15}$
ばら輝石 (bara-kiseki) tric. 三斜

RHODONITE ばら輝石 Kaso mine, Kanuma, Tochigi Pref. 栃木県鹿沼市加蘇鉱山 40 mm wide 左右 40 mm

RHODOSTANNITE
$Cu_2FeSn_3S_8$
赤錫鉱 (seki-shaku-kô) tet. 正方
北海道豊羽鉱山：林・菅木，三要 (Toyoha mine, Hokkaido: Hayashi & Sugaki, SY), 73 (1985); Besshi mine, Ehime Pref.: Kase (愛媛県別子鉱山：加瀬), KC, 38, 407-418 (1988).

RHÖNITE
$Ca_2(Mg,Fe,Ti)_6(Si,Al)_6O_{20}$
レーン石 (rên-seki) tric. 三斜
島根県島後：紋川ら，鉱要 (Dogo, Shimane Pref.: Monkawa et al., KY), 65 (2002).

RIBBEITE
$Mn_5(SiO_4)_2(OH)_2$
リッベ石 (ribbe-seki) orth. 斜方 [例] [R]
愛媛県足山鉱山：皆川ら，岩鉱 (Ashiyama mine, Ehime Pref.: Minakawa et al., GK), 86, 182 (1991); Kaso mine, Tochigi Pref.: Kato & Matsubara (栃木県加蘇鉱山：加藤・松原), MJ, 17, 77-82 (1994).

RICHELSDORFITE
$Ca_2Cu_5SbCl(OH)_6(AsO_4)_4 \cdot 6H_2O$
リシェルスドルフ石 (risherusudorufu-seki) mon. 単斜
北海道手稲鉱山：松原ら，鉱要 (Teine mine, Hokkaido: Matsubara et al., KY), 46 (2003).

RICHELSDORFITE
松原ら (2003), 鉱要 (KY), 46 (Matsubara et al.)
北海道手稲鉱山
Teine mine, Hokkaido

	Wt.%
CaO	8.48
CuO	30.52
Sb_2O_5	12.73
As_2O_5	35.22
Cl	2.33
H_2O*	11.25
O = −Cl	0.53
Total	100.00

*: difference

RICHTERITE
$NaCaNaMg_5Si_8O_{22}(OH)_2$
リヒター閃石 (rihitâ-senseki) mon. 単斜
岩手県野田玉川鉱山：南部ら，選研 (Noda-Tamagawa mine, Iwate Pref.: Nambu et al., TSK), 34, 9-18 (1978).

RICKARDITE
Cu_7Te_5
リカルド鉱 (rikarudo-kô) orth. (psd. tet.) 斜方 (擬正方) [例] [R]
北海道手稲鉱山：渡辺，岩鉱 (Teine mine, Hokkaido: Watanabe, GK), 11, 213-220 (1934).

RIEBECKITE
$Na_2Fe_3(Fe^{3+},Al)_2Si_8O_{22}(OH)_2$
リーベック閃石 (rîbekku-senseki) mon. 単斜

ripidolite = 鉄に富むクリクロア石 (Fe-rich CLINOCHLORE)
(リピド石) (ripido-seki)

ROBINSONITE
$Pb_4Sb_6S_{13}$
ロビンソン鉱 (robinson-kô) mon. 単斜
北海道洞爺鉱山：松原ら，鉱要 (Toya mine, Hokkaido: Matsubara et al., KY), 20 (1996).

rock crystal = 自形結晶の石英 (euhedral QUARTZ crystal)
(水晶) (suishô)

rock salt = HALITE
(岩塩) (gan-en)

ROCKBRIDGEITE
$(Fe,Mn)Fe^{3+}_4(PO_4)_3(OH)_5$
ロックブリッジ石 (rokkuburijji-seki) orth. 斜方
茨城県雪入：松原・加藤，鉱雑 (Yukiiri, Ibaraki Pref.: Matsubara & Kato, KZ), 14, 269-286 (1980); 兵庫県押部谷：加藤ら，鉱要 (Oshibedani, Hyogo Pref.: Kato et al., KY), 38 (1988).

ROEDDERITE
$(Na,K)_2(Mg,Fe)_5Si_{12}O_{30}$
ロダー石 (rodâ-seki) hex. 六方
鹿児島県硫黄島：奥村ら，三要 (Iojima, Kagoshima Pref.: Okumura et al., SY), 67 (1976).

ROMANECHITE
$(Ba,H_2O)(Mn^{4+},Mn^{3+})_5O_{10}$
ロマネシュ鉱（romaneshu-kô）orth. 斜方 [例] [R]

宮城県宮崎鉱山：南部ら，鉱雑（Miyazaki mine, Miyagi Pref.: Nambu et al., KZ), 5, 126-135（1961）.

ROMEITE
$NaCaSb_2O_6(F,OH)$
ローメ石（rôme-seki）cub. 等軸

Gozaisho mine, Fukushima Pref.: Matsubara et al.（福島県御斎所鉱山：松原ら），MJ, 18, 155-160（1996）.

ROMEITE ローメ石 Gozaisho mine, Iwaki, Fukushima Pref. 福島県いわき市御斎所鉱山 3 mm wide 左右 3 mm

ROMEITE
Matsubara et al.（1996）, MJ, 18, 155-160（松原ら）

Gozaisho mine, Fukushima Pref.
福島県御斎所鉱山

	Wt.%
Na_2O	7.52
CaO	10.87
MnO	0.24
Sb_2O_5	78.21
F	4.10
H_2O*	0.78
O = –F	1.73
Total	100.00

*: difference

RÖMERITE
$FeFe^{3+}_2(SO_4)_4 \cdot 14H_2O$
レーメル石（rêmeru-seki）tric. 三斜 [例] [R]

北海道鴻ノ舞鉱山：櫻井ら，鉱雑（Kohnomai mine, Hokkaido: Sakurai et al., KZ), 3, 782-783（1958）.

ROQUESITE
$CuInS_2$
インジウム銅鉱（injiumu-dôkô）tet. 正方 [R] [例]

Akenobe mine, Hyogo Pref.: Kato & Shinohara（兵庫県明延鉱山：加藤・篠原），MJ, 5, 276-284（1968）; Toyoha mine, Hokkaido: Ohta（北海道豊羽鉱山：太田），KC, 39, 355-372（1989）; 栃木県西沢鉱山（Nishizawa mine, Tochigi Pref.）.

ROSASITE
$(Cu,Zn)_2(CO_3)(OH)_2$
亜鉛孔雀石（aen-kujaku-seki）mon. 単斜

静岡県河津鉱山：櫻井，地研（Kawazu mine, Shizuoka Pref.: Sakurai, CK), 22, 171-173（1971）.

ROSCOELITE
$K(V^{3+},Al)_2AlSi_3O_{10}(OH)_2$
ロスコー雲母（バナジン雲母）（rosukô-unmo, banajin-unmo）mon. 単斜 [例] [R]

鹿児島県大和鉱山：吉村・桃井，九理（Yamato mine, Kagoshima Pref.: Yoshimura & Momoi, KDK), 7, 85-90（1964）; Mogurazawa mine, Gunma Pref.: Matsubara（群馬県茂倉沢鉱山：松原），BSM, 11, 37-95（1985）; Unuma, Gifu Pref.: Matsubara et al.（岐阜県鵜沼：松原ら），GK, 85, 522-530（1990）.

ROSCOELITE

	Yamato mine, Kagoshima Pref. 鹿児島県大和鉱山	Mogurazawa mine, Gunma Pref. 群馬県茂倉沢鉱山	Unuma, Gifu Pref. 岐阜県鵜沼
	1 Wt.%	2 Wt.%	3 Wt.%
SiO_2	46.35	35.04	46.42
Al_2O_3	7.13	14.27	11.38
TiO_2		0.37	
V_2O_3	26.37	25.56	26.42
MgO	1.95	0.10	1.32
FeO	1.51	0.05	1.50
MnO	2.65	0.39	
BaO		12.03	
SrO		0.15	
CaO	0		0.41
K_2O	9.16	5.59	7.82
H_2O*			4.18
Total	95.12	93.55	99.45

*: calculated
1: Matsubara & Kato（1989）, MSM, 22, 21-28（松原・加藤）　2: Matsubara（1985）, BSM, 11, 37-95（松原）　3: Matsubara et al.（1990）, GK, 85, 522-530（松原ら）

ROSCOELITE ロスコー雲母 Mogurazawa mine, Kiryu, Gunma Pref. 群馬県桐生市茂倉沢鉱山 7 mm wide 左右 7 mm F. Matsuyama collection, F. Matsuyama photo 松山文彦・標本, 松山文彦・撮影

ROSENHAHNITE
$Ca_3Si_3O_8((OH)_{2-4x}O_x(CO_3)_x)$

ローゼンハーン石 (rôzenhân-seki) tric. 三斜

広島県久代：逸見ら, 三要 (Kushiro, Hiroshima Pref.: Henmi et al., SY), 154 (1982); Engyoji, Kochi Pref.: Kato & Matsubara（高知県円行寺：加藤・松原）, BSM, 10, 1-8 (1984).

ROXBYITE
Cu_9S_5

ロクスビー鉱 (rokusubî-kô) mon. 単斜

新潟県三川鉱山：山田, 水晶 (Mikawa mine, Niigata Pref.: Yamada, SS), 6-8 (2002).

ROZENITE
$FeSO_4·4H_2O$

ローゼン石 (rôzen-seki) mon. 単斜 [例] [R]

京都府富国鉱山：南部ら, 地研 (Fukoku mine, Kyoto Pref.: Nambu et al., CK), 25, 371-377 (1974).

rubellite = 紅から桃色のリシア電気石
(red to pink ELBAITE)
(紅電気石)(beni-denki-seki)

RUCKLIDGEITE
$(Bi,Pb)_3Te_4$

ラクリッジ鉱 (rakurijji-kô) trig. 三方

Yanahara mine, Okayama Pref.: Kase et al.（岡山県柵原鉱山：加瀬ら）, CM, 31, 99-104 (1993); 栃木県足尾鉱山：井伊ら, 鉱要 (Ashio mine, Tochigi Pref.: Ii et al., KY), 145 (1993).

RUSSELLITE
Bi_2WO_6

ラッセル石 (rasseru-seki) tet. 正方

RUTHENIRIDOSMINE
(Ir,Os,Ru)

自然ルテノイリドスミン (shizen-ruteno-iridosumin) hex. 六方

RUTHENIUM
Ru

自然ルテニウム (shizen-ruteniumu) hex. 六方 [N] [新]

Horokanai, Hokkaido: Urashima et al.（北海道幌加内：浦島ら）, MJ, 7, 438-444 (1974).

RUTHENIUM Urashima et al. (1974), MJ, 7, 438-444 (浦島ら)	
Horokanai, Hokkaido 北海道幌加内	
	Wt.%
Ru	64.43
Ir	14.62
Pt	9.14
Rh	7.05
Os	5.29
Pd	0.49
Fe	0.21
Ni	tr.
Cu	tr.
Total	101.23

RUTILE
TiO_2

ルチル（金紅石）(ruchiru, kinkô-seki) tet. 正方

SABUGALITE
HAl(UO$_2$)$_4$(PO$_4$)$_4$·16H$_2$O

燐アルミウラン石 (rin-arumi-uran-seki) tet. 正方

鳥取県東郷鉱山：渡辺 (Togo mine, Tottori Pref.: Watanabe), JS, 11, 53-106 (1976).

SAFFLORITE
CoAs$_2$

サフロ鉱 (safuro-kô) orth. 斜方 [例] [R]

山口県福巻鉱山：福岡・広渡, 九理 (Fukumaki mine, Yamaguchi Pref.: Fukuoka & Hirowatari, KDK), 13, 239-249 (1980).

SAKURAIITE
(Cu,Fe,Zn)$_3$(In,Sn)S$_4$

櫻井鉱 (sakurai-kô) tet. 正方 [新] [N]

兵庫県生野鉱山：加藤, 地研 (櫻井特別) (Ikuno mine, Hyogo Pref.: Kato, CK (special volume for Dr. K. Sakurai)), 1-5 (1965). Type specimen: NSM-M15843

SAKURAIITE 櫻井鉱 Ikuno mine, Asago, Hyogo Pref. 兵庫県朝来市生野鉱山 65 mm wide 左右 65 mm

SAKURAIITE
兵庫県生野鉱山
Ikuno mine, Hyogo Pref.

	1 Wt.%	2 Wt.%
Cu	23	17.72
Zn	10	19.44
Fe	9	5.56
Mn		0.02
Cd		0.81
Ag	4	0.10
In	17	21.43
Sn	9	5.12
S	31	29.19
Total	103	99.39

1: 加藤 (1965), 地研 (櫻井特別) (CK) (special volume for Dr. Sakurai), 1-5 (Kato)
2: Shimizu et al. (1986), CM, 24, 405-409 (清水ら)

SAL AMMONIAC
NH$_4$Cl

塩化アンモン石 (enka-anmon-seki) cub. 等軸

salite = 含鉄透輝石 (Fe-bearing DIOPSIDE) (サーラ輝石) (sâra-kiseki)

SAMARSKITE-(Y)
(Y,Ce,U,Fe^{3+})$_3$(Nb,Ta,Ti)$_5$O$_{16}$

サマルスキー石 (samarusukî-seki) mon. 単斜

SANBORNITE
BaSi$_2$O$_5$

サンボーン石 (sanbôn-seki) orth. 斜方

愛媛県古宮鉱山：福岡・広渡, 三要 (Furumiya mine, Ehime Pref.: Fukuoka & Hirowatari, SY), 54 (1979).

SANIDINE
(K,Na)AlSi$_3$O$_8$

サニディン (玻璃長石) (sanidin, hari-chôseki) mon. 単斜

SANTABARBARAITE
Fe$^{3+}_3$(PO$_4$)$_2$(OH)$_3$·5H$_2$O

サンタバーバラ石 (santabâbara-seki) amor. 非晶 [例] [R]

兵庫県堅田 (Katada, Hyogo Pref.).

SAPONITE
$(Ca_{0.5}Na)_{0.33}(Mg,Fe)_3(Si,Al)_4O_{10}(OH)_2 \cdot 4H_2O$
サポー石（sapô-seki）mon. 単斜

SAPPHIRINE
$(Mg,Al)_8(Al,Si)_6O_{20}$
サフィリン（safirin）mon. 単斜
Poroshiri-dake, Hokkaido: Miyashita et al.（北海道幌尻岳：宮下ら）, PJ, 56, 108-113（1980）.

SARCOPSIDE
$(Fe,Mn,Mg)_3(PO_4)_2$
紅燐石（kôrin-seki）mon. 単斜
茨城県雪入：松原・加藤，鉱雑（Yukiiri, Ibaraki Pref.: Matsubara & Kato, KZ）, 14, 269-286（1980）.

SARKINITE
$Mn_2(AsO_4)(OH)$
肉砒石（nikuhi-seki）mon. 単斜
Gozaisho mine, Fukushima Pref.: Matsubara et al.（福島県御斎所鉱山：松原ら）, BSM, 27, 51-62（2001）.

SARTORITE
$PbAs_2S_4$
サルトリ鉱（sarutori-kô）mon. 単斜
北海道洞爺鉱山：清水・松山，岩鉱要（Toya mine, Hokkaido: Shimizu & Matsuyama, GKY）, 160（1997）. 洞爺のものは，真のサルトリ鉱でないかもしれない（Toya material, however, may be not true SARTORITE）.

SASSOLITE
H_3BO_3
硼酸石（hôsan-seki）tric. 三斜

SAUCONITE
$Na_{0.33}Zn_3(Si,Al)_4O_{10}(OH)_2 \cdot 4H_2O$
ソーコン石（sôkon-seki）mon. 単斜

SCARBROITE
$Al_5(OH)_{13}(CO_3) \cdot 5H_2O$
スカボロー石（sukaborô-seki）tric. 三斜
大分県木浦エメリー鉱床：皆川・足立，地研（Kiura Emery mine, Oita Pref.: Minakawa & Adachi, CK）, 44, 233-240（1996）.

SCAWTITE
$Ca_7Si_6(CO_3)O_{18} \cdot 2H_2O$
スコート石（sukôto-seki）mon. 単斜 [例] [R]
広島県久代：草地ら，鉱雑（Kushiro, Hiroshima Pref.: Kusachi et al., KZ）, 10, 296-304（1971）.

SCHEELITE
$CaWO_4$
灰重石（kai-jûseki）tet. 正方

schefferite =
含マンガンサーラ輝石あるいは含マンガンエジリン輝石（Mn-bearing Salite or AEGIRINE）
（シェッフェル輝石）（shefferu-kiseki）

SCHNEIDERHÖHNITE
$Fe^{2+}Fe^{3+}_3As^{3+}_5O_{13}$
シュナイダーヘーン石（shunaidâhên-seki）tric. 三斜
大分県木浦鉱山：掬川・山田，水晶（Kiura mine, Oita Pref.: Kikukawa & Yamada, SS）, 14, 2-6（2001）.

SCHOEPITE
$(UO_2)_8O_2(OH)_{12}(H_2O)_{12}$
シェップ石（sheppu-seki）orth. 斜方
岡山県剣山：加藤，櫻標（Kenzan, Okayama Pref.: Kato, SKH）, 34（1973）.

SCHORL
$NaFe_3Al_6(BO_3)_3Si_6O_{18}(OH)_4$
鉄電気石（tetsu-denki-seki）trig. 三方

schorlomite = 含チタン灰鉄石榴石（Ti-bearing ANDRADITE）
（ショーロマイト，チタン石榴石）（shôromaito, chitan-zakuro-ishi）

SCHULENBERGITE
$(Cu,Zn)_7(SO_4,CO_3)_2(OH)_{10} \cdot 3H_2O$
シューレンベルグ石（shûrenberugu-seki）trig. 三方 [例] [R]
新潟県三川鉱山：神代ら，水晶（Mikawa mine, Niigata Pref.: Kojiro et al., SS）, 12, 9-14（1999）; 大阪府平尾旧坑：大西ら，地研（Hirao mine, Osaka Pref.: Ohnishi et al., CK）, 50, 137-159（2001）.

SCHWERTMANNITE
$Fe^{3+}_{16}O_{16}(OH)_{12}(SO_4)_2$
シュベルトマン石（shuberutoman-seki）tet. 正方 [例] [R]
群馬県群馬鉄山：中村・赤井，鉱要（Gunma-tetsu-zan, Gunma Pref.: Nakamura & Akai, KY）, 131（1999）.

SCOLECITE
$CaAl_2Si_3O_{10} \cdot 3H_2O$
スコレス沸石（sukoresu-fusseki）mon. 単斜

SCORODITE
$Fe^{3+}AsO_4 \cdot 2H_2O$
スコロド石 (sukorodo-seki) orth. 斜方

SCORODITE スコロド石 Kiura mine, Saiki, Oita Pref. 大分県佐伯市木浦鉱山 85 mm wide 左右 85 mm

SCORZALITE
$(Fe,Mg)Al_2(PO_4)_2(OH)_2$
鉄天藍石 (tetsu-tenran-seki) mon. 単斜 [例] [R]
茨城県雪入：松原・加藤，鉱雑 (Yukiiri, Ibaraki Pref.: Matsubara & Kato, KZ), 14, 269-286 (1980); Hinomaru-Nako mine, Yamaguchi Pref.: Matsubara & Kato (山口県日の丸奈古鉱山：松原・加藤), MSM, 30, 167-183 (1998).

SEGNITITE
$PbFe^{3+}_3H(AsO_4)_2(OH)_6$
シグニット石 (sigunitto-seki) trig. 三方
岐阜県遠ケ根鉱山：松原・松山，鉱雑 (Togane mine, Gifu Pref.: Matsubara & Matsuyama, KZ), 26, 181-184 (1997); 山口県岩国市：柴田ら，鉱要 (Iwakuni, Yamaguchi Pref.: Shibata et al., KY), 47 (1998).

SEKANINAITE
$(Fe,Mg)_2Al_4Si_5O_{18} \cdot nH_2O$
鉄菫青石 (tetsu-kinsei-seki) orth. 斜方 [例] [R]
三重県熊野市：松原ら，地研 (Kumano, Mie Pref.: Matsubara et al., CK), 41, 210-214 (1992).

SEMSEYITE
$Pb_9Sb_8S_{21}$
セムセイ鉱 (semusei-kô) mon. 単斜
Chichibu mine, Saitama Pref.: Kato et al. (埼玉県秩父鉱山：加藤ら), BSM, 9, 431-435 (1966): Kato et al. (埼玉県秩父鉱山：加藤ら), BSM, 23, 79-86 (1997).

SENARMONTITE
Sb_2O_3
方安鉱 (hôan-kô) cub. 等軸

SEPIOLITE
$Mg_4Si_6O_{15}(OH)_2 \cdot 6H_2O$
セピオ石 (sepio-seki) orth. 斜方

SERANDITE
$Na(Mn,Ca)_2Si_3O_8(OH)$
セラン石 (seran-seki) tric. 三斜 [例] [R]
岩手県田野畑鉱山：渡辺ら，選研 (Tanohata mine, Iwate Pref.: Watanabe et al., TSK), 32, 1-13 (1976).

sericite = 微細な白雲母 (minute MUSCOVITE) (セリサイト，絹雲母) (serisaito, kinu-unmo)

SERPIERITE
$Ca(Cu,Zn)_4(SO_4)_2(OH)_6 \cdot 3H_2O$
サーピエリ石 (sâpieri-seki) mon. 単斜

SHANDITE
$Pb_2Ni_3S_2$
シャンド鉱 (shando-kô) trig. 三方
Itoigawa, Niigata Pref.: Miyajima et al. (新潟県糸魚川市：宮島ら), GK, 93, 427-436 (1998).

SHIGAITE
$[AlMn_2(OH)_6]_3(SO_4)_2Na(H_2O)_6 \cdot 6H_2O$
滋賀石 (shiga-seki) trig. 三方 [N] [新]
Ioi mine, Shiga Pref.: Peacor et al. (滋賀県五百井鉱山：ピーコーら), NJM, 453-457 (1985).

SHIGAITE 滋賀石 Ioi mine, Ritto, Shiga Pref. 滋賀県栗東市五百井鉱山 crystal 3 mm wide 結晶の幅 3 mm

SHIGAITE
Peacor et al. (1985), NJM, 453-457 (ピーコーら)

Ioi mine, Shiga Pref.
滋賀県五百井鉱山

	Wt.%
Al_2O_3	15.3
Fe_2O_3	0.9
MnO	41.7
SO_3	13.6
$H_2O(+)$	28.0
Total	99.5

SHIROZULITE
$KMn_3(AlSi_3)O_{10}(OH)_2$

白水雲母 (shirôzu-unmo) mon. 単斜 [N][新]

Taguchi mine, Aichi Pref.: Ishida et al. (愛知県田口鉱山：石田ら), AM, 89, 232-238 (2004).

SHIROZULITE
Ishida et al. (2004), AM, 89, 232-238 (石田ら)

Taguchi mine, Aichi Pref.
愛知県田口鉱山
1

	Wt.%
SiO_2	31.40
Al_2O_3	18.45
TiO_2	0.71
MgO	7.83
FeO	2.90
MnO	22.38
BaO	2.77
K_2O	8.75
F	0.11
H_2O*	3.66
total	98.96
O = -F	0.05
Total	98.91

*: calculated

SIBIRSKITE
$CaHBO_3$

シベリア石 (shiberia-seki) mon. 単斜

Fuka mine, Okayama Pref.: Kusachi et al. (岡山県布賀鉱山：草地ら), MJ, 19, 109-114 (1997).

SIDERITE
$FeCO_3$

菱鉄鉱 (ryô-tekkô) trig. 三方

SIDEROTIL
$FeSO_4 \cdot 5H_2O$

シデロチル石 (shiderochiru-seki) tric. 三斜

SIEGENITE
$(Ni,Co)_3S_4$

ジーゲン鉱 (jîgen-kô) cub. 等軸 [例][R]

島根県都茂鉱山：菅木ら，鉱山特別 (Tsumo mine, Shimane Pref.: Sugaki et al., KT), 9, 89-144 (1981); 東京都奥多摩鉱山 (Okutama mine, Tokyo).

silica gel
$SiO_2 \cdot nH_2O$

珪酸ゲル (keisan-geru) amor. 非晶

SILLENITE
$Bi_{12}SiO_{20}$

方蒼鉛石 (hô-sôen-seki) cub. 等軸 [例][R]

岡山県布賀鉱山：草地・逸見，三要 (Fuka mine, Okayama Pref.: Kusachi & Henmi, SY), 54 (1990).

SILLIMANITE
Al_2SiO_5

珪線石 (keisen-seki) orth. 斜方

SILVER
Ag

自然銀 (shizen-gin) cub. 等軸

SKUTTERUDITE
$CoAs_{2-3}$

方砒コバルト鉱 (hô-hi-kobaruto-kô) cub. 等軸 [例][R]

埼玉県釜伏山：今井ら，三要 (Kamabuseyama, Saitama Pref.: Imai et al., SY), 69 (1976).

SLAWSONITE
$SrAl_2Si_2O_8$

スローソン石 (surôson-seki) mon. 単斜, tric. 三斜 [R][例]

Sarusaka, Kochi Pref.: Kato & Matsubara (高知県去坂：加藤・松原), IMA, 595-605 (1986): Tagai et al. (田賀井ら), ZK, 210, 741-745 (1995).

SLAWSONITE スローソン石 Sarusaka, Kochi, Kochi Pref. 高知県高知市去坂 110 mm wide 左右 110 mm

SLAWSONITE

Matsubara (1985), BSM, 11, 37-95 (松原)

	Sarusaka, Kochi Pref. 高知県去坂 1 Wt.%	Rendai, Kochi Pref. 高知県蓮台 2 Wt.%
SiO_2	36.63	37.78
Al_2O_3	31.30	30.26
BaO	1.53	0
SrO	29.99	31.22
CaO	0	0.33
K_2O	0.06	0
Total	99.51	99.59

smaltite = ヒ素の乏しい方砒コバルト鉱
（As-deficient SKUTTERUDITE）
（スマルト鉱）（sumaruto-kô）

SMITHSONITE
$ZnCO_3$
菱亜鉛鉱（ryô-aen-kô）trig. 三方

SMYTHITE
$(Fe,Ni)_9S_{11}$
スマイス鉱（sumaisu-kô）trig. 三方
Kamaishi mine, Iwate Pref.: Imai et al.（岩手県釜石鉱山：今井ら）, GK, 71, 255-263 (1976).

soda niter = NITRATINE

SODDYITE
$(UO_2)_2SiO_4 \cdot 2H_2O$
ソディ石（sodi-seki）orth. 斜方
滋賀県大津（Ohtsu, Shiga Pref.）

SONOLITE
$Mn_9(SiO_4)_4(OH,F)_2$
園石（sono-seki）mon. 単斜 [N] [R] [新] [例]
Sono mine, Kyoto Pref.: Yoshinaga（京都府園鉱山：吉永）, MK, 14, 1-21 (1963).

SONOLITE
Yoshinaga (1963), MK, 14, 1-21 (吉永)

	Sono mine, Kyoto Pref. 京都府園鉱山 Wt.%
SiO_2	22.37
TiO_2	0.09
Al_2O_3	2.56
FeO	0.93
MnO	62.01
MgO	3.45
CaO	0.73
F	0.21
$H_2O(+)$	3.08
$H_2O(-)$	0.30
CO_2	4.53
total	100.26
O = -F	0.09
Total	100.17

SONOLITE 園石 Sono mine, Wazuka, Kyoto Pref. 京都府和束町園鉱山 115 mm wide 左右 115 mm

SONORAITE
$Fe^{3+}Te^{4+}O_3(OH) \cdot H_2O$
ソノラ石（sonora-seki）mon. 単斜
静岡県河津鉱山：松原・宮脇, 地研（Kawazu mine, Shizuoka Pref.: Matsubara & Miyawaki, CK), 47, 225-228 (1999).

SPANGOLITE
$Cu_6Al(SO_4)(OH)_{12}Cl \cdot 3H_2O$
スパング石（supangu-seki）trig. 三方
兵庫県樺阪鉱山：高田・松内, 地研（Kabasaka mine, Hyogo Pref.: Takada & Matsuuchi, CK), 32, 191-199 (1981).

SPERRYITE
$PtAs_2$
砒白金鉱（hi-hakkin-kô）cub. 等軸
北海道鷹泊：浦島ら, 鉱山（Takadomari, Hokkaido: Urashima et al., KC), 26, 48-49 (1976).

SPESSARTINE
$Mn_3Al_2(SiO_4)_3$
満礬石榴石（manban-zakuro-ishi）cub. 等軸

SPHAEROCOBALTITE
$CoCO_3$
菱コバルト鉱（ryô-kobaruto-kô）trig. 三方 [例] [R]
兵庫県生野鉱山：加藤, 櫻標（Ikuno mine, Hyogo Pref.: Kato, SKH), 35 (1973).

SPHALERITE
ZnS
閃亜鉛鉱（sen-aen-kô）cub. 等軸

sphene = TITANITE

spherocobaltite = SPHAEROCOBALTITE

SPINEL
$MgAl_2O_4$
スピネル（尖晶石）(supineru, senshô-seki) cub. 等軸

SPIROFFITE
$Mn_2Te_3O_8$
スピロフ石 (supirofu-seki) mon. 単斜
静岡県河津鉱山：櫻井・加藤，鉱雑 (Kawazu mine, Shizuoka Pref.: Sakurai & Kato, KZ), 7, 348-350 (1965).

SPODUMENE
$LiAlSi_2O_6$
リシア輝石 (rishia-kiseki) mon. 単斜
茨城県妙見山：櫻井ら，岩鉱 (Myokenyama, Ibaraki Pref.: Sakurai et al., GK), 72, 13-27 (1977).

SPURRITE
$Ca_5(SiO_4)_2(CO_3)$
スパー石 (supâ-seki) mon. 単斜 [例] [R]
広島県久代：草地ら，鉱雑 (Kushiro, Hiroshima Pref.: Kusachi et al., KZ), 10, 170-180 (1971).

SPURRITE スパー石 Fuka, Takahashi, Okayama Pref. 岡山県高梁市布賀 55 mm wide 左右 55 mm

STANNITE
Cu_2FeSnS_4
黄錫鉱 (ô-shakkô) tet. 正方

STANNOIDITE
$Cu_8(Fe,Zn)_3Sn_2S_{12}$
褐錫鉱 (katsu-shakkô) orth. 斜方 [N] [R] [新] [例]
Konjo mine, Okayama Pref.: Kato（岡山県金生鉱山：加藤), BSM, 12, 165-172 (1969).

STANNOIDITE 褐錫鉱 Ikuno mine, Asago, Hyogo Pref. 兵庫県朝来市生野鉱山 100 mm wide 左右 100 mm

STAUROLITE
$(Fe,Mg)_4Al_{17}O_{13}(Si,Al)_8O_{32}(OH)_3$
十字石 (jûji-seki) mon.(psd.orth.) 単斜(擬斜方)

STELLERITE
$CaAl_2Si_7O_{18} \cdot 7H_2O$
ステラ沸石 (sutera-fusseki) orth. 斜方

STEPHANITE
Ag_5SbS_4
脆銀鉱 (zei-ginkô) orth. 斜方

STANNOIDITE					
	Konjo mine, Okayama Pref. 岡山県金生鉱山	Akenobe mine, Hyogo Pref. 兵庫県明延鉱山	Ikuno mine, Hyogo Pref. 兵庫県生野鉱山	Tada mine, Hyogo Pref. 兵庫県多田鉱山	Fukoku mine, Kyoto Pref. 京都府富国鉱山
	1	2	3	4	5
	Wt.%	Wt.%	Wt.%	Wt.%	Wt.%
Cu	37.2	37.4	38.2	39.7	41.5
Ag	0.1	0.1	0.1	0.8	0.2
Fe	12.5	10.7	9.4	11.5	9.7
Zn	1.2	3.1	4.2	4.5	3.5
Sn	16.5	15.8	15.5	15.5	18.3
S	31.2	30.5	31.7	28.8	28.6
Total	98.7	97.6	99.1	100.8	101.8

1: Kato (1969), BSM, 12, 165-172 (加藤)
2-5: Kato & Fujiki (1969), MJ, 5, 417-433 (加藤・藤木)

STERLINGHILLITE
$Mn^{2+}_3(AsO_4)_2 \cdot 3\text{-}4H_2O$
スターリングヒル石 (sutâringuhiru-seki) mon. 単斜

Gozaisho mine, Fukushima Pref.: Matsubara et al.（福島県御斎所鉱山：松原ら），BSM, 26, 1-7（2000）.

STERNBERGITE
$AgFe_2S_3$
ステルンベルグ鉱 (suterunberugu-kô) orth. 斜方

STEVENSITE
$(Mg,Na_2)_3Si_4O_{10}(OH)_2 \cdot 4H_2O$
ステベンス石 (sutebensu-seki) mon. 単斜

STEWARTITE
$MnFe^{3+}_2(PO_4)_2(OH)_2 \cdot 8H_2O$
スチュワート石 (suchuwâto-seki) tric. 三斜

茨城県雪入：松原・加藤，地研（Yukiiri, Ibaraki Pref.: Matsubara & Kato, CK), 44, 219-221（1996）.

STEWARTITE スチュワート石 Yukiiri, Kasumigaura, Ibaraki Pref. 茨城県かすみがうら市雪入 25 mm wide 左右 25 mm

STEWARTITE	
松原・加藤 (1996)，地研 (CK), 44, 219-221 (Matsubara & Kato)	
	茨城県雪入
	Yukiiri, Ibaraki Pref.
	Wt.%
Fe$_2$O$_3$	33.87
MnO	13.83
MgO	0.79
P$_2$O$_5$	29.58
Total	78.07

STIBARSEN
SbAs
安砒鉱 (an-hi-kô) hex. 六方

Yagumo mine, Hokkaido: Harada（北海道八雲鉱山：原田），JHO, 8, 289-348（1954）.

STIBICONITE
$Sb^{3+}Sb^{5+}_2O_6(OH)$
黄安華 (ô-an-ka) cub. 等軸

STIBIOPALLADINITE
Pd_5Sb_2
安パラジウム鉱 (an-parajiumu-kô) orth. 斜方

北海道鷹泊，同天塩：浦島・根建，渡万（Takadomari & Teshio, Hokkaido: Urashima & Nedachi, WBK），115-121（1978）.

STIBIOTANTALITE
$SbTaO_4$
安タンタル石 (an-tantaru-seki) orth. 斜方

Myokenyama, Ibaraki Pref.: Matsubara et al.（茨城県妙見山：松原ら），MJ, 17, 338-345（1995）; Nagatare, Fukuoka Pref.: Banno et al.（福岡県長垂：坂野ら），JMPS, 96, 205-209（2001）.

STIBNITE
Sb_2S_3
輝安鉱 (ki-an-kô) orth. 斜方

STIBNITE 輝安鉱 Ichinokawa mine, Saijo, Ehime Pref. 愛媛県西条市市ノ川鉱山 largest crystal 500 mm long 最大結晶の長さ 500 mm

stilbite = STILBITE-Ca, STILBITE-Na
束沸石 (taba-fusseki)

STILBITE-Ca
$(Ca_{0.5},Na,K)_9Al_9Si_{27}O_{72} \cdot 28H_2O$
灰束沸石 (kai-taba-fusseki) mon. (psd. orth.) 単斜 (擬斜方) [R] [例]

Omuroyama, Shizuoka Pref.: Harada et al.（静岡県小室山：原田ら），AM, 52, 1438-1450（1967）.

STILBITE-Na
$(Na,Ca_{0.5},K)_9Al_9Si_{27}O_{72} \cdot 28H_2O$
ソーダ束沸石 (sôda-taba-fusseki) mon. (psd. orth.) 単斜 (擬斜方) [例] [R]

福岡県津屋崎：上野・花田，鉱雑 (Tsuyazaki, Fukuoka Pref.: Ueno & Hanada, KZ), 15, 259-272 (1982).

STILLWELLITE
$(Ce,La,Ca)BSiO_5$
スチルウェル石 (suchiruweru-seki) trig. 三方

岐阜県蛭川：堀，三要 (Hirukawa, Gifu Pref.: Hori, SY), 3 (1974).

STILPNOMELANE
$(K,H_2O)(Fe,Fe^{3+},Mg,Mn,Al)_8Si_{12}(O,OH)_{32}(OH)_4 \cdot nH_2O$
スチルプノメレン (suchirupunomeren) tric. 三斜

STOKESITE
$Ca_2Sn_2Si_6O_{18} \cdot 4H_2O$
ストークス石 (sutôkusu-seki) orth. 斜方 [例] [R]

岐阜県蛭川：中尾ら，地研 (Hirukawa, Gifu Pref.: Nakao et al., CK), 28, 149-152 (1977).

STOLZITE
$PbWO_4$
鉛重石 (en-jûseki) tet. 正方 [例] [R]

京都府行者山：藤原，地研 (Gyojayama, Kyoto Pref.: Fujiwara, CK), 28, 279-283 (1977).

STRAKHOVITE
$NaBa_3Mn_2Mn^{3+}_2O_2(F,OH)(Si_2O_7)(Si_4O_{10})(OH)_2 \cdot H_2O$
ストラコフ石 (sutorakofu-seki) orth. 斜方

大分県下払鉱山：皆川，三要 (Shimoharai mine, Oita Pref.: Minakawa, SY), 59 (1995).

STRENGITE
$Fe^{3+}PO_4 \cdot 2H_2O$
燐鉄鉱 (rin-tekkô) orth. 斜方

STRINGHAMITE
$CaCuSiO_4 \cdot H_2O$
ストリンガム石 (sutoringamu-seki) mon. 単斜

岡山県布賀鉱山：西村ら，鉱要 (Fuka mine, Okayama Pref.: Nishimura et al., KY), 114 (2001).

STROMEYERITE
$AgCuS$
輝銀銅鉱 (ki-gin-dôkô) orth. 斜方

STRONALSITE
$SrNa_2Al_4Si_4O_{16}$
ストロナルシ石 (sutoronarushi-seki) orth. 斜方 [N] [R] [新] [例]

Rendai, Kochi Pref.: Hori et al.（高知県蓮台：堀ら），MJ, 13, 368-375（1987）; Ohsa, Okayama Pref.: Kobayashi et al.（岡山県大佐：小林ら），MJ, 13, 314-327 (1987). Type specimen: NSM-M24394

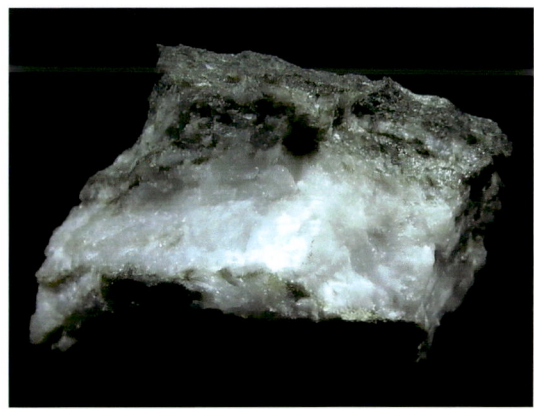

SRTRONALSITE ストロナルシ石 Rendai, Kochi, Kochi Pref. 高知県高知市蓮台 40 mm wide 左右 40 mm Type specimen タイプ標本

STRONALSITE			
	Rendai, Kochi Pref. 高知県蓮台	Ohsa, Okayama Pref. 岡山県大佐	
	1	2	3
	Wt.%	Wt.%	
SiO_2	39.09	39.92	39.21
TiO_2		0.03	0.03
Al_2O_3	32.70	33.36	31.56
FeO		0.05	0.03
CaO	0.17	0.07	0.02
SrO	15.71	16.04	8.64
BaO	2.29	0.95	11.10
Na_2O	9.98	9.99	9.36
Total	99.94	100.41	99.95

1: Hori et al. (1987), MJ, 13, 368-375 (堀ら)
2, 3: Kobayashi et al. (1987), MJ, 314-327 (小林ら)

STRONTIANITE

$SrCO_3$

ストロンチアン石 (sutoronchian-seki) orth. 斜方 [例] [R]

東京都白丸鉱山：松原・加藤, 地研 (Shiromaru mine, Tokyo: Matsubara & Kato, CK), 28, 61-64 (1977); Niro mine, Kochi Pref.: Matsubara & Kato (高知県韮生鉱山：松原・加藤), BSM, 14, 143-149 (1988).

STRONTIOJOAQUINITE

$Sr_2Ba_4(Na,Fe)_2Ti_2Si_8O_{24}(O,OH) \cdot H_2O$

ストロンチウムホアキン石 (sutoronchiumu-hoakin-seki) mon. 単斜

新潟県青海：間島ら, 鉱要 (Ohmi, Niigata Pref.: Mashima et al., KY), 133 (2004).

STRONTIOMELANE

$(Sr,Ba,K)Mn_8O_{16}$

ストロンチオメレン鉱 (sutoronchio-meren-kô) mon. 単斜

長崎県戸根鉱山：福島ら, 鉱要 (Tone mine, Nagasaki Pref.: Fukushima et al., KY), 207 (2004).

STRONTIO-ORTHOJOAQUINITE

$Sr_2Ba_4(Na,Fe)_2Ti_2Si_8O_{24}(O,OH) \cdot H_2O$

ストロンチウム斜方ホアキン石（奴奈川石）(sutoronchiumu-shahô-hoakin-seki, nunagawa-seki) orth. 斜方 [N] [新]

Ohmi, Niigata Pref.: Chihara et al. (新潟県青海：茅原ら), MJ, 7, 395-399 (1974).

STRONTIO-ORTHOJOAQUINITE ストロンチウム斜方ホアキン石 Ohmi, Itoigawa, Niigata Pref. 新潟県糸魚川市青海 20 mm long 長さ20 mm F. Matsuyama collection, H. Miyajima photo 松山文彦・標本, 宮島宏・撮影

STRONTIO-ORTHOJOAQUINITE Chihara et al. (1974), MJ, 7, 395-399 (茅原ら) Ohmi, Niigata Pref. 新潟県青海	
	Wt.%
SiO_2	35.12
TiO_2	12.48
Nd_2O_5	1.42
Al_2O_3	0.27
$(REE)_2O_3$	1.12
FeO	4.75
MnO	tr.
CaO	tr.
SrO	5.85
BaO	31.31
ZrO	0.19
MgO	0.03
Na_2O	2.74
K_2O	0.94
$H_2O(+)$	2.59
$H_2O(-)$	0.47
Total	99.36

STRONTIOPIEMONTITE

$CaSrMn^{3+}Al_2(Si_2O_7)(SiO_4)O(OH)$

ストロンチウム紅簾石 (sutoronchiumu-kôren-seki) mon. 単斜 [例] [R]

東京都白丸鉱山：加藤・松原, 三要 (Shiromaru mine, Tokyo: Kato & Matsubara, SY), 69 (1986); Kokuriki mine, Hokkaido: Akasaka et al. (北海道国力鉱山：赤坂ら), MP, 38, 105-116 (1988).

STRONTIOPIEMONTITE		
	東京都白丸鉱山 Shiromaru mine, Tokyo 1	Kokuriki mine, Hokkaido 北海道国力鉱山 2
	Wt.%	Wt.%
SiO_2	33.22	35.31
TiO_2		0.09
Al_2O_3	17.51	21.32
Fe_2O_3	8.44	4.38
Mn_2O_3	10.22	9.51
MgO		0.08
CaO	10.85	16.00
BaO	0.57	
SrO	17.51	10.25
Na_2O		0.04
Total	98.32	96.98

1: 加藤・松原 (1986), 三要 (SY), 69 (Kato & Matsubara)
2: Akasaka et al. (1988), MP, 38, 105-116 (赤坂ら)

STRONTIUM-APATITE

$Sr_5(PO_4)_3(OH,F)$

ストロンチウム燐灰石 (sutoronchiumu-rinkai-seki) hex. 六方

新潟県青海：酒井・赤井, 三要 (Ohmi, Niigata Pref.: Sakai & Akai, SY), 16 (1988).

STRUNZITE

$MnFe^{3+}_2(PO_4)_2(OH)_2 \cdot 6H_2O$

シュツルンツ石 (shutsuruntsu-seki) mon. 単斜

兵庫県押部谷：加藤ら，鉱要 (Oshibedani, Hyogo Pref.: Kato et al., KY), 38 (1988).

STÜTZITE
$Ag_{5-x}Te_3$
スティツ鉱 (sutitsu-kô) hex. 六方
福岡県河東鉱山：松隈，鉱山 (Kato mine, Fukuoka Pref.: Matsukuma, KC), 5, 89 (1955); 静岡県河津鉱山：高須，鉱雑 (Kawazu mine, Shizuoka Pref.: Takasu, KZ), 7, 350-355 (1965).

SUANITE
$Mg_2B_2O_5$
スーアン石（遂安石）(sûan-seki) mon. 単斜
Neichi mine, Iwate Pref.: Watanabe et al. (岩手県根市鉱山：渡辺ら), PJ, 39, 164-169 (1963).

SUDOITE
$Mg_2(Al,Fe^{3+})_3Si_3O_{10}(OH)_6$
須藤石 (sudô-seki) mon. 単斜 [例] [R]
岡山県三石など：鉱物学会シンポジウム，鉱雑 (Mitsuishi, Okayama Pref. etc.: Symposium of Mineralogical Society, Japan, KZ), 7, 65-70 (1964).

SUGAKIITE
$Cu(Fe,Ni)_8S_8$
菅木鉱 (sugaki-kô) tet. 正方 [N] [新]
北海道様似町幌満：北風，岩鉱 (Horoman, Samani, Hokkaido: Kitakaze, GK), 93, 369-379 (1998).

SUGILITE
$(K,Na)(Na,H_2O)_2(Fe^{3+},Ca,Na,Ti,Fe,Mn)_2(Al,Fe^{3+})Li_2Si_{12}O_{30}$
杉石 (sugi-seki) hex. 六方 [N] [新]
Iwagi Island, Ehime Pref.: Murakami et al. (愛媛県岩城島：村上ら), MJ, 8, 110-121 (1976); 愛媛県古宮鉱山：福岡・広渡，三要 (Furumiya, Ehime Pref.: Fukuoka & Hirowatari, SY), 54 (1979). Type specimen: NSM-M15715

SUGILITE 杉石 Iwagi Island, Kamijima, Ehime Pref. 愛媛県上島町岩城島 20 mm wide 左右 20 mm

SUGILITE
Murakami et al. (1976), MJ, 8, 110-121 (村上ら)
Iwagi Island, Ehime Pref.
愛媛県岩城島

	1	2
	Wt.%	
SiO_2	69.74	71.38
TiO_2	0.51	0.51
Al_2O_3	2.77	2.97
Fe_2O_3	11.77	12.76
FeO	0.18	0.19
MnO	tr.	0.00
MgO	tr.	0.00
Li_2O	2.88	3.14
CaO	2.71	
Na_2O	4.69	4.37
K_2O	3.49	3.76
$H_2O(+)$	0.99	0.81
$H_2O(-)$	0.13	0.12
Total	99.86	100.01

1: with PECTOLITE inclusions (ペクトライトの包有物を含む)
2: calculated into 100 % after subtracting PECTOLITE (ペクトライトを除いて，100 % に換算)

SULFUR
S
自然硫黄 (shizen-iô) orth. 斜方

sulphur = SULFUR

SULVANITE
Cu_3VS_4
硫バナジン銅鉱 (ryû-banajin-dôkô) cub. 等軸
秋田県小坂鉱山 (Kosaka mine, Akita Pref.)

SUOLUNITE
$Ca_2Si_2O_5(OH)_2 \cdot H_2O$
スオルン石 (suorun-seki) orth. 斜方
三重県白木：皆川ら，三要 (Shiraki, Mie Pref.: Minakawa et al., SY), 137 (1982).

SURSASSITE
$(Mn,Ca)_4(Al,Mn,Mg)_6Si_6O_{22}(OH)_6$
サーサス石 (sâsasu-seki) mon. 単斜
愛媛県西条市：松原ら，鉱要 (Saijo, Ehime Pref.: Matsubara et al., KY), 114 (1987); 徳島県白竜鉱山：皆川・桃井，鉱雑 (Hakuryu mine, Tokushima Pref.: Minakawa & Momoi, KZ), 18, 87-98 (1987).

SUSSEXITE
$Mn_2B_2O_4(OH)_2$
サセックス石 (sasekkusu-seki) mon. 単斜 [R] [例]
Matsuo mine, Kochi Pref.: Matsubara et al. (高知県松尾鉱山：松原ら), MSM, 9, 71-75 (1976).

SUZUKIITE
Ba$_2$V$^{4+}_2$O$_2$Si$_4$O$_{12}$

鈴木石（suzuki-seki）orth. 斜方 [N] [R] [新] [例]

Mogurazawa mine, Gunma Pref.: Matsubara et al.（群馬県茂倉沢鉱山：松原ら）, MJ, 11, 15-20（1982）; 岩手県田野畑鉱山：渡辺ら，三要（Tanohata mine, Iwate Pref.: Watanabe et al., SY）, A24（1973）. Type specimen: NSM-M21385（茂倉沢鉱山）(Mogurazawa mine)，NSM-M22594（田野畑鉱山）(Tanohata mine)

SUZUKIITE 鈴木石 Mogurazawa mine, Kiryu, Gunma Pref. 群馬県桐生市茂倉沢鉱山 18 mm wide 左右 18 mm Type specimen タイプ標本

SUZUKIITE 鈴木石 Tanohata mine, Tanohata, Iwate Pref. 岩手県田野畑村田野畑鉱山 15 mm wide 左右 15 mm Type specimen タイプ標本

SUZUKIITE	
Matsubara et al.（1982）, MJ, 11, 15-20（松原ら）	
Mogurazawa mine, Gunma Pref. 群馬県茂倉沢鉱山	
	Wt.%
SiO$_2$	33.59
TiO$_2$	0.20
VO$_2$	23.56
BaO	38.38
SrO	3.21
Total	98.94

SVANBERGITE
SrAl$_3$(PO$_4$)(SO$_4$)(OH)$_6$

スバンベルグ石（subanberugu-seki）trig. 三方

Hinomaru-Nako mine, Yamaguchi Pref.: Matsubara & Kato（山口県日の丸奈古鉱山：松原・加藤）, MSM, 30, 167-183（1998）; 静岡県河津鉱山：加藤・松原，鉱要（Kawazu mine, Shizuoka Pref.: Kato & Matsubara, KY）, 71（1995）.

SWITZERITE
(Mn,Fe)$_3$(PO$_4$)$_2$·7H$_2$O

スウィッアー石（suwitsuâ-seki）mon. 単斜

埼玉県広河原：山田ら，鉱要（Hirogawara, Saitama Pref.: Yamada et al., KY）, 198（2003）.

SYLVANITE
AgAuTe$_4$

シルバニア鉱（shirubania-kô）mon. 単斜

sylvine = SYLVITE

SYLVITE
KCl

塩化カリ石（enka-kari-seki）cub. 等軸

東京都三原山：加藤，櫻標（Mt. Mihara, Tokyo: Kato, SKH）, 21（1973）.

SYMPLESITE
Fe$_3$(AsO$_4$)$_2$·8H$_2$O

砒藍鉄鉱（hi-ran-tekkô）tric. 三斜

Kiura mine, Oita Pref.: Sturman（大分県木浦鉱山：スターマン）, CM, 14, 437-441（1976）; 岐阜県一柳：松原ら，岩鉱（Ichiyanagi, Gifu Pref.: Matsubara et al., GK）, 87, 147-148（1992）.

SYNCHYSITE-(Ce)
(Ce,Y)Ca(CO$_3$)$_2$F

セリウムシンキス石（seriumu-shinkisu-seki）orth. 斜方

福岡県真崎：北村・上原，鉱要（Mazaki, Fukuoka Pref.: Kitamura & Uehara, KY）, 102（2000）.

SYNCHYSITE-(Y)
(Y,Ce)Ca(CO$_3$)$_2$F

イットリウムシンキス石（ittoriumu-shinkisu-seki）orth. 斜方

福島県水晶山：加藤，櫻標（Suishoyama, Fukushima Pref.: Kato, SKH）, 38（1973）.

SZAIBELYITE
Mg$_2$B$_2$O$_4$(OH)$_2$

ザイベリー石 (zaiberî-seki) mon. 単斜 [例] [R]

愛媛県五良津山：皆川，地研 (Iratsuyama, Ehime Pref.: Minakawa, CK), 28, 51-54 (1977).

SZMIKITE

$MnSO_4 \cdot H_2O$

ズミク石 (zumiku-seki) mon. 単斜

Toyoha mine, Hokkaido: Matsubara *et al.* (北海道豊羽鉱山：松原ら), BSM, 16, 561-570 (1973); Jokoku mine, Hokkaido: Nambu *et al.* (北海道上国鉱山：南部ら), MJ, 9, 28-38 (1978).

SZOMOLNOKITE

$FeSO_4 \cdot H_2O$

ゾモルノク石 (zomorunoku-seki) mon. 単斜

岡山県柵原鉱山：大串・加藤，鉱雑 (Yanahara mine, Okayama Pref.: Ogushi & Kato, KZ), 3, 429-431 (1958); 北海道上国鉱山 (Jokoku mine, Hokkaido).

T

TACHARANITE
$Na_{0-1}Ca_{12}Al_2H_6(Si,Al)_{18}O_{51} \cdot 12\text{-}15H_2O$
タカラン石 (takaran-seki) mon. 単斜 [R] [例]

Noaki, Shizuoka Pref.: Kato et al.（静岡県野秋：加藤ら）, BSM, 9, 85-90 (1983); 高知県円行寺：皆川・野戸, 鉱要 (Engyoji, Kochi Pref.: Minakawa & Noto, KY), 90 (1985).

TACHARANITE Kato et al. (1983), BSM, 9, 85-90 (加藤ら)	
Noaki, Shizuoka Pref. 静岡県野秋	Wt.%
SiO$_2$	45.22
Al$_2$O$_3$	6.70
Fe$_2$O$_3$	0.13
MgO	0.26
CaO	31.34
Na$_2$O	1.26
K$_2$O	0.14
H$_2$O(+)	12.5
H$_2$O(−)	1.76
Total	99.31

TAENITE
(Ni,Fe) Ni>24%
テーナイト (tênaito) cub. 等軸

TAKANELITE
$(Mn,Ca)Mn^{4+}_4O_9 \cdot 3H_2O$
高根鉱 (takane-kô) hex. 六方 [新] [N]

愛媛県野村鉱山：南部・谷田, 岩鉱 (Nomura mine, Ehime Pref.: Nambu & Tanida, GK), 65, 1-15 (1971).

TAKANELITE 南部・谷田 (1971), 岩鉱 (GK) 65, 1-15 (Nambu & Tanida)	
愛媛県野村鉱山 Nomura mine, Ehime Pref.	Wt.%
SiO$_2$	3.61
MnO$_2$	70.39
Al$_2$O$_3$	1.70
Fe$_2$O$_3$	1.34
MnO	13.06
MgO	0.22
CaO	2.66
K$_2$O	0.05
Na$_2$O	0.05
H$_2$O(+)	4.92
H$_2$O(−)	2.22
Total	100.22

TAKEDAITE
$Ca_3(BO_3)_2$
武田石 (takeda-seki) trig. 三方 [N] [新]

Fuka mine, Okayama Pref.: Kusachi et al.（岡山県布賀鉱山：草地ら）, MM, 59, 549-552 (1995). Type specimen: NSM-M26741

TAKEDAITE 武田石 Fuka mine, Takahashi, Okayama Pref. 岡山県高梁市布賀鉱山 85 mm wide 左右 85 mm Type specimen タイプ標本

TAKEDAITE Kusachi et al. (1995), MM, 59, 549-552 (草地ら)	
Fuka mine, Okayama Pref. 岡山県布賀鉱山	Wt.%
CaO	71.13
B$_2$O$_3$	28.41
Ignition loss (強熱減量)	0.14
Total	99.68

TALC
$Mg_3Si_4O_{10}(OH)_2$
滑石 (kasseki) mon. 単斜, tric. 三斜

TALNAKHITE
$Cu_9(Fe,Ni)_8S_{16}$
タルナック鉱 (tarunakku-kô) cub. 等軸

北海道幌満：北風, 鉱要 (Horoman, Hokkaido: Kitakaze, KY), 85 (1998).

TAMAITE
$(Ca,K,Ba,Na)_{3\text{-}4}Mn_{24}(Si,Al)_{40}(O,OH)_{112} \cdot 21H_2O$
多摩石 (tama-seki) mon. 単斜 [N] [新]

Shiromaru mine, Tokyo: Matsubara et al.（東京都

白丸鉱山：松原ら), JMPS, 95, 79-83 (2000). Type specimen: NSM-M27936

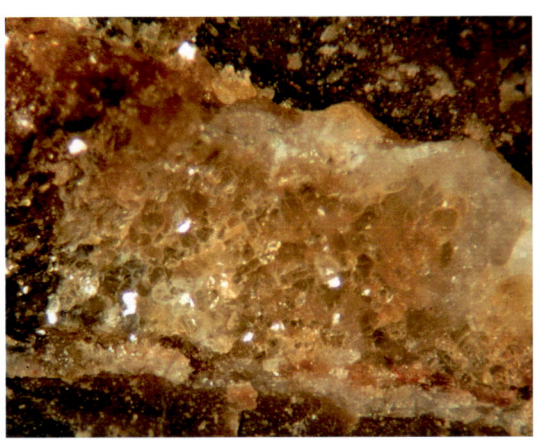

TAMAITE 多摩石 Shiromaru mine, Okutama, Tokyo 東京都奥多摩町白丸鉱山 8 mm wide 左右 8 mm Type specimen タイプ標本

TAMAITE
Matsubara et al. (2000), JMPS, 95, 79-83 (松原ら)

	Shiromaru mine, Tokyo 東京都白丸鉱山
	Wt.%
SiO_2	41.23
Al_2O_3	7.79
FeO	0.16
MnO	35.17
MgO	0.23
CaO	1.94
BaO	2.03
K_2O	0.82
Na_2O	0.34
H_2O	11.02
Total	100.73

TAMARUGITE
$NaAl(SO_4)_2 \cdot 6H_2O$

タマルガル石 (tamarugaru-seki) mon. 単斜

大分県別府：皆川, 地研 (Beppu, Oita Pref.: Minakawa, CK), 43, 195-199 (1994)；埼玉県吉見百穴：堀口ら, 鉱雑 (Yoshimi-hyakketsu, Saitama Pref.: Horiguchi et al., KZ), 29, 3-16 (2000).

TANEYAMALITE
$(Na,Ca)(Mn,Mg,Fe,Al)_{12}(Si,Al)_{12}(O,OH)_{44}$

種山石 (taneyama-seki) tric. 三斜 [N] [R] [新] [例]

Taneyama mine, Kumamoto Pref.: Aoki et al. (熊本県種山鉱山：青木ら), MJ, 10, 385-395 (1981)；Iwaizawa mine, Saitama Pref.: Matsubara (埼玉県岩井沢鉱山：松原), MM, 44, 51-53 (1981). Type specimen: NSM-M21694 (種山鉱山) (Taneyama mine), NSM-M22086, M22088 (岩井沢鉱山) (Iwaizawa mine)

TANEYAMALITE 種山石 Iwaizawa mine, Hanno, Saitama Pref. 埼玉県飯能市岩井沢鉱山 45 mm wide 左右 45 mm Type specimen タイプ標本

TANEYAMALITE 種山石 Taneyama mine, Yatsushiro, Kumamoto Pref. 熊本県八代市種山鉱山 35 mm wide 左右 35 mm

TANEYAMALITE

	Taneyama mine, Kumamoto Pref. 熊本県種山鉱山	Iwaizawa mine, Saitama Pref. 埼玉県岩井沢鉱山
	1	2
	Wt.%	Wt.%
SiO_2	40.32	43.42
TiO_2	0.05	0.75
Al_2O_3	2.08	1.25
Fe_2O_3	8.68	6.39*
FeO	11.88	
MnO	23.83	30.97*
MgO	2.50	6.25
CaO	0.53	0.02
K_2O	0.10	0
Na_2O	1.63	1.80
$H_2O(+)$	6.99	7.61**
$H_2O(-)$	0.73	
Total	99.32	98.46

*: total Fe and Mn
**: calculated
1: Aoki et al. (1981), MJ, 10, 385-395 (青木ら)
2: Matsubara (1981), MM, 44, 51-53 (松原)

TARAMITE
NaCaNaFe$_3$AlFe^{3+}Si$_6$Al$_2$O$_{22}$(OH)$_2$
タラマ閃石 (tarama-senseki) mon. 単斜

Shimonita, Gunma Pref.: Tanabe et al. (群馬県下仁田：田辺ら), PJ, 58, 199-203 (1982).

TARANAKITE
K$_3$H$_6$(Al,Fe^{3+})$_5$(PO$_4$)$_8$·12-18H$_2$O
タラナキ石 (taranaki-seki) trig. 三方 [R] [例]

Onino-Iwaya, Hiroshima Pref.: Sakae & Sudo (広島県鬼ノ岩屋：寒河江・須藤), AM, 60, 331-334 (1975).

TAUSONITE
SrTiO$_3$
タウソン石 (tauson-seki) cub. 等軸

Oyashirazu, Niigata Pref.: Miyajima et al. (新潟県親不知：宮島ら), MM, 65, 111-120 (2001).

TEALLITE
PbSnS$_2$
ティール鉱 (tîru-kô) orth. 斜方

北海道豊羽鉱山：林・菅木, 岩鉱 (Toyoha mine, Hokkaido: Hayashi & Sugaki, GK), 81, 393-398 (1986).

TEINEITE 手稲石 Teine mine, Sapporo, Hokkaido 北海道札幌市手稲鉱山 25 mm wide 左右 25 mm

TEINEITE	北海道手稲鉱山 Teine mine, Hokkaido	和歌山県岩出 Iwade, Wakayama Pref.
	1	2
	Wt.%	Wt.%
CuO	28.0	28.57
TeO$_3$	48.0	
TeO$_2$		58.00*
SO$_3$	6.6	
H$_2$O	12.2	13.43**
Total	94.8	100.00

*: total Te
**: difference
1: 吉村 (1936), 岩鉱 (GK), 16, 225-234 (Yoshimura)
2: 藤原ら (2002), 鉱要 (KY), 34 (Fujiwara et al.)

TEINEITE
CuTeO$_3$·2H$_2$O
手稲石 (teine-seki) orth. 斜方 [新] [N]

北海道手稲鉱山：吉村, 岩鉱 (Teine mine, Hokkaido: Yoshimura, GK), 16, 225-234 (1936); 静岡県河津鉱山：加藤, 櫻標 (Kawazu mine, Shizuoka Pref.: Kato, SKH), 34 (1973); 和歌山県岩出：藤原ら, 鉱要 (Iwade, Wakayama Pref.: Fujiwara et al., KY), 30 (2002).

TELLURANTIMONY
Sb$_2$Te$_3$
テルルアンチモニー (teruru-anchimonî) trig. 三方

北海道小別沢鉱山：中田ら, 鉱雑 (Obetsuzawa mine, Hokkaido: Nakata et al., KZ), 17, 79-83 (1985).

TELLURITE
TeO$_2$
テルル石 (teruru-seki) orth. 斜方 [例] [R]

静岡県河津鉱山：加藤, 地雑 (Kawazu mine, Shizuoka Pref.: Kato, CZ), 40, 227-229 (1933); 北海道手稲鉱山：加藤, 櫻標 (Teine mine, Hokkaido: Kato, SKH), 30 (1973).

TELLURIUM
Te
自然テルル (shizen-teruru) trig. 三方 [例] [R]

北海道手稲鉱山：渡辺, 岩鉱 (Teine mine, Hokkaido: Watanabe, GK), 8, 102-112 (1932); 静岡県河津鉱山：加藤, 櫻標 (Kawazu mine, Shizuoka Pref.: Kato, SKH), 4 (1973).

TELLURIUM 自然テルル Teine mine, Sapporo, Hokkaido 北海道札幌市手稲鉱山 65 mm wide 左右 65 mm

TELLUROBISMUTHITE
Bi$_2$Te$_3$
テルル蒼鉛鉱 (teruru-sôen-kô) trig. 三方

TENGERITE-(Y)
$Y_2(CO_3)_3 \cdot 2\text{-}3H_2O$
テンゲル石 (tengeru-seki) orth. 斜方 [R] [例]

Suishoyama, Fukushima Pref.: Miyawaki et al. (福島県水晶山：宮脇ら), AM, 78, 425-432 (1993); 佐賀県満越 (Mitsukoshi, Saga Pref.).

TENGERITE-(Y)
Miyawaki et al. (1993), AM, 78, 425-432 (宮脇ら)
Suishoyama, Fukushima Pref.
福島県水晶山

	Wt.%
Y_2O_3	46.46
La_2O_3	0.17
Ce_2O_3	0.17
Pr_2O_3	0.09
Nd_2O_3	0.52
Sm_2O_3	0.39
Eu_2O_3	0.01
Gd_2O_3	1.00
Tb_2O_3	0.22
Dy_2O_3	1.92
Ho_2O_3	0.47
Er_2O_3	1.46
Tm_2O_3	0.19
Yb_2O_3	1.16
Lu_2O_3	0.16
CaO	1.79
CO_2	32.35
H_2O	13.40
Total	101.93

TENNANTITE
$(Cu,Fe,Zn)_{12}As_4S_{13}$
砒四面銅鉱 (hi-shimen-dôkô) cub. 等軸

TENORITE
CuO
黒銅鉱 (koku-dôkô) mon. 単斜 [例] [R]

愛知県中宇利鉱山：加藤・松原, 地研 (Nakauri mine, Aichi Pref.: Kato & Matsubara, CK), 22, 410-412 (1971).

TENORITE 黒銅鉱 Ohsima, Ohshima, Tokyo 東京都大島町大島
70 mm wide 左右70 mm

TEPHROITE
Mn_2SiO_4
テフロ石（マンガン橄欖石）(tefuro-seki, mangan-kanran-seki) orth. 斜方

TETRADYMITE
Bi_2Te_2S
硫テルル蒼鉛鉱 (ryû-teruru-sôen-kô) trig. 三方

TETRAFERROPLATINUM
~PtFe
テトラ鉄白金 (tetora-tetsu-hakkin) tet. 正方

北海道天塩：浦島ら, 鹿理 (Teshio, Hokkaido: Urashima et al., KDR), 21, 119-135 (1972); 北海道幌加内・同空知川：浦島ら, 鹿理 (Horokanai & Sorachi River, Hokkaido: Urashima et al., KDR), 25, 165-171 (1976).

TETRAHEDRITE
$(Cu,Fe,Zn)_{12}Sb_4S_{13}$
安四面銅鉱 (an-shimen-dôkô) cub. 等軸

TETRANATROLITE
$Na_2(Al_2Si_3O_{10}) \cdot 2H_2O$
テトラソーダ沸石 (tetora-sôda-fusseki) tet. 正方

佐賀県早田：西戸ら, 三要 (Hayata, Saga Pref.: Nishido et al., SY), 52 (1990).
TETRANATROLITE = GONNARDITE ?

THALENITE-(Y)
$Y_3Si_3O_{10}(OH)$
タレン石 (taren-seki) mon. 単斜

山梨県竹日向：長島, 日化 (Takehinata, Yamanashi Pref.: Nagashima, NKG), 73, 600 (1952); 福島県水晶山：加藤, 櫻標 (Suishoyama, Fukushima Pref.: Kato, SKH), 58 (1973).

THAUMASITE
$Ca_3Si(OH)_6(CO_3)(SO_4) \cdot 12H_2O$
トーマス石 (tômasu-seki) hex. 六方 [例] [R]

山形県五十川：竹下・谷田貝, 地研 (Irakawa, Yamagata Pref.: Takeshita & Yatagai, CK), 31, 45-50 (1980).

THEISITE
$Cu_5Zn_5[(As,Sb)O_4]_2(OH)_{14}$
シース石 (sîsu-seki) trig. 三方

埼玉県秩父鉱山 (Chichibu mine, Saitama Pref.).

THENARDITE
Na_2SO_4
テナルド石 (tenarudo-seki) orth. 斜方

THOMSONITE-Ca
$NaCa_2Al_5Si_5O_{20} \cdot 6H_2O$
トムソン沸石 (tomuson-fusseki) orth. 斜方

THOMSONITE-Sr
$Na(Sr,Ca)_2Al_5Si_5O_{20} \cdot 6H_2O$
ストロンチウムトムソン沸石 (sutoronchiumu-tomuson-fusseki) orth. 斜方

新潟県姫川：宮島ら，鉱要 (Himekawa, Niigata Pref.: Miyajima et al., KY), 93 (1999).

THOMSONITE-Sr 宮島ら(1999), 鉱要(KY), 93 (Miyajima et al.) 新潟県姫川 Himekawa, Niigata Pref.	
	Wt.%
SiO_2	33.33
Al_2O_3	25.44
CaO	1.18
SrO	18.65
Na_2O	3.34
Total	81.94

THORITE
$ThSiO_4$
トール石 (tôru-seki) tet. 正方

THOROGUMMITE
$Th(SiO_4)_{1-x}(OH)_{4x}$
トロゴム石 (torogomu-seki) tet. 正方

THORTVEITITE
$Sc_2Si_2O_7$
トルトベイト石 (torutobeito-seki) mon. 単斜

京都府河辺：櫻井ら，地研 (Kobe, Kyoto Pref.: Sakurai et al., CK), 13, 49-51 (1962); 京都府大路：山田ら，地研 (Ohro, Kyoto Pref.: Yamada et al., CK), 31, 205-222 (1980).

thulite = 桃から赤色の灰簾石 (pink to red ZOISITE)
(桃簾石) (tôren-seki)

日本産のいわゆる桃簾石は，ほとんどが単斜灰簾石 (so-called thulite from Japan is almost CLINOZOISITE)

thuringite = 含第二鉄シャモス石
(Fe^{3+}-bearing CHAMOSITE)
(チュリンゲン石) (churingen-seki)

TILLEYITE
$Ca_5Si_2O_7(CO_3)_2$
ティレー石 (tirê-seki) mon. 単斜 [例] [R]

広島県久代：草地ら，鉱雑 (Kushiro, Hiroshima Pref.: Kusachi et al., KZ), 10, 170-180 (1971).

TINTICITE
$Fe^{3+}_6(PO_4)_4(OH)_6 \cdot 7H_2O$
ティンティク石 (tintikku-seki) tric. 三斜

Suwa mine, Nagano Pref.: Sakurai et al. (長野県諏訪鉱山：櫻井ら), MJ, 15, 261-267 (1991); 秋田県朱ノ又鉱山：周防・中田，地研 (Shunomata mine, Akita Pref.: Suo & Nakata, CK), 53, 67-73 (2004).

TINTINAITE
$Pb_{22}Cu_4(Sb,Bi)_{30}S_{69}$
ティンティナ鉱 (tintina-kô) orth. 斜方

茨城県高取鉱山：円城寺ら，岩鉱 (Takatori mine, Ibaraki Pref.: Enjoji et al., GK), 78, 137-138 (1983).

TINZENITE
$CaMn_2Al_2BSi_4O_{15}(OH)$
チンゼン斧石 (chinzen-ono-ishi) tric. 三斜

TIRAGALLOITE
$Mn_4(AsSi_3O_{12})(OH)$
ティラガロ石 (tiragaro-seki) mon. 単斜

鹿児島県大和鉱山：藤原ら，鉱要 (Yamato mine, Kagoshima Pref.: Fujiwara et al., KY), 149 (2005).

TIRAGALLOITE ティラガロ石 Yamato mine, Yamato, Kagoshima Pref. 鹿児島県大和村大和鉱山 20 mm wide 左右 20 mm

tirodite = MANGANOCUMMINGTONITE
(チロディ閃石) (chirodi-senseki)

titanaugite = 含チタン普通輝石 (Ti-bearing AUGITE)
(チタン輝石) (chitan-kiseki)

TITANITE
CaTiSiO$_5$
チタン石（くさび石）(chitan-seki, kusabi-ishi) mon. 単斜

TOBELITE
(NH$_4$,K)Al$_2$(Si,Al)$_4$O$_{10}$(OH)$_2$
砥部雲母 (tobe-unmo) mon. 単斜 [N] [新]

Tobe, Ehime Pref.: Higashi *et al.*（愛媛県砥部：東ら），MJ, 11, 138-146（1982）；広島県豊ろう鉱山：東・岡崎，三要 (Horo mine, Hiroshima Pref.: Higashi & Okazaki, SY), 165 (1981). Type specimen: NSM-M23733

TOBELITE 砥部石 Ohgitani-toseki mine, Tobe, Ehime Pref. 愛媛県砥部町扇谷陶石鉱山 50 mm wide 左右 50 mm Type specimen タイプ標本

TOBELITE
Higashi (1982), MJ, 11, 138-146 (東)

	Tobe, Ehime Pref. 愛媛県砥部	
	Wt.%*	Wt.%**
SiO$_2$	49.61	48.40
TiO$_2$	0.02	0.02
Al$_2$O$_3$	35.30	36.27
Fe$_2$O$_3$	0.56	0.57
MgO	0.51	0.52
CaO	0.00	0.00
Na$_2$O	0.04	0.04
K$_2$O	2.24	2.30
(NH$_4$)$_2$O	3.41	3.51
H$_2$O(+)	6.23	6.40
H$_2$O(−)	1.92	1.97
Total	99.84	100.00

*: containing 2.5% quartz（2.5% の石英を含む）
**: corrected for quartz impurity（不純物の石英を除いて改訂したもの）

TOBERMORITE
Ca$_5$Si$_6$O$_{16}$(OH)$_2$·4H$_2$O
トベルモリー石 (toberumorî-seki) orth. 斜方

TOCHILINITE
6Fe$_{0.9}$S·5(Mg,Fe)(OH)$_2$
トチリン鉱 (tochirin-kô) tric. 三斜

Kamaishi mine, Iwate Pref.: Muramatsu & Nambu（岩手県釜石鉱山：村松・南部），GK, 75, 377-384 (1980); Kurotani, Gifu Pref.: Matsubara & Kato（岐阜県黒谷：松原・加藤），BSM, 18, 117-120 (1992).

TODOROKITE
(Mn,Ca)Mn^{4+}$_3$O$_7$·(2± x)H$_2$O
轟石 (todoroki-seki) mon. 単斜 [N] [R] [新] [例]

Todoroki mine, Hokkaido: Yoshimura（北海道轟鉱山：吉村），JHO, 2, 289-297 (1934).

TODOROKITE 轟石 Todoroki mine, Akaigawa, Hokkaido 北海道赤井川村轟鉱山 70 mm wide 左右 70 mm

TODOROKITE
Yoshimura (1934), JHO, 2, 289-297 (吉村)

	Todoroki mine, Hokkaido 北海道轟鉱山
	Wt.%
K$_2$O	0.54
Na$_2$O	0.21
MgO	1.01
CaO	3.28
BaO	2.05
Al$_2$O$_3$	0.28
Fe$_2$O$_3$	0.20
MnO	65.89
O	12.07
H$_2$O(+)	9.72
H$_2$O(−)	1.56
SiO$_2$	0.45
TiO$_2$	tr.
CO$_2$	tr.
P$_2$O$_5$	0.42
SO$_3$	0.28
Insol.（不溶残査）	1.28
Total	99.24

TOKYOITE
Ba$_2$Mn^{3+}(VO$_4$)$_2$(OH)
東京石 (tokyo-seki) mon. 単斜 [N] [新]

Shiromaru mine, Tokyo: Matsubara *et al.*（東京都白丸鉱山：松原ら），JMPS, 99, 363-367 (2004). Type specimen: NSM-M28569

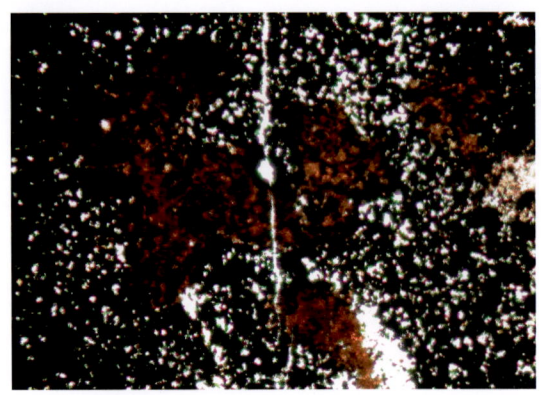

TOKYOITE 東京石 Shiromaru mine, Okutama, Tokyo 東京都奥多摩町白丸鉱山 1.5 mm wide (thin section) 左右 1.5 mm (薄片)

TOKYOITE 東京石 Shiromaru mine, Okutama, Tokyo 東京都奥多摩町白丸鉱山 50 mm wide 左右 50 mm Type specimen タイプ標本

TOPAZ トパズ (黄玉) Hirukawa, Nakatsugawa, Gifu Pref. 岐阜県中津川市蛭川 80 mm tall 高さ 80 mm

TOKYOITE	
Matsubara et al. (2004), JMPS, 99, 363-367 (松原ら)	
	Shiromaru mine, Tokyo
	東京都白丸鉱山
	Wt.%
SiO_2	0.15
Al_2O_3	0.07
Fe_2O_3	2.33
Mn_2O_3	11.27
V_2O_5	31.77
CaO	0.07
BaO	51.91
SrO	0.22
Na_2O	0.13
H_2O*	1.59
Total	99.51
*: calculated	

TOPAZ
$Al_2SiO_4(F,OH)_2$
トパズ (黄玉) (topazu, ôgyoku) orth. 斜方

TORBERNITE
$Cu(UO_2)_2(PO_4)_2 \cdot 10\text{-}12H_2O$
燐銅ウラン石 (rin-dô-uran-seki) tet. 正方

tosalite = マンガンに富むグリーナ石 (Mn-rich GREENALITE)
(土佐石) (tosa-ishi)

tosudite = 緑泥石−モンモリロン石混合層鉱物
(chlorite-MONTMORILLONITE mixed layer mineral)
(俊男石) (toshio-seki)

TOYOHAITE
$Ag_2FeSn_3S_8$
豊羽鉱 (toyoha-kô) tet. 正方 [N] [新]

Toyoha mine, Hokkaido: Yajima et al. (北海道豊羽鉱山：矢島ら), MJ, 15, 222-232 (1991).

TOYOHAITE		
Yajima et al. (1991), MJ, 15, 222-232 (矢島ら)		
	Toyoha mine, Hokkaido	
	北海道豊羽鉱山	
	Wt.%	
Ag	24.39	16.31
Cu	0.14	5.15
Fe	6.28	6.18
Zn	0.37	1.29
Cd	0.22	0.14
Sn	41.24	42.01
In	0.05	0.17
S	28.16	28.40
Total	100.86	99.65

TREASURITE
$Ag_7Pb_6Bi_{15}S_{32}$
トレジャー鉱 (torejâ-kô) mon. 単斜

Ikuno mine, Hyogo Pref.: Shimizu & Kato (兵庫県生野鉱山：清水・加藤), CM, 34, 1323-1327 (1996). ただし、トレジャー鉱類似鉱物として記載されている (This mineral, however, was described as a TREASURITE-like mineral)

TREMOLITE
$Ca_2(Mg,Fe)_5Si_8O_{22}(OH)_2(Mg/(Mg+Fe)=1.0-0.9)$
透閃石 (tô-senseki) mon. 単斜

TRIDYMITE
SiO_2
鱗珪石 (rin-kei-seki) mon.(psd. hex.) 単斜 (擬六方), tric. 三斜

TRILITHIONITE
$KLi_{1.5}Al_{1.5}AlSi_3O_{10}F_2$
トリリシオ雲母 (tori-rishio-unmo) mon. 単斜 [例] [R]
福岡県長垂、茨城県妙見山：片岡・上原、鉱要 (Nagatare, Fukuoka Pref. & Myokenyama, Ibaraki Pref.: Kataoka & Uehara, KY), 101 (2000).

TRIPHYLITE
$Li(Fe,Mn)PO_4$
トリフィル石 (torifiru-seki) orth. 斜方
茨城県雪入：松原・加藤、鉱雑 (Yukiiri, Ibaraki Pref.: Matsubara & Kato, KZ), 14, 269-286 (1980).

TRIPHYLITE トリフィル石 Yukiiri, Kasumigaura, Ibaraki Pref. 茨城県かすみがうら市雪入 75 mm wide 左右 75 mm

TRIPLOIDITE
$(Mn,Fe)_2(PO_4)(OH)$
トリプロイド石 (toripuroido-seki) mon. 単斜
茨城県雪入：松原・加藤、鉱雑 (Yukiiri, Ibaraki Pref.: Matsubara & Kato, KZ), 14, 269-286 (1980).

TRIPUHYITE
$FeSb^{5+}_2O_6$
鉄黄安華 (tetsu-ô-an-ka) tet. 正方 [例] [R]

岐阜県金加鉱山：伊藤・堀、地研 (Kinka mine, Gifu Pref.: Ito & Hori, CK), 29, 283-290 (1978).

TROILITE
FeS
トロイリ鉱 (toroiri-kô) hex. 六方 [例] [R]
岩手県釜石鉱山：南部ら、岩鉱 (Kamaishi mine, Iwate Pref.: Nambu et al., GK), 71, 18-26 (1976).

TROLLEITE
$Al_4(PO_4)_3(OH)_3$
トロール石 (torôru-seki) mon. 単斜
Hinomaru-Nako mine, Yamaguchi Pref.: Matsubara & Kato (山口県日の丸奈古鉱山：松原・加藤), MSM, 30, 167-183 (1998).

TRUSCOTTITE
$Ca_{14}Si_{24}O_{58}(OH)_8·2H_2O$
トラスコット石 (torasukotto-seki) hex. 六方 [R] [例]
Toi mine, Shizuoka Pref.: Minato & Kato (静岡県土肥鉱山：湊・加藤), MJ, 5, 144-156 (1967).

TSUGARUITE
$Pb_4As_2S_7$
津軽鉱 (tsugaru-kô) orth. 斜方 [N] [新]
Yunosawa mine, Aomori Pref.: Shimizu et al. (青森県湯ノ沢鉱山：清水ら), MM, 62, 793-799 (1998). Type specimen: NSM-M27594

TSUGARUITE 津軽鉱 Yunosawa mine, Ikarigaseki, Aomori Pref. 青森県碇ヶ関村湯ノ沢鉱山 crystal aggregate 2 mm long 結晶集合の長さ 2 mm F. Matsuyama collection, F. Matsuyama photo 松山文彦・標本、松山文彦・撮影

TSUGARUITE Shimizu et al. (1998), MM, 62, 793-799 (清水ら)		
	Yunosawa mine, Aomori Pref. 青森県湯ノ沢鉱山	
	Wt.%	
Pb	68.34	68.94
Tl	0.07	0.20
As	12.42	12.50
S	18.56	18.71
Total	99.39	100.35

TSUMOITE
BiTe
都茂鉱 (tsumo-kô) trig. 三方 [N] [R] [新] [例]

Tsumo mine, Shimane Pref.: Shimazaki & Ozawa (島根県都茂鉱山：島崎・小澤), AM, 63, 1162-1165 (1978).

TSUMOITE 都茂鉱 Tsumo mine, Masuda, Shimane Pref. 島根県益田市都茂鉱山 30 mm wide 左右 30 mm Type specimen タイプ標本

TSUMOITE
Shimazaki & Ozawa (1978), AM, 63, 1162-1165 (島崎・小澤)

Tsumo mine, Shimane Pref.
島根県都茂鉱山

	Wt.%
Bi	61.1
Pb	1.0
Te	37.6
Total	99.7

TULAMEENITE
Pt_2FeCu
トラミーン鉱 (toramîn-kô) tet. 正方

北海道幌加内：浦島ら，鹿理 (Horokanai, Hokkaido: Urashima et al., KDR), 25, 165-171 (1976).

TUNGSTITE
$WO_2(OH)_2$
重石華 (jûseki-ka) orth. 斜方

TURQUOISE
$CuAl_6(PO_4)_4(OH)_8 \cdot 4H_2O$
トルコ石 (toruko-seki) tric. 三斜

Inokura, Tochigi Pref.: Matsubara & Kato (栃木県猪倉：松原・加藤), BSM, 20, 79-88 (1994).

TWEDDILLITE
$CaSr(Mn^{3+},Fe^{3+})_2Al(Si_2O_7)(SiO_4)O(OH)$
ツウィディル石 (tsuwidiru-seki) mon. 単斜

愛媛県上須戒鉱山：福島ら，岩鉱科学 (Kamisugai mine, Ehime Pref.: Fukushima et al., GKK), 34, 69-76 (2005).

TYROLITE
$CaCu_5(AsO_4)_2(CO_3)(OH)_4 \cdot 6H_2O$
チロル銅鉱 (chiroru-dôkô) orth. 斜方

U

UCHUCCHAKUAITE
$AgMnPb_3Sb_5S_{12}$
ウチュクチャクア鉱 (uchukuchakua-kô) orth. 斜方
北海道稲倉石鉱山：福岡・広渡, 鉱要 (Inakuraishi mine, Hokkaido: Fukuoka & Hirowatari, KY), 35 (1985); 北海道洞爺鉱山 (Toya mine, Hokkaido).

ULLMANNITE
NiSbS
硫安ニッケル鉱 (ryû-an-nikkeru-kô) tric. (psd. cub.) 三斜 (擬等軸)

ULVÖSPINEL
$TiFe_2O_4$
ウルボスピネル (urubo-supineru) cub. 等軸

URALBORITE
$CaB_2O_2(OH)_4$
ウラル硼石 (uraru-hô-seki) mon. 単斜

Fuka mine, Okayama Pref.: Matsubara et al. (岡山県布賀鉱山：松原ら), MM, 62, 703-706 (1998): Kusachi et al. (草地ら), JMPS, 95, 43-47 (2000).

URANINITE
$\sim UO_2$
閃ウラン鉱 (sen-uran-kô) cub. 等軸

URANMICROLITE
$(U,Na,Ca)_{2-x}(Ta,Nb)_2(O,OH,F)_7$
ウランマイクロ石 (uran-maikuro-seki) cub. 等軸

Myokenyama, Ibaraki Pref.: Matsubara et al. (茨城県妙見山：松原ら), MJ, 17, 338-345 (1995).

URANOCIRCITE
$Ba(UO_2)_2(PO_4)_2 \cdot 10\text{-}12H_2O$
燐重土ウラン石 (rin-jûdo-uran-seki) tet. 正方 [例] [R]
岐阜県土岐：林・長島, 原子 (Toki, Gifu Pref.: Hayashi & Nagashima, GG), 7, 23-29 (1965).

URANOPHANE
$Ca(UO_2)_2(SiO_3OH)_2 \cdot 5H_2O$
ウラノフェン石 (uranofen-seki) mon. 単斜

URANOPILITE
$(UO_2)_6(SO_4)(OH)_{10} \cdot 12H_2O$
ウラノピル石 (uranopiru-seki) mon. 単斜

鳥取県東郷鉱山：渡辺 (Togo mine, Tottori Pref.: Watanabe), JS, 11, 53-106 (1976).

urbanite =
マンガンと鉄に富む普通輝石あるいはエジリン普通輝石(Mn- and Fe-rich AUGITE or AEGIRINE-AUGITE) (ウルバン輝石)(uruban-kiseki)

USHKOVITE
$(Mg,Fe)Fe_2(PO_4)_2(OH)_2 \cdot 8H_2O$
ウシュコフ石 (ushukofu-seki) tric. 三斜

兵庫県押部谷町：霜越ら, 鉱要 (Oshibedani, Hyogo Pref.: Shimokoshi et al., KY), 91 (1996): Matsubara (松原), MSM, 33, 15-27 (2000).

UVAROVITE
$Ca_3Cr_2(SiO_4)_3$
灰クロム石榴石 (kai-kuromu-zakuro-ishi) cub. 等軸 [例] [R]

北海道糠平鉱山：小林, 岩鉱 (Nukabira mine, Hokkaido: Kobayashi, GK), 81, 399-405 (1986).

UVITE
$CaMg_3(Al_5Mg)(BO_3)_3Si_6O_{18}(OH,F)_4$
灰電気石 (kai-denki-seki) trig. 三方

大分県尾平鉱山：皆川・足立, 三要 (Obira mine, Oita Pref.: Minakawa & Adachi, SY), 58 (1995).

V

VAESITE
NiS_2
ベス鉱 (besu-kô) cub. 等軸
秋田県小坂鉱山：加藤，櫻標 (Kosaka mine, Akita Pref.: Kato, SKH), 14 (1973).

VALENTINITE
Sb_2O_3
バレンチン石 (barenchin-seki) orth. 斜方

VALLERIITE
$4(Fe,Cu)S \cdot 3(Mg,Al)(OH)_2$
バレリー鉱 (barerî-kô) hex. 六方 [例] [R]
岩手県赤金鉱山：村松ら，岩鉱 (Akagane mine, Iwate Pref.: Muramatsu et al., GK), 70, 236-244 (1975).

VANADINITE
$Pb_5(VO_4)_3Cl$
褐鉛鉱（バナジン鉛鉱）(katsu-en-kô, banajin-en-kô) hex. 六方 [例] [R]
山口県日高鉱山：渋谷・李，鉱山 (Hidaka mine, Yamaguchi Pref.: Shibuya & Lee, KC), 34, 69 (1984); 福岡県三吉野鉱山：桑野ら，地研 (Miyoshino mine, Fukuoka Pref.: Kuwano et al., CK), 38, 199-204 (1989).

VANTASSELITE
$Al_4(PO_4)_3(OH)_3 \cdot 9H_2O$
ファンタッセル石 (fantasseru-seki) orth. 斜方
三重県伊勢路：稲葉・皆川，地研 (Iseji, Mie Pref.: Inaba & Minakawa, CK), 44, 199-203 (1996).

VARISCITE
$AlPO_4 \cdot 2H_2O$
バリシア石 (barishia-seki) orth. 斜方 [例] [R]
北海道鴻ノ舞鉱山：伊藤，地研 (Kohnomai mine, Hokkaido: Ito, CK), 26, 217-220 (1975).

VARULITE
$(Na,Ca)Mn(Mn,Fe,Fe^{3+})_2(PO_4)_3$
バルール石 (barûru-seki) mon. 単斜
茨城県雪入：松原・加藤，鉱雑 (Yukiiri, Ibaraki Pref.: Matsubara & Kato, KZ), 14, 269-286 (1980).

VASHEGYITE
$Al_{11}(PO_4)_9(OH)_6 \cdot 38H_2O \sim Al_6(PO_4)_5(OH)_3 \cdot 23H_2O$
バシェギー石 (bashegî-seki) orth. 斜方
福島県滝根町 (Takine, Fukushima Pref.; 高知県伊野町 (Ino, Kochi Pref.).

VATERITE
$CaCO_3$
ファーテル石 (fâteru-seki) hex. 六方
Shiowakka, Hokkaido: Ito et al.（北海道シオワッカ：伊藤ら), GK, 94, 176-182 (1999).

VAUQUELINITE
$Pb_2Cu(CrO_4)(PO_4)(OH)$
ボークラン石 (bôkuran-seki) mon. 単斜
兵庫県明延鉱山：山田・大浜，鉱要 (Akenobe mine, Hyogo Pref.: Yamada & Oohama, KY), 145 (2005).

VERMICULITE
$Mg_{1-x}(Mg,Fe,Fe^{3+},Al)_3(Si,Al)_4O_{10}(OH)_2 \cdot 4H_2O$
苦土蛭石 (kudo-hiru-ishi) mon. 単斜

VESUVIANITE
$Ca_{19}(Fe,Mn)(Al,Mg,Fe)_8Al_4(F,OH)_2(OH,F,O)_8(SiO_4)_{10}(Si_2O_7)_4$
ベスブ石 (besubu-seki) tet. 正方

VESZELYITE
$(Cu,Zn)_3(PO_4)(OH)_3 \cdot 2H_2O$
ベゼリ石 (bezeri-seki) mon. 単斜 [例] [R]
秋田県日三市鉱山：若林・駒田，地雑 (Hisaichi mine, Akita Pref.: Wakabayashi & Komada, CZ), 28, 191-211 (1921).

VESZELYITE ベゼリ石 Hisaichi mine, Daisen, Akita Pref. 秋田県大仙市日三市鉱山 50 mm wide 左右 50 mm

VILLAMANINITE
$(Cu,Ni,Co,Fe)S_2$
ビラマニン鉱 (biramanin-kô) cub. 等軸

秋田県小坂鉱山：加藤，櫻標 (Kosaka mine, Akita Pref.: Kato, SKH), 15 (1973).

VILLYAELLENITE
$(Mn,Ca)_5(AsO_4)_2(AsO_3OH)_2 \cdot 4H_2O$
ビリヤエレン石 (biriyaeren-seki) mon. 単斜

Gozaisho mine, Fukushima Pref.: Matsubara et al. (福島県御斎所鉱山：松原ら), MJ, 18, 155-160 (1996).

VIOLARITE
$FeNi_2S_4$
ビオラル鉱 (bioraru-kô) cub. 等軸

viridine = 3価のマンガンを含む紅柱石
(Mn^{3+}-bearing ANDALUSITE)
(ビリジン)(birijin)

北海道千栄：鈴木ら，岩鉱 (Chiei, Hokkaido: Suzuki et al., GK), 60, 167-181 (1968).

VIVIANITE
$Fe_3(PO_4)_2 \cdot 8H_2O$
藍鉄鉱 (ran-tekkô) mon. 単斜

VOLBORTHITE
$Cu_3(V_2O_7)(OH)_2 \cdot 2H_2O$
バナジン銅鉱 (banajin-dôkô) mon. 単斜

Unuma, Gifu Pref.: Matsubara et al. (岐阜県鵜沼：松原ら), GK, 85, 522-530 (1990); 愛知県犬山 (Inuyama, Aichi pref.).

VOLTAITE
$K_2Fe_5Fe^{3+}_4(SO_4)_{12} \cdot 18H_2O$
ボルタ石 (boruta-seki) cub. 等軸 [例] [R]

北海道鴻ノ舞鉱山：櫻井ら，鉱雑 (Kohnomai mine, Hokkaido: Sakurai et al., KZ), 3, 777-781 (1958).

VOLYNSKITE
$AgBiTe_2$
ボリンスキー鉱 (borinsukî-kô) orth. 斜方

Yokozuru mine, Fukuoka Pref.: Shimada et al. (福岡県横鶴鉱山：島田ら), MJ, 10, 269-278 (1981).

VONSENITE
$(Fe,Mg)_2Fe^{3+}O_2(BO_3)$
フォンセン石 (fonsen-seki) orth. 斜方

Kamaishi mine, Iwate Pref.: Watanabe & Ito (岩手県釜石鉱山：渡辺・伊藤), MJ, 1, 84-88 (1954); 宮崎県千軒平鉱山：皆川・足立，地研 (Sengendera mine, Miyazaki Pref.: Minakawa & Adachi, CK), 39, 91-95 (1990).

VONSENITE
Watanabe & Ito (1954), MJ, 1, 84-88 (渡辺・伊藤)
Kamaishi mine, Iwate Pref.
岩手県釜石鉱山

	Wt.%
SiO_2	1.16
TiO_2	0.11
Al_2O_3	—
Fe_2O_3	29.84
FeO	48.72
MnO	0.62
MgO	1.51
CaO	1.60
Na_2O	0.29
B_2O_3	13.24
CO_2	1.14
$H_2O(+)$	0.70
$H_2O(-)$	0.52
S	0.09
Total	99.54

vredenburgite = ヤコブス鉱とハウスマン鉱の混合物 (a mixture of JACOBSITE and HAUSMANNITE)
(ブレデンブルグ鉱)(buredenburugu-kô)

VUAGNATITE
$CaAlSiO_4(OH)$
バニア石 (bania-seki) orth. 斜方

Shiraki, Mie Pref.: Matsubara et al. (三重県白木：松原ら), BSM, 3, 41-48 (1977); 高知県鴻ノ森 (Kohnomori, Kochi Pref.).

VULCANITE
$CuTe$
ブルカン鉱 (burukan-kô) orth. 斜方 [例] [R]

Iriki mine, Kagoshima Pref.: Cameron & Threadgold (鹿児島県入来鉱山：キャメロン・スレッドゴールド), AM, 46, 258-268 (1961).

VUORELAINENITE
$(Mn,Fe)(V^{3+},Cr^{3+})_2O_4$
ボーレライネン石 (bôrerainen-seki) cub. 等軸

愛媛県鞍瀬鉱山：皆川，鉱雑 (Kurase mine, Ehime Pref.: Minakawa, KZ), 25, 25-28 (1996); 岩手県田野畑鉱山：宮島ら，鉱要 (Tanohata mine, Iwate Pref.: Miyajima et al., KY), 197 (2003).

W

wad = 土状の二酸化マンガン鉱（earthy manganese dioxide minerals）
（マンガン土）(mangan-do)

WADALITE
$Ca_6(Al,Si,Fe,Mg)_7O_{16}Cl_3$
和田石（wada-seki）cub. 等軸 [N] [新]

Tadano, Fukushima Pref.: Tsukimura et al.（福島県多田野：月村ら）, AC, C49, 205-207（1993）.

WADALITE 和田石 Tadano, Koriyama, Fukushima Pref. 福島県郡山市多田野 25 mm wide 左右 25 mm

WADALITE Tsukimura et al.（1993）, AC, C49, 205-207（月村ら）	
	Tadano, Fukushima Pref. 福島県多田野 Wt.%
SiO_2	15.48
TiO_2	0.11
Al_2O_3	28.12
Fe_2O_3	4.64
MnO	0.07
MgO	1.11
CaO	41.92
Cl	12.02
total	103.47
O = –Cl	2.72
Total	100.75

WAIRAKITE
$CaAl_2Si_4O_{12} \cdot 2H_2O$
ワイラケイ沸石（wairakei-fusseki）mon. 単斜

WAIRAUITE
CoFe
ワイラウ鉱（wairau-kô）cub. 等軸

愛媛県肉淵谷：受川・皆川，鉱要（Nikubuchidani, Ehime Pref.: Ukegawa & Minakawa, KY）, 138 (2004).

WAKABAYASHILITE
$[(As,Sb)_6S_9][As_4S_5]$
若林鉱（wakabayashi-kô）mon. 単斜 [N] [新]

Nishinomaki mine, Gunma Pref.: Kato et al.（群馬県西ノ牧鉱山：加藤ら）, IJ, 92-93（1970）. Type Specimen: NSM-M31081

WAKABAYASHILITE 若林鉱 Nishinomaki mine, Shimonita, Gunma Pref. 群馬県下仁田町西ノ牧鉱山 32 mm wide 左右 32 mm Type specimen タイプ標本

WALLKILLDELLITE
$(Ca,Mn)_4Mn_6As_4O_{16}(OH)_8 \cdot 18H_2O$
ウォールキルデル石（wôrukiruderu-seki）hex. 六方

Gozaisho mine, Fukushima Pref.: Matsubara et al.（福島県御斎所鉱山：松原ら）, BSM, 27, 45-50（2001）.

WARWICKITE
$Mg(Ti,Fe^{3+},Al)(BO_3)O$
ワーウィック石（wâwikku-seki）orth. 斜方

Neichi mine, Iwate Pref.: Watanabe et al.（岩手県根市鉱山：渡辺ら）, PJ, 39, 164-169（1963）.

WATANABEITE
$Cu_4(As,Sb)_2S_5$
渡辺鉱（watanabe-kô）orth. 斜方 [N] [新]

Teine mine, Hokkaido: Shimizu et al.（北海道手稲鉱山：清水ら）, MM, 57, 643-649（1993）. Type specimen: NSM-M26138

WATANABEITE 渡辺鉱 Teine mine, Sapporo, Hokkaido 北海道札幌市手稲鉱山 90 mm wide 左右 90 mm Type specimen タイプ標本

WATANABEITE
Shimizu et al. (1993), MM, 57, 643-649 (清水ら)

Teine mine, Hokkaido
北海道手稲鉱山

	Wt.%		
Cu	41.1	40.91	42.23
Ag	0.1	0.09	0.09
Fe	0.0	0.00	0.01
Zn	0.0	0.00	0.01
Mn	0.3	0.03	0.06
As	15.4	15.70	13.27
Sb	14.3	16.37	17.26
Bi	2.4	1.02	1.25
S	26.2	26.24	25.92
Total	99.8	100.36	100.10

WATATSUMIITE
$Na_2KMn_2LiV^{4+}{}_2Si_8O_{24}$
わたつみ石 (watatsumi-seki) mon. 単斜 [N] [新]

Tanohata mine, Iwate Pref.: Matsubara et al. (岩手県田野畑鉱山：松原ら), JMPS, 98, 142-150 (2003).
Type specimen: NSM-M28187

WATATSUMIITE わたつみ石 Tanohata mine, Tanohata, Iwate Pref. 岩手県田野畑村田野畑鉱山 crystal 1 mm long 結晶の長さ 1 mm Type specimen タイプ標本

WATATSUMIITE
Matsubara et al. (2003), JMPS, 98, 142-150 (松原ら)

Tanohata mine, Iwate Pref.
岩手県田野畑鉱山

	Wt.%
SiO_2	52.64
TiO_2	3.13
VO_2	15.10
Al_2O_3	0.00
FeO	0.35
MnO	12.28
MgO	1.61
CaO	0.03
BaO	0.88
Na_2O	7.10
K_2O	4.89
Li_2O	1.6
Total	99.61

WAVELLITE
$Al_3(PO_4)_2(OH,F)_3 \cdot 5H_2O$
銀星石 (ginsei-seki) orth. 斜方 [例] [R]

北海道鴻ノ舞鉱山：伊藤, 地研 (Kohnomai mine, Hokkaido: Ito, CK), 26, 217-220 (1975); Toyoda, Kochi Pref.: Matsubara et al. (高知県豊田：松原ら), GK, 83, 141-149 (1988).

WAYLANDITE
$(Bi,Ca)Al_3(PO_4,SiO_4)_2(OH)_6$
ウェイランド石 (weirando-seki) trig. 三方

静岡県河津鉱山：山田ら, 地惑要 (Kawazu mine, Shizuoka Pref.: Yamada et al., CGY), Mc-002 (1999).

WEDDELLITE
$CaC_2O_4 \cdot 2H_2O$
ウェッデル石 (wedderu-seki) tet. 正方

Bottom of the Sea of Japan: Matsubara & Ichikura (日本海海底：松原・市倉), CZ, 81, 199-201 (1975).

WEEKSITE
$K_2(UO_2)_2Si_6O_{15} \cdot 4H_2O$
ウィークス石 (wîkusu-seki) orth. 斜方

鳥取県東郷鉱山：渡辺 (Tohgo mine, Tottori Pref.: Watanabe), JS, 11, 53-106 (1976).

weinschenkite = CHURCHITE
(ワインシェンク石) (wainshenku-seki)

WELINITE
$Mn_6(W,Mg)_2Si_2(O,OH)_{14}$
ウエリン石 (uerin-seki) trig. 三方

愛知県田口鉱山, 山口県福巻鉱山, 滋賀県五百井鉱山：広渡・福岡, 鉱山 (Taguchi mine, Aichi Pref.,

Fukumaki mine, Yamaguchi Pref. & Ioi mine, Shiga Pref.: Hirowatari & Fukuoka, KC), 38, 449-456 (1988).

wilkeite = 燐灰石グループもしくはエレスタド石グループの鉱物 (a mineral of Apatite group or Ellestadite group) (ウィルケ石) (wiruke-seki) [R] [例]
Chichibu mine, Saitama Pref.: Harada et al. (埼玉県秩父鉱山：原田ら), AM, 56, 1507-1518 (1971). これは塩素燐灰石 (This is CHLORAPATITE).

WINCHITE
$NaCaMg_4(Al,Fe^{3+})Si_8O_{22}(OH)_2$
ウィンチ閃石 (winchi-senseki) mon 単斜 [例] [R]
岩手県野田玉川鉱山：南部ら、選研 (Noda-Tamagawa mine, Iwate Pref.: Nambu et al., TSK), 36, 99-110 (1980); western of Mt. Mizui, Kyoto Pref.: Hirajima et al. (京都府水井山西方：平島ら), JMPS, 95, 107-112 (2000).

WISERITE
$(Mn,Mg)_{14}B_8(Si,Mg)O_{22}(OH)_{10}Cl$
ウィゼル石 (wizeru-seki) tet. 正方 [例] [R]
群馬県利東鉱山：加藤・松原, 鉱雑, 14 (特3) (Rito mine, Gunma Pref.: Kato & Matsubara, KZ, 14 (special volume 3)), 86-97 (1980).

WITHERITE
$BaCO_3$
毒重土石 (doku-jûdo-seki) orth. 斜方
秋田県発盛鉱山：渡辺, 岩鉱 (Hassei mine, Akita Pref.: Watanabe, GK), 17, 137-144 (1937); 群馬県萩平鉱山：広渡・福岡, 三要 (Hagidaira mine, Gunma Pref.: Hirowatari & Fukuoka, SY), 104 (1983).

WITTICHENITE
Cu_3BiS_3
ウィチヘン鉱 (wichihen-kô) orth. 斜方

WODGINITE
$(Ta,Nb,Sn,Mn,Ti,Fe,W,Zr)_{16}O_{32}$
ウッジーナ鉱 (wujjîna-kô) mon. 単斜
岐阜県蛭川：宮脇ら, 鉱雑 (Hirukawa, Gifu Pref.: Miyawaki et al., KZ), 18, 17-30 (1987).

wolframite = 鉄重石—マンガン重石系の中間組成物 (a intermediate member of FERBERITE – HUBNERITE series) (鉄マンガン重石) (tetsu-mangan-jûseki)

WOLLASTONITE
$Ca_3Si_3O_9$
珪灰石 (keikai-seki) tric. 三斜

wollastonite-7A = 珪灰石の7A型 (三斜)ポリタイプ (7A polytype of WOLLASTONITE)
Fuka, Okayama Pref.: Henmi et al. (岡山県布賀：逸見ら), MJ, 9, 169-181 (1978).

wolllastonite-2M = 珪灰石の2M型 (単斜)ポリタイプ (2M polytype of WOLLASTONITE) Parawollastonite (パラ珪灰石) (para-keikai-seki)

WOODHOUSEITE
$CaAl_3(PO_4)(SO_4)(OH)_6$
ウッドハウス石 (uddohausu-seki) trig. 三方 [例] [R]
群馬県奥万座：青木, 三要 (Okumanza, Gunma Pref.: Aoki, SY), 16 (1985); Matsubara et al. (松原ら), MJ, 20, 1-8 (1998).

WOODRUFFITE
$(Zn,Mn)Mn^{4+}{}_3O_7 \cdot 1\text{-}2H_2O$
ウッドルフ鉱 (uddorufu-kô) mon. 単斜
山形県森鉱山：南部・吉田, 三要 (Mori mine, Yamagata Pref.: Nambu & Yoshida, SY), 53 (1993).

WOODWARDITE
$Cu_4Al_2(SO_4)(OH)_{12} \cdot 2\text{-}4H_2O$?
ウッドワルド石 (uddowarudo-seki) trig. 三方
兵庫県樺阪鉱山：高田・松内, 地研 (Kabasaka mine, Hyogo Pref.: Takada & Matsuuchi, CK), 32, 191-199 (1981); 岐阜県黒川鉱山 (Kurokawa mine, Gifu Pref.).

WROEWOLFEITE
$Cu_4(SO_4)(OH)_6 \cdot 2H_2O$
ローウォルフェ石 (rôworufe-seki) mon. 単斜
秋田県亀山盛鉱山：山田・平間, 水晶 (Kisamori mine, Akita Pref.: Yamada & Hirama, SS), 13, 21-25 (2000).

WULFENITE
$PbMoO_4$
水鉛鉛鉱 (黄鉛鉱) (suien-en-kô, ô-en-kô) tet. 正方

WURTZITE
ZnS
ウルツ鉱 (urutsu-kô) hex. 六方

X

XANTHOCONITE
Ag$_3$AsS$_3$
黄粉銀鉱（ôfun-ginkô）mon. 単斜

栃木県西沢鉱山：加藤，地研（Nishizawa mine, Tochigi Pref.: Kato, CK), 19, 309-310（1968）；兵庫県生野鉱山：加藤，櫻標（Ikuno mine, Hyogo Pref.: Kato, SKH), 17（1973）.

XANTHOCONITE 黄粉銀鉱 Ikuno mine, Asago, Hyogo Pref. 兵庫県朝来市生野鉱山 4 mm wide 左右 4 mm

xanthophyllite = CLINTONITE
（ザンソフィル石）（zansofiru-seki）

XENOTIME-(Y)
YPO$_4$
ゼノタイム（zenotaimu）tet. 正方

XENOTIME ゼノタイム Arayashiki, Ishikawa, Fukushima Pref. 福島県石川町新屋敷 largest crystal 15 mm wide 最大結晶の幅15 mm

XONOTLITE
Ca$_6$Si$_6$O$_{17}$(OH)$_2$
ゾノトラ石（zonotora-seki）mon. 単斜，ric. 三斜

Y

YARROWITE
Cu_9S_8
ヤロー鉱 (yarô-kô) hex. 六方

Tanohata mine, Iwate Pref.: Matsubara et al.（岩手県田野畑鉱山：松原ら）, JMPS, 97, 177-184 (2002); 福島県御斎所鉱山 (Gozaisho mine, Fukushima Pref.)

YFTISITE-(Y)
$(Y,Dy,Er)_4(Ti,Sn^{4+})O(SiO_4)_2(F,OH)_6$
イフティシ石 (ifutishi-seki) orth. 斜方

宮崎県大崩山：皆川・足立, 三要 (Okueyama, Miyazaki Pref.: Minakawa & Adachi, SY), 84 (1994).

yoshikawaite = 水に富むダイピング石 (H_2O-rich DYPINGITE)
（吉川石）(yoshikawa-seki)

Yoshikawa, Aichi Pref.: Suzuki & Ito (愛知県吉川：鈴木・伊藤), GK, 68, 353-361（1973）.

YOSHIMURAITE
$(Ba,Sr)_2Mn_2TiO(Si_2O_7)(P,S,Si)O_4(OH)$
吉村石 (yoshimura-seki) tric. 三斜 [N] [R] [新] [例]

Noda-Tamagawa mine, Iwate Pref.: Watanabe et al.（岩手県野田玉川鉱山：渡辺ら）, MJ, 3, 156-167（1961）. Type specimen: NSM-M15110

YOSHIMURAITE 吉村石 Noda-Tamagawa mine, Noda, Iwate Pref. 岩手県野田村野田玉川鉱山 crystal 21 mm long 結晶の長さ 21 mm

YOSHIMURAITE

	Noda-Tamagawa mine, Iwate Pref. 岩手県野田玉川鉱山 1 Wt.%	愛知県田口鉱山 Taguchi mine, Aichi Pref. 2 Wt.%
SiO_2	18.25	17.20
TiO_2	10.00	7.47
Al_2O_3		0.21
Fe_2O_3	1.32	3.48
FeO	1.47	3.16
MnO	17.64	15.83
MgO	0.56	0.31
ZnO	0.50	
BaO	33.51	38.11
SrO	4.62	3.03
CaO		1.45
Na_2O	0.16	0.10
K_2O	0.03	0.01
P_2O_5	3.98	4.62
SO_3	5.40	3.84
Cl	0.41	
$H_2O(+,-)$	2.34	1.06
total	100.19	
$O=-Cl$	−0.09	
Total	100.10	99.88

1: Watanabe et al. (1961), MJ, 3, 156-167 (渡辺ら)
2: 広渡・磯野(1963), 鉱雑(KZ), 6, 230-243 (Hirowatari & Isono)

YTTRIALITE-(Y)
$(Y,Th)_2Si_2O_7$
イットリア石 (ittoria-seki) mon. 単斜

福島県水晶山：大森・長谷川, 岩鉱 (Suishoyama, Fukushima Pref.: Omori & Hasegawa, GK), 37, 21-29（1953）; 愛媛県米之野：加藤, 櫻標 (Komenono, Ehime Pref.: Kato, SKH), 57（1973）.

yttrofluorite = 含イットリウム蛍石 (Y-bearing FLUORITE)
（イットロ蛍石）(ittoro-hotaru-ishi)

YTTROTANTALITE-(Y)
$(Y,U,Fe)(Ta,Nb)O_4$
イットロタンタル石 (ittoro-tantaru-seki) mon. 単斜

滋賀県田上：長島・長島, 希元 (Tanakami, Shiga Pref.: Nagashima & Nagashima, NKK), 230-231（1960）.

YUGAWARALITE
$CaAl_2Si_6O_{16} \cdot 4H_2O$

湯河原沸石 (yugawara-fusseki) mon. 単斜 [N] [R] [新] [例]

Yugawara, Kanagawa Pref.: Sakurai & Hayashi（神奈川県湯河原：櫻井・林）, SYU, 1, 69-77（1952）. Type specimen: NSM-M38503

YUGAWARALITE 湯河原沸石 Fudono-taki, Yugawara, Kanagawa Pref. 神奈川県湯河原町不動の滝 60 mm wide 左右 60 mm

YUGAWARALITE

	Yugawara, Kanagawa Pref. 神奈川県湯河原		Nukabira, Hokkaido 北海道糠平
	1	2	3
	Wt.%		Wt.%
SiO_2	57.94	59.58	61.14
Al_2O_3	17.65	18.54	17.65
Fe_2O_3	0.35	0.19	0.05
MgO	0.86	tr.	0.002
CaO	9.79	8.96	9.24
SrO			0.04
Na_2O	0.38	0.05	0.08
K_2O	0.41	0.19	0.03
$H_2O(+)$	10.70	13.00*	9.07
$H_2O(-)$	1.80		2.73
Total	99.88	100.51	100.03

*: total H_2O
1: Sakurai & Hayashi (1952), SYU, 1, 69-77（櫻井・林）
2: 原田ら (1969), 鉱雑 (KZ), 9, 375 (Harada et al.)
3: Konno & Aoki (1977), MJ, 8, 456-462（今野・青木）

Z

ZAVARITSKITE
BiOF
ザバリツキー石 (zabaritsukî-seki) tet. 正方
岐阜県高根鉱山・同恵比寿鉱山：加藤，櫻標 (Takane mine & Ebisu mine, Gifu Pref.: Kato, SKH), 22 (1973).

ZEMANNITE
$Mg_{0.5}[ZnFe^{3+}(TeO_3)_3] \cdot 4.5H_2O$
ゼーマン石 (zêman-seki) hex. 六方
静岡県河津鉱山：堀ら，地研 (Kawazu mine, Shizuoka Pref.: Hori et al., CK), 44, 261-265 (1996).

ZEMANNITE ゼーマン石 Kawazu mine, Shimoda, Shizuoka Pref. 静岡県下田市河津鉱山 crystal aggregate 1 mm long 結晶集合の長さ1 mm

ZEOPHYLLITE
$Ca_4Si_3O_8(OH)_2F_2 \cdot 2H_2O$
ゼオフィル石 (zeofiru-seki) tric. 三斜
Sanpo mine, Okayama Pref.: Matsueda（岡山県山宝鉱山：松枝), JAK, 5, 15-77 (1980).

ZEUNERITE
$Cu(UO_2)_2(AsO_4)_2 \cdot 10\text{-}16H_2O$
砒銅ウラン石 (hidou-uran-seki) tet. 正方
Suishoyama, Fukushima Pref. & Miyoshi mine, Okayama Pref.: Henmi（福島県水晶山，岡山県三吉鉱山：逸見), MJ, 2, 134-137 (1957).

ZINC
Zn
自然亜鉛 (shizen-aen) hex. 六方
Miyake Island, Tokyo: Nishida et al.（東京都三宅島：西田ら), Naturwissenschaften, 81, 498-502 (1994).

zincblende = SPHALERITE
ジンクブレンド

zinckenite = ZINKENITE

ZINC-MELANTERITE
$(Zn,Mn,Mg,Fe)SO_4 \cdot 7H_2O$
亜鉛緑礬 (aen-ryokuban) mon. 単斜
北海道上国鉱山：南部ら，三要 (Jokoku mine, Hokkaido: Nambu et al., SY), 36 (1978).

Zinckenite = ZINKENITE

ZINCSILITE
$(Zn,Ca)_3Si_4O_{10}(OH)_2 \cdot 4H_2O$
ジンクシル石 (jinkushiru-seki) mon. 単斜
岐阜県洞戸鉱山 (Horado mine, Gifu Pref.).

ZINKENITE
$Pb_9(Sb,As)_{22}S_{42}$
ジンケン鉱 (jinken-kô) hex. 六方 [例][R]
鹿児島県春日鉱山：菅木・北風，岩鉱 (Kasuga mine, Kagoshima Pref.: Sugaki & Kitakaze, GK), 81, 454-457 (1986); 北海道洞爺鉱山 (Toya mine, Hokkaido).

ZINKENITE 菅木・北風 (1986)，岩鉱 (GK), 81, 454-457 (Sugaki & Kitakaze)	
鹿児島県春日鉱山 Kasuga mine, Kagoshima Pref.	Wt.%
Pb	31.7
Sb	45.0
As	0.4
S	22.8
Total	99.9

ZINNWALDITE
$KLiFeAl(AlSi_3)O_{10}(F,OH)_2$
チンワルド雲母 (chinwarudo-unmo) mon. 単斜

ZIPPEITE
K(UO$_2$)$_2$(SO$_4$)(OH)$_3$·H$_2$O
チッペ石 (chippe-seki) mon. 単斜

岡山県人形峠鉱山：渡辺 (Ningyo-toge mine, Okayama Pref.: Watanabe), JS, 11, 53-106 (1976).

ZIRCON
ZrSiO$_4$
ジルコン (jirukon) tet. 正方

ZIRCONOLITE
CaZrTi$_2$O$_7$
ジルコノライト (jirukonoraito) trig. 三方, orth. 斜方, mon. 単斜

Kamineichi, Iwate Pref.: Kato & Matsubara (岩手県上根市：加藤・松原), BSM, 17, 11-20 (1991); 愛媛県弓削島など：西尾・皆川, 鉱要 (Yuge Island, Ehime Pref. etc.: Nishio & Minakawa, KY), 201 (2003).

ZOISITE
Ca$_2$AlAl$_2$(Si$_2$O$_7$)(SiO$_4$)O(OH)
灰簾石 (kai-ren-seki) orth. 斜方

ZUNYITE
Al$_{13}$Si$_5$O$_{20}$(OH,F)$_{18}$Cl
ズニ石 (zuni-seki) cub. 等軸

ZUNYITE ズニ石 Yoji, Sakuho, Nagano Pref. 長野県佐久穂町余地 crystal 1 mm long 結晶の長さ 1 mm

和名索引
Japanese name index

あ

アイキン鉱	AIKINITE — 4
アイダ鉱	IDAITE — 57
アイレス石	ILESITE — 57
亜鉛孔雀石	ROSASITE — 110
亜鉛スピネル	GAHNITE — 44
亜鉛ヘルビン石	GENTHELVITE — 45
亜鉛緑礬	ZINC-MELANTERITE — 142
亜灰長石	bytownite — 19
赤金鉱	AKAGANEITE — 4
アカトレ石	AKATOREITE — 4
アーカン石	ARCANITE — 7
アクアマリン	aquamarine — 7
アクマイト	acmite — 2
アージェントパイライト	ARGENTOPYRITE — 8
アーセニオシデライト	ARSENIOSIDERITE — 9
アーセニオプレイ石	ARSENIOPLEITE — 9
アタカマ石	ATACAMITE — 10
アダム石	ADAMITE — 2
阿仁鉱	ANILITE — 6
アノルソクレース	ANORTHOCLASE — 7
亜砒藍鉄鉱	PARASYMPLESITE — 97
アフウィル石	AFWILLITE — 3
阿武隈石	abukumalite, BRITHOLITE-(Y) — 2
アブスヴルムバッハ鉱	ABSWURMBACHITE — 2
アフチタル石	APHTHITALITE — 7
アホー石	AJOITE — 4
アマゾナイト	amazonite — 5
荒川石	arakawaite — 7
アラクラン石	ALACRANITE — 4
アラマヨ鉱	ARAMAYOITE — 7
霰石	ARAGONITE — 7
アルオード石	ALLUAUDITE — 5
アルチニー石	ARTINITE — 10
アルデアル石	ARDEALITE — 8
アルデンヌ石	ARDENNITE — 8
アルノーゲン	ALUNOGEN — 5
アループ石	ARUPITE — 10
アルベゾン閃石	ARFVEDSONITE — 8
アルミナ石	ALUMINITE — 5
アルミノセラドン石	ALUMINOCELADONITE — 5
アルミノパンペリー石	PUMPELLYITE-(Al) — 103
アルモヒドロカルサイト	ALUMOHYDROCALCITE — 5
アレガニー石	ALLEGHANYITE — 4
アレクス鉱	ALEKSITE — 4
アレモン石	allemontite — 4
アロクレース鉱	ALLOCLASITE — 4
アロハド石	ARROJADITE — 8
アロフェン	ALLOPHANE — 4
泡蒼鉛土	BISMUTITE — 16
アワルワ鉱	AWARUITE — 11
安銀鉱	DYSCRASITE — 34
アンケル石	ANKERITE — 6
安四面銅鉱	TETRAHEDRITE — 127
アンダーソン石	ANDERSONITE — 6
安タンタル石	STIBIOTANTALITE — 118
アンチゴライト	ANTIGORITE — 7
アンドル石	ANDORITE — 6
アントレル石	ANTLERITE — 7
アンバー	amber — 5
安パラジウム鉱	STIBIOPALLADINITE — 118
安ピアス鉱	ANTIMONPEARCEITE — 7
安砒鉱	STIBARSEN — 118
アンモニウム長石	BUDDINGTONITE — 18
アンモニウム白榴石	AMMONIOLEUCITE — 5

い

飯盛石	IIMORIITE-(Y) — 57
イカ石	IKAITE — 57
異極鉱	HEMIMORPHITE — 51
生野鉱	IKUNOLITE — 57
石川石	ISHIKAWAITE — 59
イゾクレーク鉱	IZOKLAKEITE — 60
イソ鉄白金	ISOFERROPLATINUM — 59
板チタン石	BROOKITE — 18
イダルゴ石	HIDALGOITE — 53
一水方解石	MONOHYDROCALCITE — 84
イットリア石	YTTRIALITE-(Y) — 140
イットリウムアガード石	AGARDITE-(Y) — 3
イットリウム褐簾石	ALLANITE-(Y) — 4
イットリウムシンキス石	SYNCHYSITE-(Y) — 122
イットリウムヒンガン石	HINGGANITE-(Y) — 53
イットリウムフォーマン石	FORMANITE-(Y) — 42
イットリウムブリソ石	BRITHOLITE-(Y) — 18
イットロタンタル石	YTTROTANTALITE-(Y) — 140
イットロ蛍石	yttrofluorite — 140
イディングス石	iddingsite — 57
糸魚川石	ITOIGAWAITE — 59
イネス石	INESITE — 58
異剥輝石	diallage — 32
イフティシ石	YFTISITE-(Y) — 140
芋子石	IMOGOLITE — 58
イライト	illite — 57
イリドスミン	iridosmine — 59
イルメノルチル	ILMENORUTILE — 58
磐城鉱	IWAKIITE — 60
岩代石	IWASHIROITE-(Y) — 60
インカ石	INCAITE — 58
インゴダ鉱	INGODITE — 58
インジウム銅鉱	ROQUESITE — 110
インド石	INDIALITE — 58
インヨー石	INYOITE — 58

う

ウィークス石	WEEKSITE — 137
ウィゼル石	WISERITE — 138
ウィチヘン鉱	WITTICHENITE — 138
ウィルケ石	wilkeite — 138
ウィンチ閃石	WINCHITE — 138
ウェイランド石	WAYLANDITE — 137
ウェッデル石	WEDDELLITE — 137
ウエリン石	WELINITE — 137
ウォールキルデル石	WALLKILLDELLITE — 136
ウシュコフ石	USHKOVITE — 133
ウチュクチャカ鉱	UCHUCCHAKUAITE — 133
ウッジーナ鉱	WODGINITE — 138
ウッドハウス石	WOODHOUSEITE — 138
ウッドワルド石	WOODWARDITE — 138
ウッドルフ鉱	WOODRUFFITE — 138
ウラノピル石	URANOPILITE — 133
ウラノフェン石	URANOPHANE — 133
ウラル硼石	URALBORITE — 133
ウランマイクロ石	URANMICROLITE — 133
ウルツ鉱	WURTZITE — 138
ウルバン輝石	urbanite — 133
ウルボスピネル	ULVÖSPINEL — 133
ウーロー石	HURÉAULITE — 54

え

鋭錐石	ANATASE — 6
エオスフォル石	EOSPHORITE — 36
エクマン石	ekmanite — 35
エグレトン石	EGGLETONITE — 35
エシキン石	AESCHYNITE-(Y) — 2
エジリン輝石	AEGIRINE — 2
エジリン普通輝石	AEGIRINE-AUGITE — 2
エッケルマン閃石	ECKERMANNITE — 35
エットリンゲン石	ETTRINGITE — 36
エディントン沸石	EDINGTONITE — 35
エデン閃石	EDENITE — 35
エニグマ石	AENIGMATITE — 2
エバンス石	EVANSITE — 37
エプソマイト	EPSOMITE — 36
エムプレクト鉱	EMPLECTITE — 36
エムプレス鉱	EMPRESSITE — 36
エモンス石	EMMONSITE — 35
エリオン沸石	erionite — 36
エリー石	ELYITE — 35
エレクトラム	electrum — 35
塩化アンモン石	SAL AMMONIAC — 112
塩化カリ石	SYLVITE — 122

塩化蒼鉛土	BISMOCLITE — 15	ガノフィル石	GANOPHYLLITE — 44
塩基アルミナ石	BASALUMINITE — 13	カーフォル石	CARPHOLITE — 22
エンスート鉱	NSUTITE — 90	釜石石	KAMAISHILITE — 64
塩素燐灰石	CHLORAPATITE — 24	ガマガラ石	GAMAGARITE — 44
お		カマサイト	KAMACITE — 64
黄安華	STIBICONITE — 118	神岡石	kamiokalite — 64
オウィヒー鉱	OWYHEEITE — 95	神岡鉱	KAMIOKITE — 64
黄鉛鉱	WULFENITE — 138	カミントン閃石	CUMMINGTONITE — 29
黄玉	TOPAZ — 130	カラベラス鉱	CALAVERITE — 20
黄錫亜鉛鉱	KESTERITE — 66	カリオピライト	CARYOPILITE — 22
黄錫銀鉱	HOCARTITE — 53	カリ苦土定永閃石	POTASSIC-MAGNESIOSADANAGAITE — 101
黄錫鉱	STANNITE — 117	カリ定永閃石	POTASSICSADANAGAITE — 101
黄長石	melilite — 82	カリ斜プチロル沸石	CLINOPTILOLITE-K — 27
黄鉄鉱	PYRITE — 104	カリ十字沸石	PHILLIPSITE-K — 99
黄銅鉱	CHALCOPYRITE — 23	カリビブ石	KARIBIBITE — 65
黄粉銀鉱	XANTHOCONITE — 139	カリフェリエ沸石	FERRIERITE-K — 39
青海石	OHMILITE — 91	カリリーキ閃石	POTASSICLEAKEITE — 101
大江石	OYELITE — 95	カリ菱沸石	CHABAZITE-K — 23
大隅石	OSUMILITE — 94	カルキンス石	CALKINSITE-(Ce) — 21
大峰石	OMINELITE — 92	カルコファン鉱	CHALCOPHANITE — 23
岡山石	OKAYAMALITE — 91	カルシオガドリン石	CALCIOGADOLINITE — 20
オケルマン石	ÅKERMANITE — 4	カルジルチ石	CALZIRTITE — 21
オーケン石	OKENITE — 91	カルデロン石	CALDERONITE — 21
尾去沢石	OSARIZAWAITE — 93	カルノー石	CARNOTITE — 22
オスミリジウム	osmiridium — 94	カレドニア石	CALEDONITE — 20
斧石	axinite — 11	ガレノビスマス鉱	GALENOBISMUTITE — 44
オパル	OPAL — 93	カーロール鉱	CARROLLITE — 22
オホーツク石	OKHOTSKITE — 91	ガロン沸石	GARRONITE — 44
オリエント石	ORIENTITE — 93	河津鉱	KAWAZULITE — 65
オリーブ銅鉱	OLIVENITE — 92	岩塩	HALITE — 49
オルシャンスキー石	OLSHANSKYITE — 92	岩塩	rock salt — 109
オーレン電気石	OLENITE — 92	頑火輝石	ENSTATITE — 36
オーロラ鉱	AURORITE — 10	カーン石	CAHNITE — 20
オンファス輝石	OMPHACITE — 93	カンフィールド鉱	CANFIELDITE — 21
		カンポーグ石	KAMPHAUGITE-(Y) — 64
か		**き**	
灰泡蒼鉛土	BEYERITE — 15	輝安鉱	STIBNITE — 118
灰エリオン沸石	ERIONITE-Ca — 36	輝安銅鉱	CHALCOSTIBITE — 24
灰霞石	CANCRINITE — 21	擬板チタン石	PSEUDOBROOKITE — 103
ガイガー石	GEIGERITE — 45	輝イリジウム鉱	IRARSITE — 58
灰輝沸石	HEULANDITE-Ca — 52	輝銀鉱	argentite — 8
灰クロム石榴石	UVAROVITE — 133	輝銀銅鉱	STROMEYERITE — 119
カイシク石	CAYSICHITE-(Y) — 22	擬孔雀石	PSEUDOMALACHITE — 103
灰斜プチロル沸石	CLINOPTILOLITE-Ca — 26	輝コバルト鉱	COBALTITE — 27
灰十字沸石	PHILLIPSITE-Ca — 99	輝水鉛鉱	MOLYBDENITE — 84
灰重石	SCHEELITE — 113	ギスモンド沸石	GISMONDINE — 45
灰水鉛石	POWELLITE — 102	輝蒼鉛鉱	BISMUTHINITE — 16
灰曹柱石	dipyre — 32	キドウェル石	KIDWELLITE — 66
灰曹長石	oligoclase — 92	輝銅鉱	CHALCOCITE — 23
灰束沸石	STILBITE-Ca — 119	絹雲母	sericite — 114
灰ダキアルディ沸石	DACHIARDITE-Ca — 31	木下雲母	KINOSHITALITE — 67
灰チタン石	PEROVSKITE — 98	キノ石	KINOITE — 67
灰長石	ANORTHITE — 7	ギブス石	GIBBSITE — 45
灰鉄輝石	HEDENBERGITE — 50	輝沸石	heulandite — 52
灰鉄石榴石	ANDRADITE — 6	キムラマン鉱	KIMURAITE-(Y) — 66
灰電石	UVITE — 133	木村石	KIMURAITE-(Y) — 66
カイノス石	KAINOSITE-(Y) — 64	キャノン石	CANNONITE — 21
灰バナジン石榴石	GOLDMANITE — 47	キューバ鉱	CUBANITE — 29
灰礬石榴石	GROSSULAR — 47	キュムリ石	CYMRITE — 30
灰マンガン橄欖石	GLAUCOCHROITE — 45	輝葉石	LAMPROPHYLLITE — 72
灰菱沸石	CHABAZITE-Ca — 23	魚眼石	apophyllite — 7
海緑石	GLAUCONITE — 45	玉髄	chalcedony — 23
灰レビ沸石	LEVYNE-Ca — 74	玉滴石	hyalite — 55
灰簾石	ZOISITE — 143	キララ石	KILLALAITE — 66
ガイロル石	GYROLITE — 48	錐輝石	AEGIRINE — 2
カオリナイト	KAOLINITE — 65	キルコアン石	KILCHOANITE — 66
角銀鉱	CHLORARGYRITE — 25	輝ロジウム鉱	HOLLINGWORTHITE — 54
カコクセン石	CACOXENITE — 20	欽一石	KINICHILITE — 66
加水灰鉄石榴石	hydroandradite — 55	金雲母	PHLOGOPITE — 99
加水灰礬石榴石	hydrogrossular — 55	金紅石	RUTILE — 111
加水石榴石	hydrogarnet — 55	銀四面銅鉱	FREIBERGITE — 42
加水重石華	HYDROTUNGSTITE — 55	菫青石	CORDIERITE — 28
加水白雲母	hydromuscovite — 55	銀星石	WAVELLITE — 137
霞石	NEPHELINE — 88	菫泥石	kämmererite — 64
火閃銀鉱	PYROSTILPNITE — 104	銀鉄明礬石	ARGENTOJAROSITE — 8
加蘇長石	kasoite — 65	銀ペントランド鉱	ARGENTOPENTLANDITE — 8
カソロ石	KASOLITE — 65	金緑石	CHRYSOBERYL — 25
片山石	katayamalite — 65	**く**	
褐鉛鉱	VANADINITE — 134	空晶石	chiastolite — 24
褐錫鉱	STANNOIDITE — 117	クエンステット石	QUENSTEDTITE — 106
滑石	TALC — 124	クエンセル鉱	QUENSELITE — 106
褐鉄鉱	limonite — 74	苦灰石	DOLOMITE — 33
褐簾石	ALLANITE-(Ce) — 4	クーク石	COOKEITE — 28
カトフォラ閃石	KATOPHORITE — 65	草地鉱	KUSACHIITE — 71
ガドリン石	GADOLINITE-(Y) — 44	くさび石	TITANITE — 129
カニツァロ鉱	CANNIZZARITE — 21	グジア石	GUGIAITE — 48
カニュク石	KANKITE — 64	孔雀石	MALACHITE — 78
加納輝石	KANOITE — 65		

グスタフ鉱	GUSTAVITE — 48	コウルス沸石	COWLESITE — 29
クスピディン	CUSPIDINE — 30	紅簾石	PIEMONTITE — 100
クテナス石	KTENASITE — 70	コキンボ石	COQUIMBITE — 28
苦土アルベゾン閃石	MAGNESIO-ARFVEDSONITE — 77	コーク石	CORKITE — 28
苦土大隅石	OSUMILITE-(Mg) — 94	黒銅鉱	TENORITE — 127
苦土華	HÖRNESITE — 54	コサラ鉱	COSALITE — 28
苦土カトフォラ閃石	MAGNESIOKATOPHORITE — 78	五水灰硼石	PENTAHYDROBORITE — 98
苦土橄欖石	FORSTERITE — 42	コスモクロア輝石	KOSMOCHLOR — 68
苦土定永閃石	MAGNESIOSADANAGAITE — 78	古銅輝石	bronzite — 18
苦土電気石	DRAVITE — 33	小藤石	KOTOITE — 69
クトナホラ石	KUTNOHORITE — 71	ゴドレフスキー鉱	GODLEVSKITE — 46
苦土パンペリー石	PUMPELLYITE-(Mg) — 103	ゴナルド沸石	GONNARDITE — 47
苦土蛭石	VERMICULITE — 134	コニカルコ石	CONICHALCITE — 28
苦土フェリエ沸石	FERRIERITE-Mg — 39	コニンク石	KONINCKITE — 68
苦土フォイト電気石	MAGNESIOFOITITE — 77	コーネル石	KORNELITE — 68
苦土普通角閃石	MAGNESIOHORNBLENDE — 78	コーネルップ石	KORNERUPINE — 68
苦土沸石	ferrierite — 39	琥珀	amber — 5
苦土ヘスチングス閃石	MAGNESIOHASTINGSITE — 78	コバルト華	ERYTHRITE — 36
苦土明礬	PICKERINGITE — 100	コバルトカルサイト	cobaltcalcite — 27
苦土リーベック閃石	MAGNESIORIEBECKITE — 78	コバルトコリットニッヒ石	COBALTKORITNIGITE — 27
苦土六水塩	HEXAHYDRITE — 52	コバルトペントランド鉱	COBALTPENTLANDITE — 27
クニポヴィチ石	knipovichite — 67	コピアポ石	COPIAPITE — 28
クネーベル橄欖石	knebelite — 67	ゴビンス沸石	GOBBINSITE — 45
苦礬石榴石	PYROPE — 104	コフィン石	COFFINITE — 27
グメリン沸石	gmelinite — 45	コベリン	COVELLITE — 29
クラウスコップ石	KRAUSKOPFITE — 70	ゴヤス石	GOYAZITE — 47
グラウト鉱	GROUTITE — 47	コランダム	CORUNDUM — 28
グラトン鉱	GRATONITE — 47	コーリング石	COALINGITE — 27
グラフトン石	GRAFTONITE — 47	コルーサ鉱	COLUSITE — 28
グランダイト	grandite — 47	ゴルセイ石	GORCEIXITE — 47
クランダル石	CRANDALLITE — 29	ゴールドフィールド鉱	GOLDFIELDITE — 46
グリグ鉱	GREIGITE — 47	コルヌビア石	CORNUBITE — 28
クリストバル石	CRISTOBALITE — 29	コレンス石	CORRENSITE — 47
クリーナ石	GREENALITE — 47	コロナド鉱	CORONADITE — 28
クリノクロア石	CLINOCHLORE — 26	コロラド鉱	COLORADOITE — 27
クリプトメレン鉱	CRYPTOMELANE — 29	コンドロ石	CHONDRODITE — 25
グリュネル閃石	GRUNERITE — 48	コンネル石	CONNELLITE — 28
クリントン石	CLINTONITE — 27	コーンワル石	CORNWALLITE — 28
クルプカ鉱	KRUPKAITE — 70		
グレイ石	GRAYITE — 47	**さ**	
クレドネル鉱	CREDNERITE — 29	ザイベリー石	SZAIBELYITE — 122
クレメルス石	KREMERSITE — 70	サイロメレン	psilomelane — 103
クレル鉱	CLERITE — 25	櫻井鉱	SAKURAIITE — 112
クレンネル鉱	KRENNERITE — 70	サーサス石	SURSASSITE — 121
クロアント鉱	chloanthite — 24	サセックス石	SUSSEXITE — 121
黒雲母	biotite — 15	雑銀鉱	POLYBASITE — 100
グローコドート鉱	GLAUCODOT — 45	サニディン	SANIDINE — 112
クロシドライト	crocidolite — 29	ザバリツキー石	ZAVARITSKITE — 142
黒辰砂	METACINNABAR — 82	サービエリ石	SERPIERITE — 114
クロス閃石	crossite — 29	サフィリン	SAPPHIRINE — 113
クロード石	CLAUDETITE — 25	サフロ鉱	SAFFLORITE — 113
クロム苦土鉱	MAGNESIOCHROMITE — 77	サポー石	SAPONITE — 113
クロム白雲母	fuchsite — 42	サマルスキー石	SAMARSKITE-(Y) — 112
クロムスピネル	picotite — 100	サーラ輝石	salite — 112
クロム鉄鉱	CHROMITE — 25	サルトリ鉱	SARTORITE — 113
		ザンソフィル石	xanthophyllite — 139
け		サンタバーバラ石	SANTABARBARAITE — 112
珪灰石	WOLLASTONITE — 138	サンボーン石	SANBORNITE — 112
珪灰鉄鉱	ILVAITE — 58		
鶏冠石	REALGAR — 107	**し**	
ゲイキ石	GEIKIELITE — 45	シェッフェル輝石	schefferite — 113
珪孔雀石	CHRYSOCOLLA — 25	シェップ石	SCHOEPITE — 113
珪酸ゲル	silica gel — 115	シェネビ石	CHENEVIXITE — 24
珪線石	SILLIMANITE — 115	ジェンニ石	JENNITE — 61
珪蒼鉛石	EULYTITE — 36	滋賀石	SHIGAITE — 114
珪ニッケル鉱	garnierite — 44	磁苦土鉄鉱	MAGNESIOFERRITE — 77
ゲージ石	GAGEITE — 44	シグニット石	SEGNITITE — 114
ゲチェル鉱	GETCHELLITE — 45	ジーゲン鉱	SIEGENITE — 115
ケティヒ石	KÖTTIGITE — 69	シース石	THEISITE — 127
ケヒリン石	KOECHILINITE — 68	磁赤鉄鉱	MAGHEMITE — 77
ケリー石	KELLYITE — 66	自然亜鉛	ZINC — 142
ケルスート閃石	KAERSUTITE — 64	自然アンチモン	ANTIMONY — 7
ゲルスドルフ鉱	GERSDORFFITE — 45	自然硫黄	SULFUR — 121
ゲルマン鉱	GERMANITE — 45	自然イリジウム	IRIDIUM — 58
ゲーレン石	GEHLENITE — 44	自然オスミウム	OSMIUM — 94
		自然金	GOLD — 46
こ		自然銀	SILVER — 115
紅安鉱	KERMESITE — 66	自然しんちゅう	brass — 17
紅安ニッケル鉱	BREITHAUPTITE — 17	自然水銀	MERCURY — 82
鋼玉	CORUNDUM — 28	自然蒼鉛	BISMUTH — 16
硬石膏	ANHYDRITE — 6	自然鉄	IRON — 59
紅柱石	ANDALUSITE — 6	自然テルル	TELLURIUM — 126
神津閃石	KOZULITE — 70	自然銅	COPPER — 28
皓礬	GOSLARITE — 47	自然ニッケル	NICKEL — 89
紅砒ニッケル鉱	NICKELINE — 89	自然白金	PLATINUM — 100
河辺石	KOBEITE-(Y) — 67	自然砒	ARSENIC — 8
氷	ICE — 57	自然ルテニウム	RUTHENIUM — 111
硬緑泥石	CHLORITOID — 25	自然ルテノイリドスミン	RUTHENIRIDOSMINE — 111
紅燐石	SARCOPSIDE — 113		

紫蘇輝石	hypersthene — 56	ストロンチウム紅簾石	STRONTIOPIEMONTITE — 120
磁鉄鉱	MAGNETITE — 78	ストロンチウム斜方ホアキン石	STRONTIO-ORTHOJOAQUINITE — 120
シデロチル石	SIDEROTIL — 115	ストロンチウムトムソン沸石	THOMSONITE-Sr — 128
シベリア石	SIBIRSKITE — 115	ストロンチウムホアキン石	STRONTIOJOAQUINITE — 120
ジムトンプソン石	JIMTHOMPSONITE — 62	ストロンチウム燐灰石	STRONTIUM-APATITE — 120
斜開銅鉱	CLINOCLASE — 26	ストロンチオメレン鉱	STRONTIOMELANE — 120
車骨鉱	BOURNONITE — 17	ズニ石	ZUNYITE — 143
斜プチロル沸石	clinoptilolite — 26	スパー石	SPURRITE — 117
シャブルヌ鉱	CHABOURNEITE — 23	スパング石	SPANGOLITE — 116
斜方エリクソン石	ORTHOERICSSONITE — 93	スパンベルグ石	SVANBERGITE — 122
斜方クリソティル石	ORTHOCHRYSOTILE — 93	スピネル	SPINEL — 117
シャモス石	CHAMOSITE — 24	スピロフ石	SPIROFFITE — 117
舎利塩	EPSOMITE — 36	スマイス鉱	SMYTHITE — 116
ジャーリンダ石	DZHALINDITE — 34	スマルト鉱	smaltite — 116
ジャルパ鉱	JALPAITE — 61	ズミク石	SZMIKITE — 123
ジャーンス石	JAHNSITE-(CaFeFe) — 61	スローソン石	SLAWSONITE — 115
シャンド鉱	SHANDITE — 114		
ジャンボー石	JAMBORITE — 61	**せ**	
十字石	STAUROLITE — 117	青鉛鉱	LINARITE — 74
十字沸石	phillipsite — 99	脆銀鉱	STEPHANITE — 117
重晶石	BARITE — 13	青針銅鉱	CYANOTRICHITE — 30
重石華	TUNGSTITE — 132	正長石	ORTHOCLASE — 93
重土十字沸石	HARMOTOME — 49	セイロナイト	ceylonite — 23
重土長石	CELSIAN — 22	ゼオフィル石	ZEOPHYLLITE — 142
シュツルンツ石	STRUNZITE — 120	石英	QUARTZ — 106
シュナイダーヘーン石	SCHNEIDERHÖHNITE — 113	赤錫鉱	RHODOSTANNITE — 109
シュベルトマン石	SHWERTMANNITE —	赤鉄鉱	HEMATITE — 51
ジュルゴルド石	JULGOLDITE-(Fe²⁺) — 63	赤銅鉱	CUPRITE — 29
シューレンベルグ石	SCHULENBERGITE — 113	赤攀	BIEBERITE — 15
上国石	JOKOKUITE — 62	石墨	GRAPHITE — 47
ショーロマイト	schorlomite — 113	石膏	GYPSUM — 48
ジョンバウム石	JOHNBAUMITE — 62	ゼノタイム	XENOTIME-(Y) — 139
磁硫鉄鉱	PYRRHOTITE — 105	セピオ石	SEPIOLITE — 114
ジルコノライト	ZIRCONOLITE — 143	ゼーマン石	ZEMANNITE — 142
ジルコン	ZIRCON — 143	セムセイ鉱	SEMSEYITE — 114
シルバニア鉱	SYLVANITE — 122	セラドン石	CELADONITE — 22
白雲母	MUSCOVITE — 85	セラン石	SERANDITE — 114
白水雲母	SHIROZULITE — 115	セリウムシンキス石	SYNCHYSITE-(Ce) — 122
針銀鉱	ACANTHITE — 2	セリウムヒンガン石	HINGGANITE-(Ce) — 53
ジンクシル石	ZINCSILITE — 142	セリウムフローレンス石	FLORENCITE-(Ce) — 41
ジンクブレンド	zincblende — 142	セリサイト	sericite — 114
ジンケン鉱	ZINKENITE — 142	セルベル鉱	CERVELLEITE — 23
辰砂	CINNABAR — 25	閃亜鉛鉱	SPHALERITE — 116
真珠雲母	MARGARITE — 80	閃ウラン鉱	URANINITE — 133
針鉄鉱	GOETHITE — 46	尖晶石	SPINEL — 117
針ニッケル鉱	MILLERITE — 83	閃マンガン鉱	ALABANDITE — 4
神保石	JIMBOITE — 61		
		そ	
す		蒼鉛タンタル石	BISMUTOTANTALITE — 16
スーアン石	SUANITE — 121	蒼鉛土	BISMITE — 15
水亜鉛土	HYDROZINCITE — 56	蒼鉛ハウチェコルン鉱	BISMUTOHAUCHECORNITE — 16
水亜鉛銅鉱	AURICHALCITE — 10	曹灰長石	labradorite — 72
水鉛鉛鉱	WULFENITE — 138	曹柱石	MARIALITE — 80
水鉛華	FERRIMOLYBDITE — 39	曹長石	ALBITE — 4
水滑石	BRUCITE — 18	束沸石	stilbite — 118
水苦土石	HYDROMAGNESITE — 55	ソーコン石	SAUCONITE — 113
水酸エレスタド石	HYDROXYLELLESTADITE — 55	ソーダ雲母	PARAGONITE — 96
水酸魚眼石	HYDROXYLAPOPHYLLITE — 55	ソーダエリオン沸石	ERIONITE-Na — 36
水酸バストネス石	HYDROXYLBASTNÄSITE-(Ce) — 55	ソーダ金雲母	ASPIDOLITE — 10
水酸ハーデル石	HYDROXYLHERDERITE — 56	ソーダ輝沸石	HEULANDITE-Na — 52
水酸燐灰石	HYDROXYLAPATITE — 55	ソーダ魚眼石	NATROAPOPHYLLITE — 87
水晶	rock crystal — 109	ソーダグメリン沸石	GMELINITE-Na — 45
水白鉛鉱	HYDROCERUSSITE — 55	ソーダ珪灰石	PECTOLITE — 98
水マンガン鉱	MANGANITE — 79	ソーダ斜プチロル沸石	CLINOPTILOLITE-Na — 27
スウィツアー石	SWITZERITE — 122	ソーダ十字沸石	PHILLIPSITE-Na — 99
スオルニ石	SUOLUNITE — 121	ソーダ束沸石	STILBITE-Na — 119
苣木鉱	SUGAKIITE — 121	ソーダダキアルディ沸石	DACHIARDITE-Na — 31
スカボロー石	SCARBROITE — 113	ソーダ鉄明礬石	NATROJAROSITE — 88
杉石	SUGILITE — 121	ソーダ南部石	NATRONAMBULITE — 88
スコート石	SCAWTITE — 113	ソーダ沸石	NATROLITE — 88
スコレス沸石	SCOLECITE — 113	ソーダ明礬石	NATROALUNITE — 87
スコロド石	SCORODITE — 114	ソーダ菱沸石	CHABAZITE-Na — 23
錫石	CASSITERITE — 22	ソーダレビ沸石	LEVYNE-Na — 74
鈴木石	SUZUKIITE — 122	ソディ石	SODDYITE — 116
スターリングヒル石	STERLINGHILLITE — 118	園石	SONOLITE — 116
スチュワート石	STEWARTITE — 118	ゾノトラ石	XONOTLITE — 139
スチルウェル石	STILLWELLITE — 119	ソノラ石	SONORAITE — 116
スチルプノメレン	STILPNOMELANE — 119	ゾモルノク石	SZOMOLNOKITE — 123
スティツ鉱	STÜTZITE — 121		
ステベンス石	STEVENSITE — 118	**た**	
ステラ沸石	STELLERITE — 117	ダイアスポア	DIASPORE — 32
ステルンベルグ鉱	STERNBERGITE — 118	ダイアドキー石	= DESTINEZITE —
須藤石	SUDOITE — 121	ダイアホル鉱	DIAPHORITE — 32
ストークス石	STOKESITE — 119	ダイピング石	DYPINGITE — 34
ストラコフ石	STRAKHOVITE — 119	タウソン石	TAUSONITE — 126
ストリンガム石	STRINGHAMITE — 119	高根鉱	TAKANELITE — 124
ストロナルシ石	STRONALSITE — 119	タカラン石	TACHARANITE — 124
ストロンチアン石	STRONTIANITE — 120	ダキアルディ沸石	dachiardite — 31
ストロンチウム輝沸石	HEULANDITE-Sr — 52	濁沸石	LAUMONTITE — 73

武田石	TAKEDAITE — 124	鉄チェルマク閃石	FERROTSCHERMAKITE — 40
ダジェルフィシャー鉱	DJERFISHERITE — 32	鉄電気石	SCHORL — 113
ダッガン石	DUGGANITE — 33	鉄天藍石	SCORZALITE — 114
ダトー石	DATOLITE — 31	鉄パーガス閃石	FERROPARGASITE — 40
種山石	TANEYAMALITE — 125	鉄白燐石	LEUCOPHOSPHITE — 74
束沸石	stilbite — 118	鉄バスタム石	FERROBUSTAMITE — 39
ダフト石	DUFTITE — 33	鉄礬石榴石	ALMANDINE — 5
ダフネ石	daphnite — 31	鉄礬土直閃石	FERROGEDRITE — 40
多摩石	TAMAITE — 124	鉄バンペリー石	PUMPELLYITE-(Fe^{2+}) — 103
タラマ閃石	TARAMITE — 126	鉄普通角閃石	FERROHORNBLENDE — 40
タマルガル石	TAMARUGITE — 125	鉄ヘスティング閃石	ferrohastingsite — 40
タラナキ石	TARANAKITE — 126	鉄マンガン重石	wolframite — 138
タルナック鉱	TALNAKHITE — 124	鉄明礬	HALOTRICHITE — 49
タレン石	THALENITE-(Y) — 127	鉄明礬石	JAROSITE — 61
淡紅銀鉱	PROUSTITE — 103	鉄藍閃石	FERROGLAUCOPHANE — 40
炭酸水酸燐灰石	CARBONATE-HYDROXYLAPATITE — 22	鉄緑閃石	FERRO-ACTINOLITE — 39
炭酸青針銅鉱	CARBONATE-CYANOTRICHITE — 21	鉄六水石	FERROHEXAHYDRITE — 40
単斜鉛重石	RASPITE — 107	テトラソーダ沸石	TETRANATROLITE — 127
単斜灰簾石	CLINOZOISITE — 27	テトラ鉄白金	TETRAFERROPLATINUM — 127
単斜頑火輝石	CLINOENSTATITE — 26	テーナイト	TAENITE — 124
単斜クリソタイル石	CLINOCHRYSOTILE — 26	デーナ鉱	danaite — 31
単斜ジムトンプソン石	CLINOJIMTHOMPSONITE — 26	デーナ石	DANALITE — 31
単斜ストレング石	clinostrengite — 27	テナルド石	THENARDITE — 128
単斜チェスター石	clinochesterite — 26	デビル石	DEVILLINE — 32
単斜トベルモリー石	CLINOTOBERMORITE — 27	テフロ石	TEPHROITE — 127
単斜ビスバナ石	CLINOBISVANITE — 26	デュウェイ石	deweylite — 32
単斜ヒューム石	CLINOHUMITE — 26	デュフレイ鉱	DUFRENOYSITE — 33
単斜燐鉄鉱	PHOSPHOSIDERITE — 99	デュフレン石	DUFRENITE — 33
ダンネモラ閃石	dannemorite — 31	デュモルチ石	DUMORTIERITE — 34
蛋白石	OPAL — 93	デュルレ鉱	DJURLEITE — 33
胆礬	CHALCANTHITE — 23	デラ石	DELLAITE — 32
ダンブリ石	DANBURITE — 31	デラフォッス石	DELAFOSSITE — 32
		テルルアンチモニー	TELLURANTIMONY — 126
ち		テルル鉛鉱	ALTAITE — 5
チェスター石	CHESTERITE — 24	テルル石	TELLURITE — 126
チェフキン石	CHEVKINITE-(Ce) — 24	テルル蒼鉛鉱	TELLUROBISMUTHITE — 126
チタン輝石	titanaugite — 128	デレス石	delessite — 32
チタン石榴石	schorlomite — 113	天河石	amazonite — 5
チタン石	TITANITE — 129	テンゲル石	TENGERITE-(Y) — 127
チタン鉄鉱	ILMENITE — 58	天青石	CELESTINE — 22
チッペ石	ZIPPEITE — 143	天藍石	LAZULITE — 73
チャーチ石	CHURCHITE-(Y) — 25		
チャップマン石	CHAPMANITE — 24	**と**	
チャールズ石	CHARLESITE — 24	銅アルミナ石	CHALCOALUMITE — 23
中性長石	andesine — 6	透輝石	DIOPSIDE — 32
中沸石	MESOLITE — 82	東京石	TOKYOITE — 129
チューリンゲン石	thuringite — 128	銅重石華	CUPROTUNGSTITE — 29
直閃石	ANTHOPHYLLITE — 7	銅スクロドウスカ石	CUPROSKLODOWSKITE — 29
チリ硝石	NITRATINE — 90	透閃石	TREMOLITE — 131
ヂール鉱	GEERITE — 44	銅藍	COVELLITE — 29
チルドレン石	CHILDRENITE — 24	銅緑礬	pisanite — 100
チロディ閃石	tirodite — 128	桃簾石	thulite — 128
チロル銅鉱	TYROLITE — 132	毒重土石	WITHERITE — 138
チンゼン斧石	TINZENITE — 128	毒鉄鉱	PHARMACOSIDERITE — 99
チンワルド雲母	ZINNWALDITE — 142	土佐石	tosalite — 130
		俊男石	tosudite — 130
つ		ドーソン石	DAWSONITE — 31
ツウィディル石	TWEDDILLITE — 132	トチリン鉱	TOCHILINITE — 129
津軽鉱	TSUGARUITE — 131	轟石	TODOROKITE — 129
都茂鉱	TSUMOITE — 132	トパズ	TOPAZ — 130
		ドーバー石	doverite — 33
て		砥部雲母	TOBELITE — 129
ディク石	DICKITE — 32	トベルモリー石	TOBERMORITE — 129
手稲石	TEINEITE — 126	トーマス石	THAUMASITE — 127
ティラガロ石	TIRAGALLOITE — 128	トムソン沸石	THOMSONITE-Ca — 128
ティール鉱	TEALLITE — 126	豊羽鉱	TOYOHAITE — 132
ティレー石	TILLEYITE — 128	トラスコット石	TRUSCOTTITE — 131
ティンティク石	TINTICITE — 128	トラミーン鉱	TULAMEENITE — 132
ティンティナ鉱	TINTINAITE — 128	トリフィル石	TRIPHYLITE — 131
デクロワゾー石	DESCLOIZITE — 32	トリプロイド石	TRIPLOIDITE — 131
デスティネツ石	DESTINEZITE — 32	トリリシオ雲母	TRILITHIONITE — 131
デスミン	desmine — 32	トルコ石	TURQUOISE — 132
デソーテルス石	DESAUTELSITE — 32	トール石	THORITE — 128
鉄雲母	ANNITE — 6	トルトベイト石	THORTVEITITE — 128
鉄エデン閃石	FERRO-EDENITE — 40	トレジャー鉱	TREASURITE — 130
鉄黄安華	TRIPUHYITE — 131	トロイリ鉱	TROILITE — 131
鉄斧石	FERRO-AXINITE — 39	トロゴム石	THOROGUMMITE — 128
鉄灰電気石	FERUVITE — 40	トロール石	TROLLEITE — 131
鉄橄欖石	FAYALITE — 38	ドンピーコー輝石	DONPEACORITE — 33
鉄菫青石	SEKANINAITE — 114		
鉄珪灰石	ironwollastonite — 59	**な**	
鉄珪輝石	FERROSILITE — 40	ナウマン鉱	NAUMANNITE — 88
鉄珪蒼鉛石	BISMUTOFERRITE — 16	中宇利石	NAKAURIITE — 86
鉄コルンブ石	FERROCOLUMBITE — 40	長島石	NAGASHIMALITE — 86
鉄サーラ輝石	ferrosalite — 40	中瀬鉱	NAKASEITE — 86
鉄重石	FERBERITE — 38	ナクル石	NACRITE — 86
鉄重石華	FERRITUNGSTITE — 39	ナジャグ鉱	NAGYAGITE — 86
鉄スピネル	HERCYNITE — 52	鉛ゴム石	PLUMBOGUMMITE — 100
鉄タンタル石	FERROTANTALITE — 40	鉛重石	STOLZITE — 119

鉛鉄明礬石	PLUMBOJAROSITE — 100	パラランメルスベルグ鉱	PARARAMMELSBERGITE — 96
ナマンシル輝石	NAMANSILITE — 87	パリゴルスキー石	PALYGORSKITE — 96
軟玉	nephrite — 89	バリシア石	VARISCITE — 134
南部石	NAMBULITE — 87	玻璃長石	SANIDINE — 112
軟マンガン鉱	PYROLUSITE — 104	バルトフォンティン石	BULTFONTEINITE — 19

に

ニアー石	NIAHITE — 89	バルノー石	PARNAUITE — 98
新潟石	NIIGATAITE — 90	バルール石	VARULITE — 134
肉砒石	SARKINITE — 113	バレリー鉱	VALLERIITE — 134
ニッケル華	ANNABERGITE — 6	バレル沸石	BARRERITE — 13
ニッケル孔雀石	GLAUKOSPHAERITE — 45	バレンチン石	VALENTINITE — 134
ニッケル六水石	NICKEL-HEXAHYDRITE — 89	バロア閃石	BARROISITE — 13
ニフォントフ石	NIFONTOVITE — 89	ハロイ石	HALLOYSITE — 49
人形石	NINGYOITE — 90	斑銅鉱	BORNITE — 16
		ハント石	HUNTITE — 54
		礬土直閃石	GEDRITE — 44

ぬ

奴奈川石	STRONTIO-ORTHOJOAQUINITE — 120
ヌポア石	NÉPOUITE — 89
沼野石	NUMANOITE — 90

ひ

ピアス鉱	PEARCEITE — 98
ビアンキ石	BIANCHITE — 15
ビオラル鉱	VIOLARITE — 135
ビクスビ鉱	BIXBYITE — 16

ね

ネオジム弘三石	KOZOITE-(Nd) — 69	砒雑銀鉱	ARSENOPOLYBASITE — 9
ネオジムモナズ石	MONAZITE-(Nd) — 84	砒サルバン鉱	ARSENOSULVANITE — 10
ネオジムラブドフェン	RHABDOPHANE-(Nd) — 108	砒四面銅鉱	TENNANTITE — 127
ネオジムランタン石	LANTHANITE-(Nd) — 72	微斜長石	MICROCLINE — 83
ネオトス石	NEOTOCITE — 88	ピジョン輝石	PIGEONITE — 100
ネクラソフ鉱	NEKRASOVITE — 88	ヒシンゲル石	HISINGERITE — 53
ネスケホン石	NESQUEHONITE — 89	ひすい輝石	JADEITE — 61
ネールベンソン石	NOELBENSONITE — 90	ヒーズルウッド鉱	HEAZLEWOODITE — 50
		ピータース石	PETERSITE-(Y) — 99
		備中石	BICCHULITE — 15

の

濃紅銀鉱	PYRARGYRITE — 104	砒デクロワゾー石	ARSENDESCLOIZITE — 8
ノルドストランド石	NORDSTRANDITE — 90	砒鉄鉱	LÖLLINGITE — 75
ノルベルグ石	NORBERGITE — 90	砒ハウチェコルン鉱	ARSENOHAUCHECORNITE — 9
ノントロン石	NONTRONITE — 90	ビーバー石	BEAVERITE — 13
		砒白金鉱	SPERRYITE — 116
		砒パラジウム鉱	ARSENOPALLADINITE — 9

は

ハイアロフェン	HYALOPHANE — 55	ヒブシュ石榴石	HIBSCHITE — 53
ハイウィー石	HAIWEEITE — 49	ビューダン石	BEUDANTITE — 15
バイデル石	BEIDELLITE — 13	ヒューム石	HUMITE — 54
ハイドロオネス石	HYDROHONESSITE — 55	ビラマニン鉱	VILLAMANINITE — 135
ハイドロタルク石	HYDROTALCITE — 55	砒藍鉄鉱	SYMPLESITE — 122
ハイドロヘテロ鉱	HYDROHETAEROLITE — 55	ビリジン	viridine — 135
パイロオーロ石	PYROAURITE — 104	ビリヤエレン石	VILLYAELLENITE — 135
パイロクスフェロ石	PYROXFERROITE — 104	ピルキタス鉱	PIRQUITASITE — 100
パイロクスマンガン石	PYROXMANGITE — 105	ヒレブランド石	HILLEBRANDITE — 53
パイロクロア	PYROCHLORE — 104	ヒンスダル石	HINSDALITE — 53
パイロファン石	PYROPHANITE — 104	ビンドハイム石	BINDHEIMITE — 15
ハウィー石	HOWIEITE — 54		
ハウエル鉱	HAUERITE — 50	**ふ**	
ハウスマン鉱	HAUSMANNITE — 50	ファイトクネヒト鉱	FEITKNECHTITE — 38
パーカー鉱	PARKERITE — 98	ファウスト石	FAUSTITE — 38
パーガス閃石	PARGASITE — 98	ファッサ輝石	fassaite — 38
白鉛鉱	CERUSSITE — 22	ファーテル石	VATERITE — 134
バーク鉱	BURKEITE — 19	ファマチナ鉱	FAMATINITE — 38
バグダッド石	BAGHDADITE — 12	ファーン石	HUANGITE — 54
白鉄鉱	MARCASITE — 80	ファンタッセル石	VANTASSELITE — 134
剥沸石	EPISTILBITE — 36	フィアネル石	FIANELITE — 40
バシェギー石	VASHEGYITE — 134	フィリップスボーン石	PHILIPSBORNITE — 99
ハーシェル沸石	herschelite — 52	フェナク石	PHENAKITE — 99
バスタム石	BUSTAMITE — 19	フェリエ沸石	ferrierite — 39
バストネス石	BASTNÄSITE-(Ce) — 13	フェリコピアポ石	FERRICOPIAPITE — 39
ハッチンソン鉱	HUTCHINSONITE — 55	フェリチェルマク閃石	FERRITSCHERMAKITE — 39
バッドレイ石	BADDELEYITE — 12	フェリハイドロ石	FERRIHYDRITE — 39
バナジンアルデンヌ石	ARDENNITE-(V) — 8	フェルグソン石	FERGUSONITE-(Y) — 38
バナジン雲母	ROSCOELITE — 110	フェロキシハイト石	FEROXYHYTE — 39
バナジン鉛鉱	VANADINITE — 134	フォイト電気石	FOITITE — 41
バナジン銅鉱	VOLBORTHITE — 135	フォシャグ石	FOSHAGITE — 42
バナルシ石	BANALSITE — 12	フォンセン石	VONSENITE — 135
バニア石	VUAGNATITE — 135	布賀石	FUKALITE — 42
バニスター石	BANNISTERITE — 13	福地鉱	FUKUCHILITE — 43
バーネス鉱	BIRNESSITE — 15	プチロ沸石	ptilolite — 103
ハーパラ石	HAAPALAITE — 49	普通角閃石	hornblende — 54
バビントン石	BABINGTONITE — 12	普通輝石	AUGITE — 10
バベノ石	BAVENITE — 13	弗化カリウム石	CAROBBIITE — 22
パボン鉱	PAVONITE — 98	弗素エデン閃石	FLUORO-EDENITE — 41
パラアタカマ石	PARATACAMITE — 97	弗素魚眼石	FLUORAPOPHYLLITE — 41
ばら輝石	RHODONITE — 108	弗素セル石	FLUOCERITE-(Ce) — 41
パラ輝砒石	PARARSENOLAMPRITE — 96	弗素燐灰石	FLUORAPATITE — 41
パラグアナジュアト鉱	PARAGUANAJUATITE — 96	プッチャー石	PUCHERITE — 103
バラ珪灰石	parawollastonite, wollastonite-2M — 98	葡萄石	PREHNITE — 102
バラ鶏冠石	PARAREALGAR — 96	ブライアンヤング石	BRIANYOUNGITE — 18
パラコキンポ石	PARACOQUIMBITE — 96	フライエスレーベン鉱	FREIESLEBENITE — 42
パラシベリア石	PARASIBIRSKITE — 97	プライジンガー石	PREISINGERITE — 102
パラショルツ石	PARASCHOLZITE — 97	ブラウン鉱	BRAUNITE — 17
原田石	HARADAITE — 49	ブラッシュ石	BRUSHITE — 18
パラテルル石	PARATELLURITE — 98	プラネル石	PLANERITE — 100
バラトフ石	BARATOVITE — 13	ブラボ鉱	bravoite — 17
		ブーランジェ鉱	BOULANGERITE — 17

ブランド石	BRANDTITE — 17	ボーダノビッチ鉱	BOHDANOWICZITE — 16
ブランネル石	BRANNERITE — 17	ボタラック石	BOTALLACKITE — 16
ブランネル石	breunnerite — 17	蛍石	FLUORITE — 41
ブランヘ石	PLANCHEITE — 100	ボタロ鉱	POTARITE — 101
ブルカン鉱	VULCANITE — 135	ポトシ鉱	POTOSIITE — 102
古遠部鉱	FURUTOBEITE — 43	ボトリオーゲン石	BOTRYOGEN — 17
ブルニャテリ石	BRUGNATELLITE — 18	ホランド鉱	HOLLANDITE — 54
ブレッガー石	bröggerite — 18	ポリクレース石	POLYCRASE-(Y) — 100
ブレデンブルグ鉱	vredenburgite — 135	ポリジム鉱	POLYDYMITE — 100
ブロシャン銅鉱	BROCHANTITE — 18	ボリバー石	BOLIVARITE — 16
ブロック石	BROCKITE — 18	ポリリシオ雲母	POLYLITHIONITE — 100
プロト直閃石	PROTOANTHOPHYLLITE — 102	ボリンスキー鉱	VOLYNSKITE — 135
プロト鉄直閃石	PROTOFERRO-ANTHOPHYLLITE — 102	ポルクス石	POLLUCITE — 100
プロトマンガン鉄直閃石	PROTOMANGANO-FERRO-ANTHOPHYLLITE — 102	ボルタ石	VOLTAITE — 135
		ボルトウッド石	BOLTWOODITE — 16
フローベルグ鉱	FROHBERGITE — 42	ボーレライネン石	VUORELAINENITE — 135
フロロフ石	FROLOVITE — 42	幌別鉱	horobetsuite — 54
ブロンビエル石	PLOMBIERITE — 100		
		ま	
へ		マイクロ石	MICROLITE — 83
ヘイコック鉱	HAYCOCKITE — 50	マウヘル鉱	MAUCHERITE — 81
ヘイトマン鉱	HEJTMANITE — 50	マースチュー石	MARSTURITE — 80
ベイルドン石	BAYLDONITE — 13	益富雲母	MASUTOMILITE — 80
ヘイロフスキー鉱	HEYROVSKYITE — 52	マチルダ鉱	MATILDITE — 81
ベーカー石	BAKERITE — 12	マッキノー鉱	MACKINAWITE — 77
ペクトライト	PECTOLITE — 98	マッキンストリー鉱	MCKINSTRYITE — 81
ベス鉱	VAESITE — 134	マックアルパイン石	MCALPINEITE — 81
ヘスチングス閃石	HASTINGSITE — 49	マックギネス石	MCGUINNESSITE — 81
ベスブ石	VESUVIANITE — 134	マックホール石	MACFALLITE — 77
ベゼリ石	VESZELYITE — 134	松原石	MATSUBARAITE — 81
ベータ・ウラノフェン	BETA-URANOPHANE — 14	マドック鉱	MADOCITE — 77
ベータ・フェルグソン石	BETA-FERGUSONITE-(Y) — 14	マラー石	MALLARDITE — 78
ペタル石	PETALITE — 99	マラヤ石	MALAYAITE — 78
ヘッス鉱	HESSITE — 52	マル石	MULLITE — 85
ペッツ鉱	PETZITE — 99	丸茂鉱	MARUMOITE — 80
ベテフチン鉱	BETEKHTINITE — 14	マンガノカミントン閃石	MANGANOCUMMINGTONITE — 79
ヘテロゲン鉱	HETEROGENITE — 52	マンガノグリュネル閃石	MANGANOGRUNERITE — 79
ヘテロモルフ鉱	HETEROMORPHITE — 52	マンガノコルンブ石	MANGANOCOLUMBITE — 79
ヘテロル鉱	HETAEROLITE — 52	マンガノタンタル石	MANGANOTANTALITE — 79
ベトパクダル石	BETPAKDALITE — 15	マンガン斧石	MANGANAXINITE — 78
ペトラック石	PETRUKITE — 99	マンガン橄欖石	TEPHROITE — 127
ヘドレイ鉱	HEDLEYITE — 50	マンガン重石	HÜBNERITE — 56
ベナビデス鉱	BENAVIDESITE — 13	マンガンスピネル	GALAXITE — 44
ペナント石	PENNANTITE — 98	マンガン土	wad — 136
紅雲母	lepidolite — 74	マンガンパイロスマライト	MANGANPYROSMALITE — 79
ベニト石	BENITOITE — 14	マンガンバビントン石	MANGANBABINGTONITE — 79
ヘノマーテイン石	HENNOMARTINITE — 52	マンガンパンペリー石	PUMPELLYITE-(Mn^{2+}) — 103
ヘムス鉱	HEMUSITE — 51	マンガンヒューム石	MANGANHUMITE — 79
ベーム石	BÖHMITE — 16	マンガンベルゼリウス石	MANGANBERZELIITE — 79
ベメント石	BEMENTITE — 13	万次郎鉱	MANJIROITE — 80
ベラウン鉱	BERAUNITE — 14	満礬石榴石	SPESSARTINE — 116
ヘランド石	HELLANDITE-(Y) — 50		
ベリエル石	PERRIERITE-(Ce) — 99	**み**	
ペリクレース	PERICLASE — 98	ミアジル鉱	MIARGYRITE — 82
ベルチェ鉱	BERTHIERITE — 14	三笠石	MIKASAITE — 83
ベルチェリン	BERTHIERINE — 14	ミクサ石	MIXITE — 84
ヘルツェンベルグ鉱	HERZENBERGITE — 52	ミセノ石	MISENITE — 83
ベルトランド石	BERTRANDITE — 14	ミトリダト石	MITRIDATITE — 84
ヘルバイト	HELVITE — 50	南石	MINAMIITE — 83
ヘルビン	helvine — 50	三原鉱	MIHARAITE — 83
ベルント鉱	BERNDTITE — 14	ミメット鉱	MIMETITE — 83
ペロブスキー石	PEROVSKITE — 98	明礬石	ALUNITE — 5
ペンウィス石	penwithite — 98	ミラー石	MILARITE — 83
ベンジャミン鉱	BENJAMINITE — 14	ミラビル石	MIRABILITE — 83
ベントランド鉱	PENTLANDITE — 98		
逸見石	HENMILITE — 51	**め**	
		メタスウィツアー石	METASWITZERITE — 82
ほ		メタシェプ石	METASCHOEPITE — 82
ホアキン石	joaquinite — 75	メタハロイ石	METAHALLOYSITE — 82
ボイル石	BOYLEITE — 17	メタ砒銅ウラン石	METAZEUNERITE — 82
方安鉱	SENARMONTITE — 114	メタボルタ石	METAVOLTINE — 82
方鉛鉱	GALENA — 44	メタ藍鉄鉱	METAVIVIANITE — 82
硼灰石	BORCARITE — 16	メタ燐灰ウラン石	META-AUTUNITE — 82
方解石	CALCITE — 20	メタ燐重土ウラン石	META-URANOCIRCITE — 82
方輝銅鉱	DIGENITE — 32	メタ燐銅ウラン石	METATORBERNITE — 82
方珪石	CRISTOBALITE — 29	メッセル石	MESSELITE — 82
硼酸石	SASSOLITE — 113	メネギニ鉱	MENEGHINITE — 82
ポウ石	POUGHITE — 102	メラナイト	melanite — 82
方セレン鉛鉱	CLAUSTHALITE — 25	メロネス鉱	MELONITE — 82
方蒼鉛鉱	SILLENITE — 115		
方砒コバルト鉱	SKUTTERUDITE — 115	**も**	
方砒素華	ARSENOLITE — 9	毛鉱	JAMESONITE — 61
方砒ニッケル鉱	NICKEL-SKUTTERUDITE — 89	毛鉄鉱	FIBROFERRITE — 41
方沸石	ANALCIME — 6	モガン石	MOGANITE — 84
方硫カドミウム鉱	HAWLEYITE — 50	モースン鉱	MAWSONITE — 81
ボークラン石	VAUQUELINITE — 134	モーツアルト石	MOZARTITE — 85
ポスンジャク石	POSNJAKITE — 101	モットラム石	MOTTRAMITE — 85
ホセ鉱A	JOSEITE A — 63	モナズ石	MONAZITE-(Ce) — 84
ホセ鉱B	JOSEITE B — 63		

森本石榴石	MORIMOTOITE — 84	硫砒銅鉱	ENARGITE — 36
モルデン沸石	MORDENITE — 84	リューコスフェン石	LEUCOSPHENITE — 74
モレノ石	MORENOSITE — 84	菱亜鉛鉱	SMITHSONITE — 116
モンチセリ石	MONTICELLITE — 84	菱苦土石	MAGNESITE — 78
モンブラ石	MONTEBRASITE — 84	菱コバルト鉱	SPHAEROCOBALTITE — 116
モンモリロン石	MONTMORILLONITE — 84	菱鉄鉱	SIDERITE — 115
モンローズ石	MONTEROSEITE — 84	菱ニッケル鉱	GASPEITE — 44
		菱沸石	chabazite — 23
や		菱マンガン鉱	RHODOCHROSITE — 108
ヤコブス鉱	JACOBSITE — 61	緑鉛鉱	PYROMORPHITE — 104
山皮	mountain leather — 85	緑閃石	ACTINOLITE — 2
ヤロー鉱	YARROWITE — 140	緑柱石	BERYL — 14
		緑泥石	chlorite — 25
ゆ		緑礬	MELANTERITE — 82
雄黄	ORPIMENT — 93	緑マンガン鉱	MANGANOSITE — 79
湯河原沸石	YUGAWARALITE — 141	緑簾石	EPIDOTE — 36
ユークセン石	EUXENITE-(Y) — 37	リリアン鉱	LILLIANITE — 74
ユーグスター石	EUGESTERITE — 36	燐アルミウラン石	SABUGALITE — 112
		燐ウラニル石	PHOSPHURANYLITE — 100
よ		鱗雲母	lepidolite — 74
洋紅石	CARMINITE — 22	燐灰ウラン石	AUTUNITE — 10
葉銅鉱	CHALCOPHYLLITE — 23	燐灰石	apatite — 7
葉蝋石	PYROPHYLLITE — 104	鱗珪石	TRIDYMITE — 131
横須賀石	NSUTITE — 90	燐重土ウラン石	URANOCIRCITE — 133
吉川石	yoshikawaite — 140	鱗鉄鉱	LEPIDOCROCITE — 73
吉村石	YOSHIMURAITE — 140	燐鉄鉱	STRENGITE — 119
ヨハンセン輝石	JOHANNSENITE — 62	燐銅ウラン石	TORBERNITE — 130
ヨルダン鉱	JORDANITE — 62	燐銅鉱	LIBETHENITE — 74
		リンドグレン石	LINDGRENITE — 75
ら		リンドストローム鉱	LINDSTRÖMITE — 75
ライタカリ鉱	LAITAKARITE — 72	リンネ鉱	LINNAEITE — 75
ライフン石	LAIHUNITE — 72	燐礬土石	AUGELITE — 10
ラウテンタール石	LAUTENTHALITE — 73		
ラウラ鉱	LAURITE — 73	**る**	
ラクリッジ鉱	RUCKLIDGEITE — 111	ルソン銅鉱	LUZONITE — 76
ラジャ石	RAJITE — 107	ルチル	RUTILE — 111
ラッセル石	RUSSELLITE — 111	ルドウィヒ石	LUDWIGITE — 76
ラドラム鉄鉱	LUDLAMITE — 75		
ラムスデル鉱	RAMSDELLITE — 107	**れ**	
ラムスベック石	RAMSBECKITE — 107	レオンハルド沸石	leonhardite — 73
ラムベルグ鉱	RAMBERGITE — 107	瀝青ウラン鉱	pitchblende — 100
ランキル石	ranquilite — 107	レグランド石	LEGRANDITE — 73
ランキン石	RANKINITE — 107	レズバニー鉱	rezbanyite — 108
ラング石	LANGITE — 72	レッドヒル石	LEADHILLITE — 73
ランシー鉱	RANCIEITE — 107	レディング石	REDDINGITE — 107
藍晶石	KYANITE — 71	レトゲルス石	RETGERSITE — 108
藍閃石	GLAUCOPHANE — 45	レドンダ石	redondite — 107
ランタン石	LANTHANITE-(La) — 72	レニエル鉱	RENIERITE — 108
ランタン弘三石	KOZOITE-(La) — 69	レビ沸石	levyne — 74
藍鉄鉱	VIVIANITE — 135	レーメル石	RÖMERITE — 110
藍銅鉱	AZURITE — 11	蓮華石	RENGEITE — 107
ランメルスベルグ鉱	RAMMELSBERGITE — 107	レーン石	RHÖNITE — 108
り		**ろ**	
リカルド鉱	RICKARDITE — 109	ローウォルフェ石	WROEWOLFEITE — 138
リザード石	LIZARDITE — 75	六水灰硼石	HEXAHYDROBORITE — 52
リシア雲母	lepidolite — 74	ロクスビー鉱	ROXBYITE — 111
リシア輝石	SPODUMENE — 117	ロスコー雲母	ROSCOELITE — 110
リシア電気石	ELBAITE — 35	ローゼン石	ROZENITE — 111
リシェルスドルフ石	RICHELSDORFITE — 109	ローゼンハーン石	ROSENHAHNITE — 111
リシオフォル鉱	LITHIOPHORITE — 75	ローソン石	LAWSONITE — 73
リッベ石	RIBBEITE — 109	ロダー石	ROEDDERITE — 109
リヒター閃石	RICHTERITE — 109	ロッカ石	LOKKAITE-(Y) — 75
リービッヒ石	LIEBIGITE — 74	ロックブリッジ石	ROCKBRIDGEITE — 109
リピド石	ripidolite — 109	ロビンソン鉱	ROBINSONITE — 109
リビングストン鉱	LIVINGSTONITE — 75	ロマネシュ鉱	ROMANECHITE — 110
リプスコーム石	LIPSCOMBITE — 75	ローメ石	ROMEITE — 110
リーブス石	REEVESITE — 107	ロングバン石	LÅNGBANITE — 72
リーベック閃石	RIEBECKITE — 109		
硫安コバルト鉱	COSTIBITE — 29	**わ**	
硫安ニッケル鉱	ULLMANNITE — 133	ワイラウ鉱	WAIRAUITE — 136
硫カドミウム鉱	GREENOCKITE — 47	ワイラケイ沸石	WAIRAKITE — 136
硫ゲルマン銀鉱	ARGYRODITE — 8	ワインシェンク石	weinschenkite — 137
硫酸鉛鉱	ANGLESITE — 6	ワーウィック石	WARWICKITE — 136
硫セレン銀鉱	AGUILARITE — 3	若林鉱	WAKABAYASHILITE — 136
硫テルル蒼鉛鉱	TETRADYMITE — 127	和田石	WADALITE — 136
硫白金鉱	COOPERITE — 28	わたつみ石	WATATSUMIITE — 137
硫バナジン銅鉱	SULVANITE — 121	渡辺鉱	WATANABEITE — 136
硫砒鉄鉱	ARSENOPYRITE — 9		

松原　聰（まつばら　さとし）

1946年11月生
京都大学大学院理学研究科修士過程修了
現在，国立科学博物館地学研究部 部長
専門　鉱物科学
著書：『鉱物採集の旅　東京周辺をたずねて』（共著　築地書館），『新版
地学教育講座　鉱物の科学』（共著　東海大学出版会），『日本の鉱物』
（学習研究社），『フィールド版　鉱物図鑑』，『鉱物ウォーキングガイド』
（ともに丸善），『新鉱物発見物語』（岩波書店）など．

宮脇　律郎（みやわき　りつろう）

1959年8月生
筑波大学大学院化学研究科博士課程修了
現在，国立科学博物館地学研究部地学第二研究室 室長
専門　結晶化学
著書：『Handbook on the physics and chemistry of rare earths　第16巻』
（共著　Elsevier），『Rare Earth Minerals』（共著　Chapman & Hall），『希
土類の科学』（共著　化学同人）など．

装丁　中野達彦
制作協力　株式会社テイクアイ

国立科学博物館叢書──⑤
日本産鉱物型録
にほんさんこうぶつかたろぐ

2006年3月31日　第1版第1刷発行
著　者　松原　聰・宮脇律郎
発行者　瀬水　澄夫
発行所　東海大学出版会
〒257-0003　神奈川県秦野市南矢名3-10-35　東海大学同窓会館内
TEL 0463-79-3921　FAX 0463-69-5087
URL http://www.press.tokai.ac.jp/
振替　00100-5-46614
印刷所　港北出版印刷株式会社
製本所　株式会社石津製本所

Ⓒ Satoshi Matsubara & Ritsuro Miyawaki, 2006　　　　ISBN4-486-03157-1
Ⓡ〈日本複写権センター委託出版物〉
本書の全部または一部を無断で複写複製（コピー）することは，著作権法上の例外を除
き，禁じられています．本書から複写複製する場合は日本複写権センターへご連絡の
上，許諾を得てください．日本複写権センター（電話03-3401-2382）